U0258559

雅众文化　出品

日本近代建筑

[日] 藤森照信　著

黄俊铭　译

中信出版集团 | 北京

图书在版编目（CIP）数据

日本近代建筑 /（日）藤森照信著；黄俊铭译 . --
北京：中信出版社，2022.5
ISBN 978-7-5217-4082-0

Ⅰ.①日… Ⅱ.①藤… ②黄… Ⅲ.①建筑史—日本
—近代 Ⅳ.① TU-093.13

中国版本图书馆 CIP 数据核字 (2022) 第 037417 号

NIHON NO KINDAI KENCHIKU
by Terunobu Fujimori
© 1993 by Terunobu Fujimori
Originally published in 1993 by Iwanami Shoten, Publishers, Tokyo.
This Simplified Chinese edition published 2022
by Shanghai Elegant People Books Co., Ltd.,Shanghai
by arrangement with Iwanami Shoten, Publishers, Tokyo
Chinese simplified characters translation copyright © 2022 by CITIC Press Corporation

本书仅限中国大陆地区发行销售

日本近代建筑

著　　者：[日]藤森照信
译　　者：黄俊铭
出版发行：中信出版集团股份有限公司
　　　　　（北京市朝阳区惠新东街甲4号富盛大厦2座　邮编　100029）
承　印　者：山东临沂新华印刷物流集团有限责任公司

开　　本：889mm×1194mm　1/32　　印　张：15　　字　数：340千字
版　　次：2022年5月第1版　　　　　印　次：2022年5月第1次印刷
京权图字：01-2021-7274
书　　号：ISBN 978-7-5217-4082-0
定　　价：98.00元

藤森照信 | 作者
ふじもり てるのぶ

1946年出生于日本长野县，著名建筑家、建筑史学家。东京大学博士毕业，专攻日本近现代建筑史。曾任东京大学生产技术研究所教授、工学院大学教授，现为东京大学名誉教授、工学院大学特任教授、江户东京博物馆馆长。主要建筑作品有高过庵（高過庵）、飞天泥巴船（空飛ぶ泥舟）、柠檬温泉馆（ラムネ温泉館）、烧杉之家（燒杉ハウス）等，代表作有《制造东京》《日本近代建筑》《昭和住宅物语》。

黄俊铭 | 译者

日本东京大学工学博士，现为台湾中原大学建筑学系专任副教授。

目录

第六章　御聘建筑家的活跃——历史主义的导入

第七章　日本籍建筑家的诞生——历史主义的学习

第八章　从明治到大正——自我觉悟世代的表现

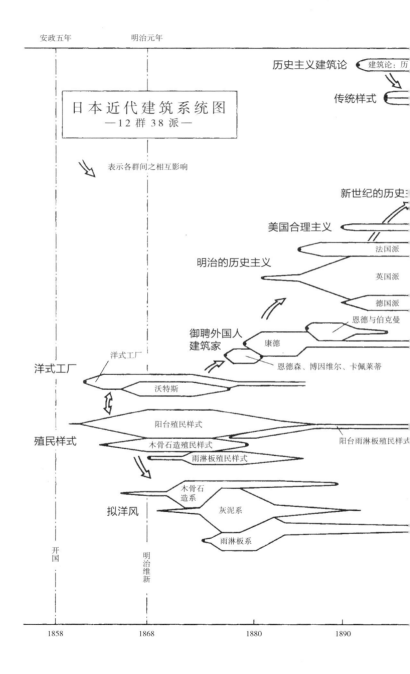

安政五年　　　明治元年

历史主义建筑论　建筑论：历

传统样式

日本近代建筑系统图
—12群38派—

表示各群间之相互影响

新世纪的历史

美国合理主义

法国派

明治的历史主义

英国派

德国派

恩德与伯克曼

御聘外国人
建筑家　　康德

恩德森、博因维尔、卡佩莱蒂

洋式工厂

洋式工厂

洋式工厂

沃特斯

阳台殖民样式

殖民样式

阳台雨淋板殖民样式

木骨石造殖民样式

雨淋板殖民样式

木骨石
造系

拟洋风

灰泥系

雨淋板系

开
国

明
治
维
新

1858　　　1868　　　1880　　　1890

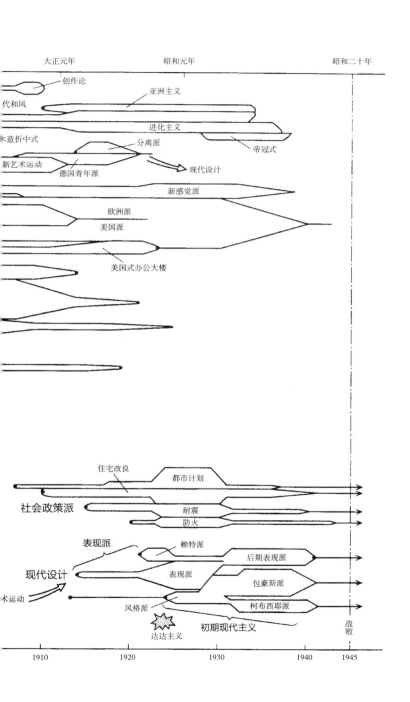

创作论

代和风

亚洲主义

进化主义

木造折中式

分离派

帝冠式

新艺术运动

德国青年派

现代设计

新感觉派

欧洲派

美国派

美国式办公大楼

住宅改良

都市计划

社会政策派

耐震

防火

表现派

赖特派

后期表现派

现代设计

表现派

包豪斯派

术运动

风格派

柯布西耶派

达达主义

初期现代主义

战败

1910　　　　1920　　　　1930　　　　1940　　1945

第一章
绕着地球向东转来到日本
——阳台殖民样式建筑

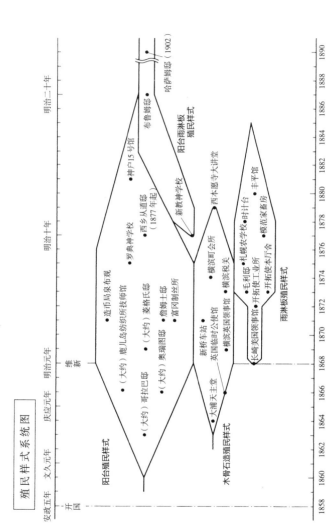

殖民样式系统图

注：为了使图表清晰易读，本书各章前图表中部分建筑及名人名采用了简称。

一、附着阳台的西洋馆

在亚洲

古老的西洋馆附着阳台（veranda）。

在熊本，作为传教士住宅的詹姆士邸（James House，图 1-1）是在日本明治四年（1871）所建，萨摩藩出身的海军大将西乡从道的住宅是明治时期第二个十年（1877—1887）中在东京西乡山所建的建筑，创立同志社大学的新岛襄的小型住宅是在明治十一年（1878）建在了京都御所一旁的。

阳台既具有亲和力又为大众所熟知，主要附着在住宅上，但事实上阳台存在的范围比我们想象的要大。无论是在信州佐久的中迁学校（1875，图 4-9），还是在甲州的东山梨郡役所（1885）都建有阳台，位于冈山县和气町的不受不施派的法泉寺（1878，图 1-2），由六根柱子所支撑的百余年前的阳台，如今在莲花田中依然存在。从北海道的旭川到鹿儿岛，阳台建筑广泛分布于日本全国，其中日本列岛的关东以西较多。

附有阳台的西洋馆的外形任何人都容易辨识。没有墙壁或高塔突出，上面盖着庑殿四坡的大屋顶，下面建筑物的主体收成正方体或长方体。设计上不使用彩色或任何装饰，它的特色只是集中在阳台上面。站在这种建筑物前面，人们的视野所见只有宽广的阳台，不会产生其他的印象。

阳台的做法非常简单，只需在屋檐前用立柱支撑，使用其下的空间，类似日本民家的"缘侧"，但是宽度不同。阳台非常宽阔，有时不只在南面，连东西侧甚至北侧都环绕着阳台。统计一下三面或四面有阳台的建筑，阳台的面积约占大阪造币局

图 1-1 詹姆士邸（熊本，1871）

图 1-2 法泉寺（冈山，1878）

图 1-3 鹿儿岛纺织所技师馆（1865 或 1866，托马斯·詹姆斯·沃特斯设计）

泉布观（1871，图 3-7）总面积的五分之二、鹿儿岛纺织所技师馆（1865 或 1866，图 1-3）总面积的三分之一。这个与室内空间匹敌的半户外空间收在一个屋檐底下，与一般建筑不同的性格隐藏在此。

面向此宽阔阳台的房间墙壁上设有窗户，这种窗户不似一般西洋馆墙上的半截式窗户，而是直通地板的落地窗。此种落地窗被称为"法国窗"，普遍用于法国或意大利，但在德国或英国较少见。在法国窗的外侧通常附有遮阳且通风的百叶窗，此种百叶窗在德国不多见，在英国也只有在设计上呈意大利风格的建筑家会例外地使用它。

即使如此，为何阳台会占建筑物总面积的三分之一或四分之一这样的比例呢？如果需要遮蔽阳光，只要在南面突出阳台就好，为何要四面环绕呢？为何一定要使用法国窗和百叶窗呢？

为了解开谜题，我们先来探究一下附有阳台的西洋馆在日本登场的背景。溯源而上，就来到在幕府末期刚开埠的长崎以及横滨、神户等地的外国人居留地。

这里是个小外国。日本历经二百余年漫长的锁国之后，在安政元年（1854）开国，期待已久的欧美贸易商人由长崎等各通商港埠登陆。他们多数不是直接由本国到日本，而是沿着已经形成的香港、上海等中国沿岸城市的外国人居留地，追求商机北上而来。处女之地利益虽大，危险亦不少。只有利益念头不顾危险而登陆的这些人被称为冒险商人（adventure merchant），是一群危险人物，例如由上海而来，最早登陆横滨而得到"英一番馆"之名的英国怡和洋行（Jardine Matheson），正是十几年前鸦片战争的幕后操控者。他们在采购生丝、茶叶等日本特产的同时，向当时处于内战中的幕府与萨长阵营双方贩卖武器而获得庞大的利益。

在利益的推动下，他们将自己所居住的市街改造得像外国一样，并向幕府及后来的明治政府严格要求完善都市的基础设施，建设日本当时所没有的新式给排水道、洋式公园、瓦斯灯等。在日方出资金、外方出技术的基础上，这些冒险商人建造教会、医院、旅馆、俱乐部、剧场、墓地，甚至赛马场。

从近代的给排水道到公园、旅馆等建设，在日本都是第一次，撇开居留地这个半殖民地性制度的问题，他们决意将自己居住的场所建设得完全像欧洲的都市一样。从长崎或横滨遗留至今的外国人墓地亦可看出，因有埋骨他乡的打算，才有可能设计出这样的市街（图1-4）。

如此形成的小外国当中呈现两种景象。其一是港口周边平地

图 1-4 长崎外国人居留地开埠时外滩的景象

上的市街，以称为"外滩"的海岸大道为中心，密集排列着商馆、旅馆、俱乐部、税关[1]等建筑。建筑前面的步道上购物归来的妇女让用人提着东西，自己撑着伞、牵着小孩赶着回家；对面牵着洋犬的绅士边走边拄着拐杖在砖道上敲出咚咚的声音。车道上四驾马车向着外国公馆疾驶而去，急于拉客的人力车斜向插入车道，马车上飞出的英语谩骂声与人力车上回敬的日语怒骂声相互交错。两车走后，跟着缓缓而来的洒水车使街道上的尘土归于平静。另一个是俯视外滩商业街道的山丘上的光景，沿着植有树木与绿篱的石板斜坡拾级而上，可以看见油漆的大门、门内明亮的家屋和南侧宽广的草坪庭园。一边观赏右边的玫瑰、左边的龙舌兰，一边走到草坪尽头，映入眼帘的是商馆屋顶的一角与广阔的海面。

外国商人住在山丘上，然后在山下的市街中工作，而此两种景象中共同所见的就是阳台。山丘上的住宅面向海面，平地的商

1　税关：相当于中国的海关。——译者注（本书如无特殊标示，页面下方的注释均为译者注。）

馆面向港口，都开放着广阔的阳台。

外国商人称呼建在山丘上附有阳台的开放性西洋馆为小木屋（bungalow）。现在的日本人也称呼高原上木造的住宅设施为bungalow，此词含简便而开放的感觉，加上南洋异国的风情，会使人产生过去欧美冒险商人脑袋里的bungalow的印象。

虽然可以称呼附有阳台的西洋馆为bungalow，但此词汇的感觉原只限于山丘上的住宅，并不包括平地的商馆或旅馆。同时，随后出现的砖或石造附有阳台的正式建筑物也难以包括在内。因此称这种建筑的形式为"阳台殖民样式"（Veranda Colonial Style）。

欧洲有阳台吗？

当人群拥入刚开埠的居留地，初次看到阳台殖民样式的建筑时，不禁会产生"这就是西洋"的强烈印象。当时的记忆延续到一百三十年后的今天，大部分的人都会认为附有阳台的西洋馆是源自欧洲的时尚建筑，但实际上不论是巴黎还是伦敦的房子都不这么盖。

阳台的英文为veranda（或verandah），其语源并非英语，追溯它的源流，为印度土语，先被葡萄牙语或西班牙语吸收，最后才被接纳为英语。此外，bungalow原来语义为Bengal风格的住宅，意指东印度孟加拉国（Bengaladesh）地方原住民所建简便而附有阳台的民宅。

在欧洲可以说并没有建造阳台的传统，但表面上看有类似的建筑形式。被视为欧洲建筑起源的希腊神殿具有四周环绕的石造列柱，而文艺复兴以后的建筑物一般在前面会排设柱列，这部分结构被称为 loggia 或 porch，它看起来像阳台一样。当住宅或商馆采用 loggia 时，如果只是从远处观看，确实和阳台没有不同。特别是英国 18 世纪到 19 世纪，以希腊与罗马建筑为模板的新古典或希腊复兴式（Greek Revival Style）大流行的时候，一般的住宅或市街建筑都往前做出列柱。而这个时期，恰好是亚洲的外国人居留地上阳台大量产生的时候。

起源于希腊的列柱空间与起源非欧洲的阳台有两点重要区别：第一，两层建筑是否由一楼到二楼都做成阳台，阳台是各房间不可或缺的空间，因此两层楼都会有；第二，面积占房子总面积的比例，阳台较宽广的时候房子四周皆环绕着阳台，其面积占房子总面积的比例较大。

比起是否在各房间前建造阳台，或两者在形态上的宽窄差异，更重要的是两者的空间是否在使用。阳台被当作日常生活的空间来使用，而起源于希腊的列柱空间只是为了美学的展现而已。

如果阳台非起源于欧洲，那么是从何而来？

全世界阳台殖民样式建筑较多分布在非洲中部的海岸、印度、东南亚、东亚，以及南洋诸岛、澳大利亚，甚至是加勒比海诸岛和北美洲南部。这些地方都曾经是欧洲人的殖民地，或是其设置居留地的区域，同时接近赤道。由此可知，阳台应是大航海时代以后，在欧洲人所到之处炎热的地区所产生的建筑形式。再进一步看，具体的场所分布在哪里呢？有两处可能性比较大的候选地。一个是欧洲势力为了得到亚洲的胡椒等香料而绕着地球东进，绕过非洲之后最初扎根印度。veranda 与 bungalow 两个词语源于当地语言的说法有力地证明了这一点。另一个地点是绕着地球向西进，渡过大西洋来到的加勒比海地区。

东南亚、东亚、澳大利亚的此类建筑源自印度的观点，从地理角度来讲是容易理解的，而北美洲的此类建筑源自加勒比海的观点亦容易理解。欧洲的研究者极为认同印度起源论，另一方面美洲的研究者则认为美洲的阳台殖民样式是该地独自产生的。撇开美洲的不谈，在亚洲不论是印度、东南亚或中国南部，在欧洲人来此之前已有高度的建筑文化，原有的建筑已采取了阳台状的做法，所以不久之后来此的欧洲商人或殖民者在此地区扎根定居时，学习了当地的做法而做出附有阳台的新的西洋馆的形式，这样的想法也十分自然。

欧洲人并非来到亚洲就马上在建筑上附建阳台。最初来此的欧洲势力是葡萄牙人，他们所建立的印度果阿或中国澳门的市街，当初皆与葡萄牙一样，在广场周边建造墙上只有窗户的房屋。较葡萄牙人迟来一步的西班牙人在菲律宾的马尼拉等处设立据点城市，这些据点城市起初亦看不见阳台的踪影。

与炎热的斗争

建筑附建阳台是英国取代葡萄牙、西班牙掌握出入亚洲主导权的 18 世纪后半期以后的事情。

由日本人进门脱鞋的生活实例可知，起居生活是人类营生中最保守也最具持续性的事，来自英国的殖民者和商人改变了其祖国的传统而附建阳台之时，一定有比传统更强的理由，那就是地方病。

由较为凉爽之地来到亚洲热带地区的欧洲人所面对的是炎热气候与致病菌。炎热导致体弱，加上热带特有的疟疾等无比强悍的传染病，在致病菌的媒介即无数蚊虫攻击下人们是无法忍受的。像在初期的果阿，数年之后仍然存活的欧洲人据说只有原来的六成左右。

为了防暑，将住屋盖成开放式的即可，这只要在当地住一阵子就知道。但无法这样做，因为除了致病菌这个威胁，当地人的反击是另一个威胁。身为侵略者的欧洲人将自己家一楼作为仓库，将二楼的房间设置在铁窗内封闭起来的做法是不得已的。直到支配权力确立、防卫需求消失的英国主导的时代来临，住房才开始做成开放性的。

关于抵抗炎暑，在冷气尚未发明以前只有一法，就是防止阳光直射和改善通风。幸运的是在亚洲的热带地区，只要遮住炽热的阳光，在季风和海风吹拂下，就会出乎意料地凉快。当地的建筑文化当然会形成这样的做法，在建筑物的前面架出深的屋檐，设置半户外的空间，或者做出像凉廊一样的开放空间。欧洲人则学习了当地的建筑文化，在石材或砖材围砌的欧式封闭性空间外侧，架设深的遮阳设施，在其前端用柱子支撑。这就形成了在欧洲壁式建筑的外侧加设亚洲南方木造建筑的开放性空间。

这种空间一经呈现，一些日常生活的情景就在此发生。首先它成为热带生活中不可或缺的午睡场所，用于简单进食或午后品茶，读书或看报，朋友来访时窝在藤椅上谈笑风生，妇人也乐于在此刺绣或编织蕾丝。据说在印度，阳台的出现对欧洲人与当地人的沟通也有帮助，过去常待在室内的妇人自从花较多时间在阳台生活之后，才与在庭园工作的当地人没有了隔阂。

阳台附加在各个房间外侧，并占了极大的面积，就是为了这些用途。

在恐怕连飞鸟都会被热得掉落的炎热的印度，采用了唯一可以健康生活的阳台之后，欧洲势力的版图才逐渐拓展到亚洲全域。

从印度到东南亚，接着向北来到中国，然后到了日本。

此路径的前半段现在还在解谜当中，后半段由中国传到日本的事情已经明了。

中国在 1757 年时仅留一口对外通商，"广州十三行"独享外贸特权，它是正如日本长崎出岛的荷兰人商馆"兰馆"一样的贸易场所，在 1842 年开放香港、上海等通商港口之前，是中国与欧美联系的唯一窗口。1800 年左右，阳台首次出现在广州，并由此进而移植到 1842 年因鸦片战争而开放的香港、上海，得到广大土地的养分后，绽放最初的花朵。大约这个时候，稍迟十二年开国的日本亦首先开放长崎、横滨、函馆等港口。在香港、上海迎接最初开花期的阳台开始登陆日本，且登陆地点集中在长崎。这是因为与已有出岛的传统的长崎相较，横滨和函馆接受它的环境建设进度与判断力都较迟缓。

阳台登陆长崎是日本开国六年后的万延元年（1860），即葡萄牙人开始向东航海之后的四百年，欧洲的建筑附带着阳台来到地球另一端的岛国日本。

经过如上所述的途径，从长崎开始到横滨、神户等处的外国人居留地上，从山丘上到海岸大街上，产生了成列的带有阳台的殖民样式建筑这一独特景象。

二、在日本的开花

各式各样的形态

由南方渡海而来登陆日本的阳台殖民样式建筑，除了最初在长崎等通商口岸肥沃的田野开花，还开始出现在别的地方。

幕府、各藩乃至明治时期的新政府着手产业与制度的近代化，聘用许多外国人作为指导者，他们所建的住宅亦附有阳台。附有阳台的建筑不只是外国人的住宅，到了 19 世纪 80 年代后半期，此种建筑风格也在日本人之间广泛传播，新时代的领导阶层开始在和风住宅一隅建造接待宾客之用的附有阳台的时髦洋馆。

如此，阳台殖民样式成为装饰日本近代建筑史最初的花朵，其具体的形貌，可从平面规划、技术、设计三方面说明。

平面规划

平面基本上为简单的矩形，然后搭出阳台。搭出的方法，因阳台样式的不同而不同（图 1-5），比如最简单的前方一面阳台例子［哈萨姆邸（Hassam House），1902］、为数较多的三面阳台例子［奥瑞图邸（Oruto House），1865 或 1866］，甚至是四面围绕阳台的例子（鹿儿岛纺织所技师馆，1865 或 1866）。

一面阳台的例子较常见于市街中的商馆或小规模的住宅，这是因为在市街当中占地有限，小住宅房间数量少。规模较大的住宅东西两侧亦搭出阳台，呈三面阳台。在阳光照不到的北侧也搭出阳台的四面阳台为何会出现呢？这是因为近赤道之处，太阳由南也由北每半年交替照射，故这种类型也传到了日本。

技术

最初在长崎登陆的阳台殖民样式建筑，在山丘上或沿着海边形成明亮的洋风市街，但是剥开这种洋风建筑的外表来看内部的技术，就可见日本传统的技术隐藏其中。立木柱，其上架设传统的和式屋架，然后在此骨架上做土墙，涂上白灰泥装饰，使其看起来像欧洲叠砌式构造（石构造或砖构造）的外表。

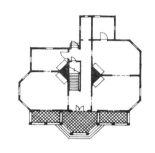

使用欧式技术之处只存在于附有通气孔的石造抬高基座、砖砌的暖炉与烟囱、阳台木质结构上的油漆、菱形格栅、玻璃和百叶窗而已。抬高的石造基座是南洋为了防止湿气而发展起来并被采纳的做法。暖炉在南洋只是配合房间格式的装饰而已，烟囱并无开孔，但在日本确实做出了实用的烟囱。虽然是个小技术但不可忽略的是哥拉巴邸（Gurabar House）或詹姆士邸使用的菱形格栅（图1-9b）。由细长的斜向板条组成的菱形格栅，常应用在通风良好的阳台天花板与梁柱之间，给予阳台空间轻快之感。菱形格栅起源于世界何处尚未可知，但象征阳台的开放性的细部做法就是菱形格栅。

登陆长崎之初的建筑在细节处使用外来技术，同时骨架部分采用传统做法，这是因为在开埠以后急需大量建设，承包工程的日本大木匠师依据外国人提供的简单图纸，发挥他们以前就有的传统技术手艺，以木造技术仿造叠砌式构造的外形。

此种登陆日本的木造阳台殖民样式建筑，至今仍有哥拉巴邸与鹿儿岛纺织所技师馆流传下来。

但此木造技术并非长盛不衰，随着外国人居留地的发展，在香港、上海等中国较先进的居留地上已经普遍使用的砖石叠砌构造与桁架屋架（图3-8）的方法也传到了日本。晚于长崎哥拉巴邸六年建造的菱格氏邸（Ringer House，1869年左右，图1-6）

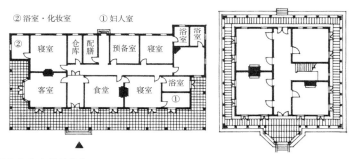

图1-5 阳台的围绕法

左：一面阳台（哈萨姆邸，神户，1902，亚历山大·N.汉塞尔设计）

中：三面阳台（奥瑞图邸，长崎，1865或1866）

右：四面阳台（鹿儿岛纺织所技师馆，1865或1866，托马斯·詹姆斯·沃特斯设计）

已展现出良好的石砌墙壁与列柱。在开埠时间较长崎、横滨晚十年的神户，从开始就建了许多像沃尔什·霍尔（Walsh Hall）商行一样正式的石造或砖造的阳台殖民样式建筑。

　　带来这种正式的洋式技术的人士是由中国通商港口而来的欧美技师与中国的工匠。在亚洲的通商口岸有一群像候鸟一样来自欧洲的技术人员，他们在先行开埠的中国的居留地上完成工作之后，为了追求新的机会也来到日本。他们几乎只在所到之处留下姓名，由何处来又去了何处皆不知，然而幸运的是具有代表性的英国青年托马斯·詹姆斯·沃特斯（Thomas James Waters）是唯一来历清楚的欧美技师，此内容将于第三章详述。欧美技师着手的只有建设的经营与设计工作，实际上在现场切割石材、叠砌砖块的是日本与中国的工匠。在中国的外国人居留地，因与中国人密集居住区相邻，这些中国人从事洗衣业等服务业，或是从事建造建筑、制作家具等匠人的工作，成为支撑外国人居留地的另一只手，这种工作结构也被带到日本。日本的大木匠师、石匠或泥水匠由懂得技术的欧美人直接指导，在与中国工匠一起工作期间，习得石造和砖造的技术，不久之后就可以独立做好所有的事。

设计

引领日本阳台殖民样式建筑设计的，是在中国通商港口展开的英国系统的建筑样式。出现于中国最早的通商港口的"广州十三行"，在1800年左右引进了英国的帕拉迪奥主义（Palladianism）式及新古典式，成为欧洲建筑样式进入东北亚的前奏。1842年香港、上海开埠以后，出现摄政式（Regency Style），使得居留地上矗立着一栋栋略显单调的白色圆柱的建筑。

日本开国正好处于这个时期，由摄政式带头，帕拉迪奥主义式和新古典式也传入日本。以现存的建筑而言，有一排石头列柱的菱格氏邸（图1-6）属于摄政式，而具有三角形山墙玄关突出立面的造币局泉布观（图3-7）是帕拉迪奥主义式的例子。以上三种样式都是在英国乔治王朝时期流行的建筑样式，统称为乔治王式（Georgian Style），但在日本开国时期，英国的乔治王朝已结束，进入维多利亚时期已经三十年。前一时代的建筑样式延迟抵达日本。

阳台殖民样式几乎皆为英国系统，有些美国系统或法国系统的设计也出现过。明治元年（1868）落成的长崎美国领事馆（图1-7），同样附有阳台，做法却和同时期的英国系统有相当大的差异。它的建筑不以石造为基础，阳台像日本民宅的缘侧一样，只是铺上木板的楼板。最醒目的是墙壁的做法，不像哥拉巴邸那样以灰泥壁仿做叠砌式建筑的外观，而是在木造的骨架上钉上木板并以油漆装饰。这就是在下一章会详述其由来的雨

图 1-6 菱格氏邸（长崎，1869 年左右）

淋板（日本称为"下见板"）的做法。雨淋板及铺木板的阳台都是美国阳台殖民样式的特征，长崎美国领事馆被认为是越过太平洋而来的特例。被认为是法国系统的西乡从道邸（图 1-8），也不像英国系统那样使用灰泥壁，而是与长崎美国领事馆相似，钉木板墙，但重点不在这里，在阳台的栏杆、柱梁间、屋檐处的装饰。这些地方都是以木板镂空纤细的纹样，做成像蕾丝一般的装饰。这种蕾丝状的饰板，不像是由印度到日本的英国系统所产生的，由全世界的分布状态来看，应该是法国的木造做法传到加勒比海地区，与阳台结合，然后经过太平洋漂洋过海到达日本的。推测经手设计者是后面会谈到的 J. 莱斯卡斯（J. Lescasse），如果是法国人莱斯卡斯个人带来的设计，此个案的独特性就容易理解。

图 1-7 长崎美国领事馆（1868）

图 1-8 西乡从道邸（东京，现存明治村，1877 年起，J. 莱斯卡斯设计）

哥拉巴邸述说的事情

日本阳台殖民样式建筑在亚洲也相当多。已经看到的技术包括木造与叠砌式构造,在系统上不只是英国,也有美国与法国系统,种类很多。又如石造的菱格氏邸或造币局泉布观,所见到的设计及施工水平都很高。以残存的状况来看,日本19世纪中叶的阳台殖民样式建筑保存状态良好的有近十栋,这是亚洲其他地方所没有的。从阳台殖民样式在全世界传播的轨迹而言,日本只是途经留痕的地方而已,然而此处的阳台殖民样式建筑种类却是如此丰富,保存状态良好,宛如阳台殖民样式的生态小岛一样。

这种想法在探访矗立在长崎山丘上的哥拉巴邸(图1-9)之后就会更加深刻。该建筑最大的特征是其平面规划(图1-10)背离阳台殖民样式基本的矩形,各房间向外呈圆形突出,采取三叶草形的结构。此结构是将住宅建于向海伸展的山丘尾端的最佳解决方案。任何房间皆三面向外,打开窗户可见海面与绿色的景观越过阳台从三面展开,而从三面吹来的风也从房间穿堂而过。

该建筑居住舒适,阳台反复凹凸而展开的外观轻巧而富于变化,具有良好的视觉感。

哥拉巴邸的特异性很早就受到日本研究者的注目,他们认为该形式可能是在亚洲的哪个地方形成再传到长崎。但由近年来的田野调查来看,在哥拉巴邸之前,无论是欧洲还是亚洲并无平面规划如此不可思议的建筑。

在中国鼓浪屿外国人居留地上的汇丰银行厦门分店长邸(19世纪70年代,图1-11)也采取三叶草形平面,同样在山丘尾端面向海面,似乎这才是原型,但事实恰好相反,哥拉巴邸较之更早建好。

图 1-9a 哥拉巴邸（长崎，1863 年左右）

图 1-9b 哥拉巴邸的阳台

三叶草形平面可以说最早是在长崎诞生的。

三叶草形的哥拉巴邸的风味，只有当你坐在阳台的藤椅内向外眺望时才能真正体会。宽阔的阳台向左向右反复凹凸而展开，木造圆柱忽隐忽现地排列。视线从椅子向上延伸，可见到菱形结构的天花板逐渐弯曲，轻轻地包裹住阳台的空间。在菱形的天花板与支撑它的屋檐前端的柱子之间，悬挂着布满菱形结构的圆拱，如蕾丝编织一般，而海面与绿色景观在对面展开。越

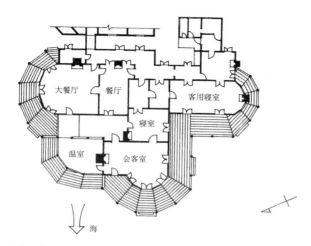

图 1-10 哥拉巴邸平面（1863 年左右，此图为部分增建后的平面图）

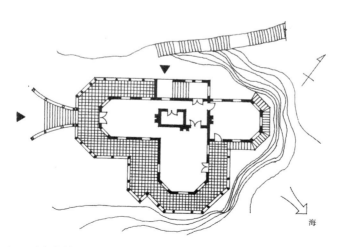

图 1-11 汇丰银行厦门分店长邸（中国，厦门，19 世纪 70 年代）

过山丘的风，仿佛吹拂过根根立柱与菱形编织木条而吹到阳台。在亚洲诞生的阳台被介绍到英国时，当地人感受到轻快、明朗、光与风、丰富的自然这些南方的印象。在英国南部休养地区的住宅上设计阳台状的突出物，隐含从未见过的南方的东西，然而这种英国人的南方浪漫主义在当地并未形成像哥拉巴邸那样漂亮的例子。

为何在亚洲开埠商港中不过是小型港口的长崎，能够诞生像珠玉一般的阳台殖民样式建筑呢？

首先，是因为业主托马斯·哥拉巴（Thomas Gurabar）的能力。他是出生于苏格兰的年轻商人，梦想创业，以远东为目标，经由上海来到开埠历史较短的长崎，成为贸易商人。正逢美国南北战争结束，他在亚洲市场收购过剩的武器，转卖给幕府和反幕府两边的阵营，同时买卖茶叶和生丝，获得非常大的利益，在上岸不满三年就成为长崎头号商人。他也是英国头号亚洲贸易商怡和洋行在长崎的代理人，像该洋行在过去的鸦片战争中获得巨额财富一样，哥拉巴也渡过最危险的难关获得了最大的利益。他是将亚洲的冒险商人的宿命展现得最彻底的人物。或许哥拉巴在俯视长崎港口的山丘上，为了建造匹配自己身为长崎"支配者"地位的城堡，而追求阳台殖民样式最佳的杰作。说它是"城堡"并不是比喻，实际落成后，他还因在庭园排设大炮而惹来幕府的抗议。

另一个原因与长崎在整个亚洲地区中独特的地理位置有关。

活跃在东南亚开埠商港舞台上的欧美贸易商，并无日本、中国、朝鲜等国界的意识，他们在海洋所联系的同一地区中自由往来，其中日本具有休养地的角色。与长崎相连的云仙，具有以他们为宾客对象而开发的历史，与横滨相连的轻井泽的万平旅馆或三笠旅馆的住宿名簿上，可以看到每两行就有一行是住在香港、上海的欧美人的签名。对居住在非常炎热的香港、上海以及东南亚的贸易商人而言，日本是在气候、水与自然环境方面都不错的美丽岛屿。由印度绕过东南亚，经过香港、上海逐渐北上的冒险商人们，在第一次踏上长崎的土地时，也许在感受到凉爽的空气与欣赏美丽风景的同时，获得了已经到了世界尽头的成就感。

这种长崎阳台殖民样式的潮流，因三叶草形的哥拉巴邸，而明朗地显现出来。

如上所述，以建于幕府末期、位于通商港口的哥拉巴邸为始，各式各样的阳台殖民样式建筑被建造起来。进入明治时期以后，日本人学习它而在各地尝试建造附有阳台的西洋馆，有时产生和洋折中的奇怪设计。如此，由幕府末期到明治初期，阳台的流行一直延续到明治第二个十年末。但是明治二十年（1887）以后，在文明开化的热潮结束后，令人困扰的事情意外地显露出来。在不输给热带的炎热夏季还好，到了冬季，阳台不仅暴露在寒冷天气中，还妨碍了温暖的阳光照进房间。这是南方的做法的极限了。这时，无论日本人还是外国人，都逐渐在自家阳台的柱与柱之间嵌入玻璃窗。现在参访神户的异人馆，所看到的大概都是嵌有玻璃的阳台，是后来改造而成的。好处是用一面玻璃，就可以把适合南方的阳台变成适合北方的温室。

因为气候不适合，加上明治二十年以后，在欧洲直接学习建筑的日本建筑家开始活跃，他们排斥附有阳台的简陋的殖民样式，所以阳台殖民样式建筑在日本逐渐没落。

活跃于神户的英国建筑家亚历山大·N. 汉塞尔（Alexander N. Hansell）在明治二十年以后，仍继续利用日本优良的大木工匠技术建造阳台殖民样式建筑，以供在神户的外国人居住，其中包含汉塞尔邸（Hansell House，1896）、哈萨姆邸（1902，图 2-6）等优秀作品，日本的阳台殖民样式在他的作品之后就消失了。

第二章
绕着地球向西转来到日本
——雨淋板殖民样式与木骨石造

一、钉木板的白色西洋馆

例如八岳高原的落叶松林中，散立着钉着横向长条木板，上面只漆白色或乳白色系油漆，简单装修的度假小屋，在东京近郊也可以看到同样类型的餐厅或咖啡厅。这些都是近十几年来的新建筑，设计以西洋馆风格为基调，没有特别外加的装饰，简洁而统一。同样的做法在乡下也常见，这边的建筑看起来比较老旧，大概是第二次世界大战前的医院、明治时期的照相馆或是大正时期的町役场或警察局。

即使没有附着阳台或使用红砖的西洋馆，任何一个市镇或村落也会建木板上涂油漆的西洋馆，若只算数量的话，它也许占了日本西洋馆的过半数。以历史的悠久而言，这种样式最有名的札幌的时计台（图 2-1）于明治十一年（1878）登场，并不比阳台殖民样式落后。

阳台殖民样式以阳台这一空间表现出特色，而雨淋板建筑起初就不是以特别具有特征的空间或样式见长，而是以在木构

图 2-1 札幌的时计台（札幌农学校演武场，1878，威廉·惠勒设计）

的骨架上钉木板、上漆的技术为第一特征。雨淋板之所以被认为是一种有特色的样式，是因为钉木板技术的成果浮现在了墙壁的表面上。

所以若要正确地了解此系统的建筑，首先必须了解木板的钉法。钉木板是全世界木造建筑圈所使用的基本技术，因为只是在柱子上钉木板，容易让人以为不管在哪里都一样，然而各地其实有着微妙的差异，各个钉板之间有窄而深的沟。

在这里成为课题的是欧洲系统的钉木板方法中水平钉板的形态，被称为雨淋板钉法，板子本身被称为雨淋板。钉木板的接续方法分为两种。一种是上板的下端与下板的上端各切出一角，然后一边一半相接合的做法，多分布在德国、法国等欧洲大陆地区，在日本将它称为"德国雨淋板"。另一种是将板子与板子的上下两端像鸟的羽毛一般重叠的接合法，德国雨淋板是平坦的

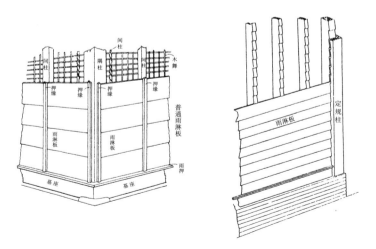

图 2-2 日本与欧美的雨淋板（左：日本的押缘雨淋板，右：美国或英国的雨淋板）

接合，而这种接合法的板子稍见倾斜，接合处成为一段一段，近看马上可以分辨出来（图2-2）。这种像鸟羽重叠的雨淋板大量出现在日本的村落市镇中。

明治时期以后，这种雨淋板有"英国雨淋板""美国雨淋板""南京雨淋板""铠甲雨淋板"等称呼，对建筑界而言，特别是对大木匠师而言是很熟悉的东西，到底为何在日本大量且长期地建造它呢？究竟它是从哪里传来的西洋馆做法？

地球上的雨淋板

由南往北受到西洋馆潮流洗礼的东亚都市例如香港、广州、台北、上海、仁川、首尔、天津各城市，走过去都可以看到阳台殖民样式接连出现，但不晓得为何看不到钉雨淋板的白色西洋馆。往南在菲律宾或泰国可以看到钉木板涂上油漆的简陋的西洋馆样式，但大多数是纵向钉起来的德国雨淋板，像鸟羽般的例子非常少。当阳台的潮流像海浪一样冲击亚洲沿岸都市时，雨淋板却像骤雨一般只降落在了日本列岛上。

为何会形成如此不可思议的分布现象？让我们从雨淋板在全世界的分布状况来思考看看。

查看全球雨淋板（鸟羽般的雨淋板）的分布地区，在亚洲为日本，在大洋洲为澳大利亚的一部分，美洲大陆在美国与加拿大、加勒比海的一部分，在欧洲为英国的一部分与受英国影响较大的法国多佛尔海峡（Strait of Dover）沿岸、斯堪的纳维亚半岛（Scandinavian Peninsula）等处。这是一般的文化圈想法或地理学的区分所无法归纳的、奇特的分布情形。

它的起源来自欧洲的一角，英国的东南部或瑞典。它在以石材及砖材的叠砌式构造为中心的欧洲传统之中，是较差的技术，在英国也仅限于由伦敦到多佛尔海峡的英国东南部，在这些分布地区连教堂、集会堂、住宅都不使用它，仅限于低矮的商店或农舍使用而已。然而英国东南部乡下的样式不会直接传播到日本，它首先是由英国的移民人士越过大西洋，带到了美国北部的新英格兰地区，在此扎根。然后下一阶段沿着阿巴拉契亚山脉（Appalachian Mountains）的水流不断向西逆流而上，将它的根延伸到美国大地。

这些移民人士遇到瀑布或急流就下船上岸砍伐原始林、建造小屋、开垦田地，不久就形成村落市镇。如此在阿巴拉契亚山脉水流的瀑布处点点形成的市镇称为"瀑线都市"。这些移民人士原本是为了开垦田地而砍伐原始林，后来倒下的则多为北美松等无结的大树，其原木被运到以瀑布或急流的水位差作为水车动力的制材所，变成非常好的角材或板材。由制材技术来看，无论在技术上还是在劳力上，板材都比角材更难制成，但因有无限的水车动力，这些移民人士能拥有大量板材。

由瀑布到开拓、到圆木、到水车制材、到角材与板材，可以说结合了自然的恩惠与人的巧思，成为绝佳的建筑系统。

无结的上等板材虽便宜且易得，但如果建造房屋的技术困难，雨淋板也不会如此广泛分布于各地，幸好雨淋板的建筑只要能取得板材，剩下的就很简单。即使不擅长使用锯子或刨刀，或者柱梁稍有弯曲，或因不会用凿子而使木材间的接头有空隙，只要最后在上面钉上雨淋板，所有瑕疵都会被隐藏起来，空隙风也会被堵住。钉木板只要有钉子和铁锤谁都会做，维护也很轻松，只要数年一次，涂上油漆就可以。对于住在大草原、衣食住等所有事情皆需全家人合力完成的小家庭而言，雨淋板建筑在材料供给、建筑技术、耐候性、维护管理等方面都是令人满意的。

如此在美国大地扎根的雨淋板建筑，当初在英国只是乡下的房舍，在长方体的箱子上盖屋顶、开窗，在入口处做一点哥特式或古典风格的装饰而已。这些初期简朴的建筑在美国被称为殖民样式或早期美国式（Early American Style）。然而美国独立以后，为了表现所谓新兴国家美国的样子，出现了木板钉出来的希腊神殿风格，或由大木匠做出来的木匠哥特式（Carpenter Gothic Style）、美国哥特式木构式（Stick Style）等各式各样雨淋板的样式。

在这种新样式出现之前，雨淋板已随着英国的移民人士不断向西前进，最后终于横越美洲大陆来到正处于"淘金热"的西海岸。

由英国渡过大西洋，横越美洲大陆到太平洋，一个西洋馆的样式如此传递了过来。美国开拓者所携带的绕着地球向西转的这个殖民样式建筑，相对于由贸易商人携带向东转的阳台殖民样式建筑，被称为"雨淋板殖民样式"建筑。

19 世纪中叶，被"淘金热"引导来到加利福尼亚州的雨淋板，不久又渡过太平洋向南来到了拥入淘金人潮的澳大利亚，向西来到了明治初期的日本。在中国或东南亚的殖民样式建筑，如前所述可以看到阳台却几乎看不到鸟羽重叠般的雨淋板，也是因此，由加州出发的雨淋板在途中未曾停留，直接抵达澳大利亚与日本。

它是何时在日本的何地上岸的呢？

据观察，最早上岸之地是明治元年的长崎（长崎美国领事馆，图 1-7），然后是函馆、札幌（开拓使本厅舍，1873，图 2-3）、横滨、东京（毛利邸，1873；工部省，1874），以建设量和影响力的大小来看，札幌远胜其他地方。

二、北海道开拓与美国

向美国学习的札幌

雨淋板在长崎、横滨或东京的登场不过是孤立的或是次要的现象，但出现在札幌却是刚诞生的明治新政府有意为之。明治维新的翌年，新政府计划开发北海道，设置主掌该事务的官厅"北海道开拓使"（1869）。随后因以美国开拓的经验为模板，聘用美国当时的农业局局长霍勒斯·凯普伦（Horace Capron）为最高顾问到东京来。在他的指导下有超过 50 名成员的开拓顾问团来到札幌。

美国木构造的技术成为开拓指导的一环，被有组织地引入札幌。如同过去美国开拓者在瀑线都市的河旁所做的一样，他们首先利用札幌的丰平川水利建造了水车动力或蒸汽动力的制材所。

明治五年（1872），工厂的圆锯或带锯正等待发出声响，在砍伐原始林后刚开出格状道路的札幌平地上锤音不断，开拓者开始了正式的造街工程。指导者是美国技术顾问团，在其下担任实务工作的是开拓使营缮课的日本技术员。更有日本全国聚集而来的木匠、锻冶、锯木、屋瓦等人数多达 1 225 人的建设匠师忙着工作，明治六年（1873）春天到秋天，建筑物逐渐落成，围绕官厅和官舍群形成了市中心。

成为此造街工程象征的就是开拓使本厅舍（1873，图 2-3）。两层楼的正立面突出具有三角形山墙的入口玄关，屋顶上立塔和穹隆的姿态，是仿照 19 世纪前半期美国各州政府办公厅设计所广泛采用的典型做法，样式上属于新古典主义。从规模和样式来看，此建筑是包括美国在内全世界的雨淋板建筑的代表作之一，设计

图 2-3 开拓使本厅舍（札幌，1873，开拓使美国技师设计）

者的名字未知。

在此纪念性建筑以后指导雨淋板建筑的是威廉·惠勒（William Wheeler）。他于 1851 年出生于波士顿附近的康科德（Concord），进入麻省农科大学学习土木工学，毕业后在波士顿经营事务所。其恩师威廉·史密斯·克拉克（William Smith Clark）博士因在札幌指导新设农科大学而请他来日协助，他原有些迟疑，但在倾慕的诗人爱默生的强力劝说下，于明治九年（1876）跟随克拉克来到日本。在日本四年期间，威廉·惠勒担任札幌农学校教授，在教授农学土木之外，亦着手建筑设计，十分活跃。明治十二年（1879）离开日本，在波士顿重开事务所，于城市周边的下水道建设表现其技能，现今仍在波士顿的都市史上留名。据其经历可知他为一流的土木技师，人品方面亦有极高的评价，在当时具有名望。他住波士顿时期，在康科德的田园地带建设农场，为自己住家所立的小山丘命名 Round Hill，以回想住札幌时期日夜眺望的丸山（现圆山公园），在 1933 年去世。

威廉·惠勒待在札幌时参与建造的建筑只有时计台（1878，原农学校演武场）、模范家畜房（1877）等和农学校有关的设施，与开拓使直属的技师们所建的开拓使本厅舍等建筑相比数量极少。从设计表现而言，除了时计台其余建筑均比较保守，但是以雨淋板西洋馆的技术而言却是划时代的，它使惠勒成为在日本实现气球构造（Balloon Frame）的人。

气球构造是在美国开拓的过程中，于 1833 年在芝加哥附近出现的美国独特的木构造技术，其特征是在构造上不使用粗壮的柱梁，而多用规格化的原木板构成壁体，不需要像以往那样使用凿子或锯子组装粗大的构材，只要锤打钉子就可以完成，在开拓上没有比它更合适的技术了。当时因轻便被称为气球构造或南瓜构造，是被轻视的工法，但后来随着开拓成为美国木构造的最高技术，现在日本所说的"2×4工法"，是最贴合其本质的名称。因威廉·惠勒，此美国的木造技术被引进日本。

惠勒比先到任的 N. W. 霍尔特（N. W. Holt）或其他顾问技师到日本要晚，却更为活跃。在他的影响下，明治五年（1872）之后，札幌的原野上锤音不断，在石狩平原的正中央出现了由雨淋板装修而成的白色市街（图 2-4）。若不知情的人来到这里，会以为到了开拓时期的新英格兰地区的州政府所在城市而异常感动。由建筑的样式来看，也像是把美国雨淋板建筑历史的一部分原封不动地搬到日本的情况。例如，美国独立前殖民时代的造型反映在不涂油漆的农学校模范家畜房的墙壁上，或是洋造民邸（1873）的乔治风格单调的立面上；开拓使本厅舍则是美国独立后的新古典

图 2-4 1879年札幌的景色

式重要的作品；而依据波士顿建筑家查尔斯·J.贝特曼（Charles J. Betheman）送来的图纸所建造的札幌博物场（1882）将哥特复兴式的特征表露无遗；开拓使本厅舍分局（1873）采取了美国维多利亚式之一的伊斯特雷克风格（Eastlake Style）的样式；时计台属于木匠哥特式的大木匠师的系统。

然而就像美国普遍的建筑物一样，除了开拓使本厅舍与札幌博物场，其他建筑物在样式上很难归入任何一种建筑风格中，例如时计台（图2-1）的哥特式在壁板的钉法与窗的形式上并未采取哥特式的做法，其他一般建筑物在整体上为古典式的风格，只在屋檐处做出哥特式的装饰，折中的特色很强。就像美国许多市街或乡村建筑物未经建筑家设计一样，在北海道居指导地位的美国技师之中亦无建筑家，此种强折中性的建筑应该是仰赖土木技师的建筑素养，或直接在从美国运来的许多建筑参考书的指导下进行设计的。

从1869年霍勒斯·凯普伦来到日本到明治十年（1877）威廉·史密斯·克拉克离开日本的这八年，开拓使相关的建筑物含有许多混杂的味道，可说是美国情况的翻版，但事实上也很明显地出现了日本化的征兆。理由是在美国人的指导下，负责设计与工程实务而不断学习的开拓使营缮课的日本技师，也开始自行着手美国式建筑。这个时期具有代表性的是丰平馆这栋建筑，它可

图 2-5 丰平馆（札幌，1880，安达喜幸设计）

以被称为开拓使的鹿鸣馆，由营缮课首席技师安达喜幸设计，诞生于明治十三年（1880）。

丰平馆可以让人感受到开拓使本厅舍或时计台等由美国人主导的设计所没有的风采。原因是，六根科林斯柱式（Corinthian Order）列柱突出的半圆形车行入口玄关，让看到的人感受到有如站在希腊神殿前的气氛。这可视为19世纪中叶美国的古典复兴式（希腊复兴式）的影响，但是除了入口玄关，另一个值得注目的屋顶山墙却是木匠哥特式的清爽的装饰。如此折中性正如同开拓使本厅舍的体制，将厚重的和轻快的设计不经意地混合，令人产生神秘而奇特的强烈印象。更加强化印象的是中央屋顶上山墙的独特做法，在圆拱处悬挂着像日本寺庙悬鱼一样的装饰。

更日本化的地方是柱子与雨淋板的关系。在美国，柱子完全包覆在雨淋板下，再将雕刻柱子形式的木板钉在外表，而丰平馆（图2-

5）则采取将柱子外露的日本传统形式。这一做法虽部分受气球构造的影响，但整体仍延续以柱子为中心的传统做法。

我们虽然可以认为安达喜幸因对气球构造不熟悉、对新技术有所恐惧而仰赖传统做法，但是当时的日本人无人比他更了解新技术了。他依照威廉·惠勒的基础设计，从事农学校模范家畜房的设计实施与工程监造时，曾为了深入了解异国的技术而提出尖锐的问题，惠勒为他的热情打动，画出立体图向他解说原理。因此，安达喜幸在自己的代表作中采用以传统为基础的做法，应是冷静计算过得失而做的判断。他出生于文政十年（1827），身为江户的大木匠师，远景堪虑时适逢明治维新，因进入新政府而成为精通日美双方木造技术的人物。

如此一来，安达喜幸的倾向完全成为北海道建筑风格发展的方向。尔后在建筑表现上，他一边坚持美国的风格，一边在技术上依从传统。这种做法成为普遍现象。

以上是北海道雨淋板的情况，由通商港口登陆的时间点虽然较迟，但从扎根在日本土地上这一点来说是最早的。

新形式与新技术要在完全拥有不同传统的土地扎根下来，仅有一两个案例是不够的，必须有相当大量的投入以后才能突破临界点带来连锁反应。这个条件首次在北海道得到满足，然后由此地向日本各地广泛传播开来。

阳台与雨淋板的相逢

日本不只是绕着地球向东走的阳台殖民样式，也是绕着地球向西走的雨淋板殖民样式抵达的终点站。

再回顾一下这两种路径。开拓出向东走路径的最初是葡萄牙，后来转移到荷兰、英国，路径是绕过非洲到达印度，再前进到东南亚在此分为南北二路，向北经过中国到达日本，向南抵达澳大利亚。走这条路径的是阳台殖民样式的西洋馆。向西走的路径较复杂，首先是西班牙，接着是法国等国，渡过大西洋，经加勒比海在中南美洲上岸，再渡过太平洋通往菲律宾。走这条路径的建筑形式是西班牙殖民样式及加勒比海所产生的阳台殖民样式两者，但除了推测是 J. 莱斯卡斯设计的西乡从道邸，并未到达日本。较西班牙经由墨西哥的通路延迟开拓的是，英国渡过大西洋的北边在新英格兰登陆，开拓北美大陆森林与草原的同时向西前进的路径，走这条路径的是雨淋板殖民样式。

以上东西两条路径，向东走以及经由北美向西走的路径都到了日本，向东走而来的是阳台，向西走而来的是雨淋板。

转一下地球仪便知道，只要经由海路，由欧洲向东或向西走，日本是最远的地方。从 15 世纪大航海时代开始之后，欧洲的建筑分为东西两支，在最先抵达之处产生殖民样式，接连经过海路与陆路，在地球上一点一点前进。19 世纪中叶之后，东西两条路终于抵达最远的日本，完成了长达四百年的旅程。

就在欧洲建筑的环球大旅行终了的地方，日本的西洋馆的历史才开始。

由东西两条路径在日本登陆，阳台殖民样式与雨淋板殖民样式这两种形式，在此之后又有怎样的发展呢？如第四章所述，后来其变身为被称为"拟洋风"的不可思议的姿态。在述说此变身的故事之前，让我们先述说阳台与雨淋板结合的罕见事件。如果拜访神户的山手地区，可看到有几栋残留下来的被称为"异人馆"的西洋馆，这些建筑每栋前面都有阳台，而且墙壁钉有雨淋板。随

图 2-6 哈萨姆邸（神户，1902，亚历山大·N. 汉塞尔设计）

便看看并不会引起注意，但如果你知道向东走而来的阳台是针对南方热带的做法，向西走而来的雨淋板是针对寒带的做法，就会觉得不可思议。为什么出身和发展都不相同的两者会在此结合，产生"雨淋板阳台殖民样式"呢？

在明治第三个十年以后的神户，以及稍早在明治第二个十年末的长崎，钉雨淋板的阳台殖民样式建筑急速增加，并且在日本各地开始出现。积极推动这个趋势的是神户的汉塞尔。此人设计出杰出的哈萨姆邸（1902，图 2-6）。此种罕见形式的第一例应该是长崎美国领事馆（图 1-7），建于明治元年。若思考到明治第二个十年末以后长崎或神户才产生较多此种案例，这中间的空白期未免太长。全世界沿着东西两条路径往前追溯的话，可看到美国东海岸的中南部分布着阳台与雨淋板结合的形式，据说是由新英格兰南下的雨淋板，与加勒比海北上的阳台，于 19 世纪初在此结合的结果。孤立在长崎的长崎美国领事馆是这种样式飞到日本的个案，这样的想法是可以接受的，但是，神户与长崎在明治第二个十年末以后大量出现的案例不可能也是从美国东海岸中南部飞来的。

应该是日本自行诞生了这种同样的形态吧。就像19世纪初在美国的土地上两者相逢一样，在19世纪末的日本列岛上，由北而来的雨淋板与由南而来的阳台在此相逢，然后产生了在世界上屈指可数的高完成度的哈萨姆邸（图2-6）。

三、另一个向西走的殖民样式

继承木造的石造建筑

经由美国抵达日本，向西走来的殖民样式除了雨淋板外，还有一个形成量少却十分珍贵的"木骨石造"构造技法。这种技法在木构造的骨架外侧叠砌石材，使用"门形"铁等五金铁件将两者联结为一体，外观形成石造效果。此种建筑的构造可分为木质柱梁构造与砖石材质的叠砌构造，但并不单属于任何一方，两种构造在一片墙壁中背对背并存，这种稀有的做法在欧洲本土几乎没有。然而美国乡下的车站或仓库却采用这种构造，现在仍可见到许多正在兴建的木构造外侧砌砖的住宅。这种殖民性技术恐怕是在开拓时期，在缺砖少石的情况下，为了使盖好的建筑物至少在外观上像叠砌构造而发展起来的。但这种做法无法像同为殖民样式的雨淋板一样表现出自己的特色，始终是石造与砖造的仿作，是殖民样式里很少用的低劣做法。在美国以外，日本幕府末期、明治初期有些例子，在中国香港也曾经使用过。它的起源未知，就其影响力而言可认为是美国的技术。

虽然木骨石造在世界上是低劣的做法，但从日本西洋馆的历史来思考，其具有不可忽视的重要性。现在日本残存的木骨石造的西洋馆虽然只有几座——箱根的福住楼（1879）、西本愿寺大教校讲堂（现龙谷大学讲堂，1879）两栋，以及备受瞩目的小樽的石造仓库群——在明治初期却潜藏着覆盖西洋馆发达地区的可能性。

其中之一是在北海道，作为雨淋板代表作的开拓使本厅舍，在建设初期一边绘制木骨石造的图纸，一边却因采不到良好的石材而变更设计成为雨淋板构造。但是在雨淋板的阴影下，札幌的市街上木骨石造的建筑开始拓展，不久就产生了小樽的仓库群。

在北海道，开拓使本厅舍的建造呈现出采用木骨石造结构的微小可能性，但终以效果不佳而夭折；然而在横滨、神户的外国人居留地，木骨石造建筑却与主流的木造灰泥系建筑产生竞争。明治三年（1870），在神户的外国人居留地，木骨石造在数量上虽不及超过半数的传统木造灰泥构法（虽然它的底材与海鼠壁同样是铺平板瓦），却与砖造基本持平，将神户西洋馆二分为砖造与木骨石造（包括木骨砖造）两种。在横滨则更为兴盛，幕府末期，传统的木造灰泥壁占大多数，进入明治时期以后，木骨石造急速增长，独占了纪念性强的大型建筑。能代表明治初期的横滨的有横滨英国领事馆（1869，图2-7）、横滨车站（1871）、横滨税关（1873，图2-8）、横滨町会所（1874）四大作品，都是木骨石造。进入明治之后停滞的长崎姑且不论，横滨与神户的建筑随着外国人居留地的成长，从初期木造灰泥阶段进入以砖造和木骨石造为中心的阶段。

从对东京与全国的影响来看，木骨石造在横滨成为主流一事值得关注，这主要是一位美国人的功绩。着手明治初期横滨四大代表作品的正是美国人布里坚斯（Bridgens）。他是幕府末期至明治初期将日本的外国人居留地当作工作场所像候鸟一样的外籍技师之一。其他技师几乎只知名字而不知事迹，而他却是名实皆可追查到的人物。

美国人布里坚斯由旧金山搭蒸汽船抵达横滨，是横滨开埠后十年左右元治元年（1864）的事情，那是猪舍火灾事件之前，居留地上木造和风建筑较洋式建筑多一些的时候。布里坚斯来日以前的经历不明，只知其出生于1819年，经常来往于日本与美国，做着加州公司的横滨代理商的工作，也许来日之前他住在加州。来到横滨应该是为了找寻工作，据说他妻子的姐姐是当时的英国领事夫人，靠此因缘而来。布里坚斯抵达横滨后开办了一家事务所，挂上建筑与土木的招牌，两三年之后成功地得到了横滨港具有代表性的建筑技师的地位。开埠之初和风建筑向洋风建筑过渡，因庆应二年（1866）的猪舍火灾事件，居留地经历火劫，建筑相关业务急增。但其他外国技师未在这场火灾后的工作中获益，唯独布里坚斯成功了，秘诀在于他妻子人脉关系的运作，此外应是他本身的个性与草创期的通商港口十分投合的关系。

当时在横滨建筑业十分活跃的高岛嘉右卫门证言此事。高岛嘉右卫门得名于他主持了今日横滨市高岛町的土地填埋工程。此外他曾因买断木材和不当交易而入狱，是完全投合新兴港口城市，充满冒险经历的在横滨开埠史上知名的人物。比起这些，称他为"高岛易断"[1]说不定更加容易理解，在具有赌博性质的建筑

1　《高岛易断》为研究《周易》占卜实例的一部巨著，在易学领域拥有巨大的影响力及极高的知名度。其作者即日本明治时代的易学大师高岛嘉右卫门。——编者注

图 2-7 横滨英国领事馆（1869，布里坚斯设计）

图 2-8 横滨税关（1873，布里坚斯设计）

业中，他比真正的占卜师占卜得更准。进入横滨之初，他卜卦认为此后的时代必须与外国人结合才能大力发展建筑业，但在数日之间见了数十位外国人却无一人理会他。然而某天相遇的某人认同高岛嘉右卫门的心胸度量和见识，两人意气相投，约定合作"击掌而哈哈大笑"。这个人就是布里坚斯，可谓人以群分。

布里坚斯身边聚集了这些有点怪异的日本营造商与匠师，结成如同"布里坚斯党"一样的团体，开创了横滨港的新时代。众所周知的最初的大作是在庆应二年（1866）与高岛嘉右卫门联手建造的英国临时公使馆（图2-9），外墙贴满海鼠壁值得注目。在西洋馆上采用日本传统海鼠壁的这种做法，在明治元年，如后所述由布里坚斯与清水喜助联手完成的筑地旅馆（图4-3）亦被采用，由此看来这是有意为之。在技术与表现上遵从日本传统，以明治二年（1869）的横滨英国领事馆为界，以如前所述的横滨四作为始，完成了新桥车站（1871，图2-10）、蓬莱社及其他陆续建在横滨与东京的纯洋式大作。从建英国临时公使馆到建横滨町会所的八年间，布里坚斯十分活跃，在横滨居留地上技压众人，被誉为"横滨西洋馆的始祖"。然而在明治七年（1874）的横滨町会所之后，其作品突然消失在历史的舞台上。横滨的事务所虽然还持续着，却不再有官方纪念性的案子，他在居留地成为民间技师之一，继续建造商馆和住宅建筑。布里坚斯殁于明治二十四年（1891），享年72岁。殁后，其夫人继承事务所继续营运，也许不是很成功，不久就消失了。

上述布里坚斯的作品中，由英国临时公使馆到横滨町会所等大作都是木骨石造建筑。在幕府末期应用传统的大木匠师技术所建的横滨西洋馆，以明治维新为界，因为布里坚斯的活跃而推进

图 2-9 英国临时公使馆（横滨，1866，布里坚斯设计）

图 2-10 新桥车站（1871，布里坚斯设计）

到木骨石造。

如果是这样，由传统的木造灰泥墙进步到舶来的木骨石造建筑，那么在恰好位于分界点的英国临时公使馆与筑地旅馆上，布里坚斯所尝试使用的海鼠壁是什么东西呢？为何刻意选用海鼠壁这种传统技法呢？

所谓的海鼠壁是江户时期广泛流传全日本的泥匠技术，在木造的壁体表面贴上平瓦，然后在灰缝（接缝）处涂满突出的灰泥，由于突出灰泥的形状类似海底的海参（日语为海鼠），所以如此称之。因有瓦与灰泥的覆盖，海鼠壁比一般的土墙耐风雨及火，故被使用在商家的仓库或诸侯的宅邸上。

布里坚斯着眼此做法应是拿它来做木骨石造的代用品。木骨石造与海鼠壁在构造上的差异只有前者的石材负担一半的荷重，而后者并不期待瓦承担荷重而已，但由防火的角度出发，在木造的表面包覆石或瓦并无差异。事实上，英国临时公使馆的海鼠壁工法，在英国土木的报告上写成"wood with stone"，即"贴石的木造"。烧尽横滨居留地建筑的猪舍火灾事件后，获得英国临时公使馆这种大项目的布里坚斯，使用海鼠壁取代费用较高的木骨石造，很快就做出了防火性强的木造西洋馆。

他是从哪里学到的这种海鼠壁技法呢？

探索一下横滨、长崎、神户三个居留地的海鼠壁情况，就可发现有趣的事实。海鼠壁在横滨之外几乎无人用及。在长崎有初期的大浦天主堂（1864，图 2-11，现况已经改修过）使用它，设计者 L. T. 富雷特（L. T. Furet）神父是由横滨出差到长崎进行施工的，可视为由横滨搬来的海鼠壁个案。在神户，木造上贴瓦的建筑很多，被认为是从先进的横滨学习来的，但与横滨做法不同。本来平瓦应露出的海鼠壁的表面只在极少部分可见，大部分平瓦都涂上灰泥，被隐藏起来。

海鼠壁的采用与流通可归功于横滨，我调查它何时出现在横滨时发现在猪舍火灾以前未曾见到，英国临时公使馆也许是最初的案例。至少海鼠壁西洋馆的存在得到世界的公认，是

图2-11 大浦天主堂(长崎, 1864, L. T. 富雷特设计, 小山秀之进施工)

因布里坚斯的英国临时公使馆，尔后到明治初期以前，海鼠壁在横滨被普遍使用。

布里坚斯以横滨为舞台，由木造灰泥壁到海鼠壁再到木骨石造，造就了殖民样式建筑的技术革新。

建筑的表现方面有何功绩呢？首先是海鼠壁西洋馆所编织出来的和洋折中样式值得关注。当然海鼠壁是因实用的优点而被放入西洋馆的，但是在设计上亦具有强烈的表现力。同样是泥匠的做法，但与清一色的灰泥粉刷不同，黑色的平瓦上画出白色的灰泥斜带，这种花哨的设计即使是为了实用而做，也起到了将完成后西洋馆的印象大力引向和风一边的作用，这点布里坚斯认为很好。从他后来的正式作品看，他并未积极追求和洋折中的路线，海鼠壁应该视为其过渡期的表现。

布里坚斯在建筑表现上的精髓不是海鼠壁而是木骨石造的西洋馆。以横滨英国领事馆（图2-7）为始的一连串作品，脱离了可说是居留地传统的阳台殖民样式，尝试没有阳台的西洋馆样式。这样的做法应该是因为急欲脱离阳台的殖民风格。取而代之的主要样式是以新桥车站（图2-10）为典型的美国新文艺复兴样式，只是偶尔加上法国风格的孟莎式屋顶。新文艺复兴样式为19世纪60年代在美国大流行的形式，所以布里坚斯是用太平洋彼岸最新的流行样式来装饰横滨。从木造灰泥装修的阳台殖民样式到木骨石造的文艺复兴风格，建筑样式变化确实极大。与殖民样式这个名词所具有的简便性、对当地的适应性或轻快性相较，文艺复兴样式具有学院派正式强烈的印象。然而实际上仅止于印象而已。如前所述，木骨石造这种做法是具有半殖民风格的技术，横滨英国领事馆或新桥车站在建筑比例上都很差，细部设计也生硬而不准确，整体给人印象极为沉重。

布里坚斯原本想跨越殖民样式与正式建筑之间的樊篱，但尝试的结果只是双脚跨在墙的两边。非木亦非石、半途而废若是木骨石造的本性的话，布里坚斯就是像木骨石造一般的建筑技师。

以上是关于日本殖民样式建筑的介绍。

绕着地球向东走登陆日本的阳台殖民样式，向西走登陆日本的雨淋板殖民样式与木骨石造，以及在阳台与雨淋板的结合下产生的雨淋板阳台殖民样式，以这四种建筑样式建造的建筑正是日本人初遇的西洋馆。

第三章
冒险技师的西洋馆
——洋式工厂

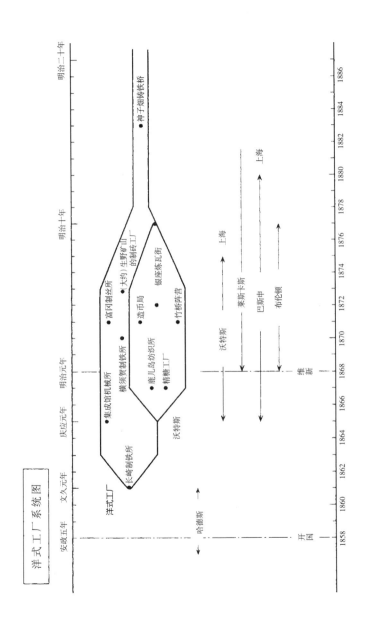

洋式工厂系统图

一、日本的产业革命与建筑

由长崎制铁所肇始

像尺蠖一样一点一点地绕了地球半周登陆长崎的阳台殖民样式建筑，为大浦地区的外国人居留地的建设奠定了基础，就在同一时间，长崎湾对岸的饱之浦地区同样响起锤声。这边的工程从日本开国前的安政元年（1854）开始，在大浦地区外国人居留地造成之时的万延元年（1860）已完成一半。其建筑与主要设施出现了厚重的石造外貌（图3-1）。计划整体完成是在翌年文久元年（1861），此时中心的建筑已落成，所以日本最早的洋风建筑不是诞生在大浦的外国人居留地，而是对岸的饱之浦。

饱之浦的工程是洋风建筑兴起同时，开国之前就开始建造的，由此可以窥见它是特别之物，是江户幕府为了抵抗欧洲列强对日本的侵略，急忙计划建设的长崎制铁所。

中国在鸦片战争中失败，在此之前的半锁国体制也瓦解了，被迫在香港、上海开设外国人居留地，跌倒在陡坡上。了解此事的幕府为防止欧洲列强的侵略，认为创设先进的欧式海军以及建造"黑船"不可缺少，故仰赖唯一有外交关系的荷兰海军的指导，开始制铁所的计划。虽名为制铁所，主要功能却不是制铁，而是使用铁制造船舰。

船是人类群聚在一起长时间生活、活动的场所，如同"浮游都市"，需由各种要素构成。一艘船的制作，必要的技术领域广泛地涵盖机械、金属、化学、电气、建筑，同时，当时的船就像今日的宇宙飞船一样是先进技术的集合体。造船所可以说是综合机械工厂，欧洲先进的工业技术全部集结在此，作为日本最早的洋

图 3-1 长崎制铁所（1861，亨德里克·哈德斯设计）

式工厂是最适合的。

　　在担任总指导的荷兰海军 R. H. 范·卡特迪克之下接管建筑部门的是亨德里克·哈德斯（Hendrick Hardes）。他是船舰机关专业的技术将校，土木建筑虽非其专长，但他具有极高的技术敏锐度。在建造长崎制铁所的过程中，他参考了从荷兰运来的建筑模型与建筑书籍以推进工程，花了四年完成工程。

　　长崎制铁所整体包括船坞、工厂，以及仓库和外国人的住宅，中心的设施是熔铁厂、锻冶厂、工作厂等三个工厂。首先铁料在熔铁厂熔解、调整成分并进行基础成型作业，然后运到锻冶厂以蒸汽引擎锤敲击延伸成铁板或铁棒，再运到工作厂以旋盘等工具加工。包括蒸汽引擎在内近30台的机械是从荷兰运来的新锐机器，在日本加以组装并试运转后，再培训日本人使用机器。这些都是由哈德斯手下的11名荷兰技师推动的，如同今日石油整厂设备输出一般。

与制造系统一样，工厂建筑被建成纯欧洲式。首先由构造来看，欧洲式建筑采用以墙壁为主要支撑的壁式构造，材料是当地产的石材与砖材。在长崎有许多石造眼镜桥，所以石材没有问题。值得一提的是砖材，建筑所用红砖是在哈德斯的指导下由烧瓦匠师烧制的。在工厂中央立着的独立柱是进口的铸铁柱，上面架着的屋架是使用铁骨的洋式屋架。虽是小技术，但连窗户做法都是纯洋式，采取纵长的比例，上端做成拱状，安上装有玻璃的上下推拉窗。

看设计的话，工厂建筑通常比较简单，但这个规模最大、位置显著的制铁所（图3-1）却与众不同。在全长99米的石砌墙壁中央设计了一个突出的附有三角形山墙的车行入口玄关，左右两端则各设计了三角形山墙从侧翼伸出。这种样式属于简化的荷兰古典样式，因为机械技师哈德斯不是设计师，所以制铁所是其依照荷兰人所做的模型盖出来的。

长崎制铁所竣工后，长崎湾东西两岸的洋风建筑出现两种不同风格，隔着蓝色海面咫尺相对。这是日本人最先见到的洋风建筑景象，令人无法理解的是，同样来自欧洲，两种建筑却极为不同。

东岸的外国人居留地是由贸易商人所建的商馆与住宅形式的建筑，将日本传统的技术做最大的利用，所做成的开放性阳台殖民样式成排并列。如殖民样式之名，在样式上与技术上皆与欧洲分离，是在当地风土或技术上深深扎根的西洋馆。另一方面，西岸的长崎制铁所是日本政府为了自身的防卫与近代工业的培育，由欧洲直接输入整厂设备的工厂，使用石材、砖与铁建造而成，在技术或设计上皆未受亚洲或日本的影响。

图 3-2 横须贺制铁所（1870，法国海军技师设计）

以西岸长崎制铁所的登场为肇始，尔后洋式工厂建筑为幕府与诸藩以及明治新政府所陆续建设，成为建筑的族群而兴盛起来，与东岸的阳台殖民样式建筑并列为日本近代建筑的起点。

幕府与萨摩的洋式工厂

以下介绍在长崎制铁所之后的各种洋式工厂。

成功建造长崎制铁所的幕府，继续在江户湾计划建设同样的设施，这次是迎接法国海军的顾问团，于庆应元年（1865）着手横须贺制铁所的建设。在高峰期，F. L. 弗尼（F. L. Verny）手下有 45 名法国人居于指导地位，而在这些法国人手下工作的是幕府的官吏与民间的建设者。经过五年时间，中间还夹杂着幕府崩溃时的混乱，横须贺制铁所（图 3-2）于明治三年（1870）终于完成。

这是远超长崎制铁所的大工程，工厂、船坞之外亦包含医院、技术传习所、学校、住宅等，相当于新造一个市镇的规模。规模有多大，技术有多好，看到一百二十年后的现在（海上自卫队横须贺基地），工厂中当时巨大的蒸汽铁锤仍敲击着烧红的铁块，工厂外庆应二年完成的石造船坞的石块一块也没松动，仍然被用来修理船舰，便可知道。

与机械和船坞相比，工厂的建筑并非如此，例如庆应二年完成的大型制铁所，墙壁的做法并非石造或砖造，而是木造。制铁所使用了两种木造系统：像制铁所这样不怕火灾的建筑，采用的是组合木造的柱梁，并在外钉木板；而在炼铁、制罐、铸造等使用火的工厂，采用的是在木构柱梁之间填充红砖以提高防火性能的方式。即在日本习惯填充土墙的地方改以堆砌红砖，这种做法被称为半木构造（half timber，一半木构造的意思），是在欧洲广泛可见的木造建筑做法。像横须贺制铁所这样只用垂直的柱材与水平的梁材（日语称为桁），柱间采取大间距却不用斜撑材的做法，可说是法国的传统。附带说明：德国常用斜撑材，英国则是采用窄柱距。与石造或砖造相较，半木构造的性能与格调都低一截，但就木造而言不像阳台殖民样式那样援用日本的传统做法，木头的接合以及屋架使用桁架这两点，皆坚守了纯粹的洋式木造技术。

在设计者初代建筑课长雷诺（Renault）、二代课长路易斯·费利克斯·弗洛伦特（Louis Felix Frolent）和他的弟弟三代课长 W. 弗洛伦特（W. Frolent）等人中，最活跃的是路易斯·费利克斯·弗洛伦特，他在担任课长的时期建造了几乎所有的主建筑。

法国技术所建的工厂建筑在横须贺现已不存在，但幸运的是大约同时期，以相同形式建造的群马县官营富冈制丝所（现为片仓工业富冈工厂，图 3-3），仍传袭着以前的形态。

众所周知的官营富冈制丝所是明治新政府为生丝产业的近代化，仰赖法国的协助在明治四年（1871）建设的设施，建筑的设计委托横须贺制铁所的技术群，由路易斯·费利克斯·弗洛伦特的部下 E. A. 巴斯申（E. A. Bastien）所设计。

有别于幕府着力于海军，与幕府对立的萨摩、长州、佐贺等藩

图 3-3 富冈制丝所（群马，1871，巴斯申设计）

亦为了维护日本的独立，深刻认识到海军与产业的洋式化、近代化是不可缺少的，而致力吸收洋式的生产技术。特别是幕府末期萨摩藩有了英明的藩主岛津齐彬，他倾该藩的人力与财力于洋式工业的建设上。

　　较幕府的长崎制铁所早一步，于嘉永五年（1852），岛津齐彬选定了城下东边较远处岩岸上别墅的广大基地的一部分，作为将欧洲的科学与技术移植到日本的场所，开始施工。然而在锁国的体制下，政府不许各藩像幕府那样接受荷兰的指导，所有的事只能靠自学。幸而萨摩藩在学问方面水平较高，依照书本的知识，工程在五年后的安政四年（1857）初步完成，取名为集成馆。以反射炉为核心的熔矿炉、玻璃工厂、陶瓷器工厂、机械工厂、火药工厂、化学工厂等并列，人员达 1 200 名。萨摩藩的技术人员靠自学书本，尽可能去理解欧洲的科学技术，做成了操作手册。然而

图 3-4 集成馆机械所（鹿儿岛，1865）

遗憾的是，建筑方面都是传统的木构造，集成馆内出现洋式的工厂建筑还得等到八年之后。

萨英战争（1863）之时，集成馆被英军舰队炮击，全部烧毁。吸取这次的教训后，集成馆在重修之时，采用更先进的石造结构。最先完成重修的是集成馆机械所（1865，图3-4），即现存的尚古集成馆。它是在现存的哥拉巴邸、大浦天主堂之后，历史悠久程度排名第三的洋风建筑。

由完成之初被称为"Stone Home"，可以知道机械所是堂堂石造的洋风建筑，随处可见其微妙做法。首先看墙壁，建筑的下缘奇妙地往外突出，向下成为和缓的曲线。这样的设计恐怕是因为注意到了欧洲墙壁为增加坚固性而使用的扶壁柱，但不知其意义，故用日本城墙石垣的松弛曲线装修而成。基脚亦有变化，做成洋式设计所没有的鱼板形状，接近日本传统的"龟腹"。墙壁上开窗的做法亦改变，上端成为既非扁平拱又非水平的曲线，玻璃窗看似是洋式的上下推拉窗，其实是嵌入固定的，不能上下移动。

墙上所架的木造屋架为洋式桁架，但其水平梁材与斜材的比例相反［原来力学上承受压力的斜材要粗，承受张力的水平梁材要细（或同样粗细）］，水平梁材做得较粗，与日本传统和式屋架大梁一样。

石墙、拱、屋顶桁架以洋式为基调，同时明显地引入和风的传统。虽然对于洋式风格理解不足，但对建筑施工如此一丝不苟，叠砌起来的产于当地的粗石块之间严丝合缝，像相吸固定在一起一样，扶壁柱或窗上的拱被精心地削出不易察觉的微妙曲线。

机械所的设计者不可考，非外国人指导，应是由萨摩藩的兰学[1]者石河正龙等人自学以后着手兴建的，或许也实地参观了刚落成的长崎制铁所，参考了欧洲的技术书籍，边看边模仿，一点一滴战战兢兢建成。

"Stone Home"显示了江户时期兰学者对西洋馆理解的上限，对设计的细部与力学的理解力有未逮。即使像工厂一般的简单建筑，要正确理解欧洲建筑的技术与造型，也只能向外国人直接求取模板。

萨摩藩随后获得这种机会，由英国人托马斯·詹姆斯·沃特斯首先在集成馆内建造鹿儿岛纺织所（1867，图3-5）等四座工厂，又在奄美大岛建造四所洋式的精糖工厂（即白糖工厂，1867）。与"Stone Home"相比，差别历然，例如纺织所，石墙

1　兰学：江户时代由荷兰传入日本的学术、文化、技术的总称。——编者注

图 3-5 鹿儿岛纺织所（1867，托马斯·詹姆斯·沃特斯设计）

图 3-6 造币局（大阪，1871，托马斯·詹姆斯·沃特斯设计）

图 3-7 造币局泉布观（大阪，1871，托马斯·詹姆斯·沃特斯设计）

上装修的凿痕虽从远处可见十分粗糙，窗的拱、铁骨的屋架、扶壁柱（设在内侧）等重要地方的做法却正确。

　　以上是幕府与萨摩藩洋式工厂建设的事情。像这样的产业近代化在明治维新以后加速推动起来，制丝、制铁、化学、矿山等产业领域皆引进洋式工业，向前推动日本产业革命。在此我们将讨论代表明治新政府成立后最初计划的大工厂——大阪的造币局。

　　新政府成立后随即在大阪设立铸造新货币的造币局（现大阪造币局，图 3-6），聘用英国人托马斯·W. 金德（Thomas W. Kinder）等外国人负责建造，于明治四年完成。

　　从铸造工厂到外国技师住宅，还有为了天皇宿泊的造币局泉布观（图 3-7）等，建筑群立，规模并不比横须贺制铁所差。其建筑水平非横须贺制铁所能相比，工厂建筑当然是石造，连外国技师住宅和造币局泉布观也皆为石造，必要之处使用铁柱，屋架使用桁架。建筑的表现亦优异，采用与先行建造的长崎制铁所、鹿儿岛纺织所相同的古典系统，但前两者缺乏可说是古典主义系统的生命的列柱；而造币局的建筑丝毫不让源自希腊神殿的古典主义之名感到羞愧，这体现在向前推出并排的柱子与柱子上呈三角形山墙的车行入口。

无论是技术还是设计，造币局皆达到了长崎制铁所以来洋式工厂建筑的顶峰。

冒险技师带来的东西

工厂建筑的重要之处，如前文不断探讨的一样，是技术。

石、砖、铁等材料，桁架的架构法等这些正式的欧洲建筑材料与技术，借由洋式工厂首次呈现出来，然后在日本扎下了根。然而为何这些建筑技术是必需的？若像阳台殖民样式建筑一样以传统技术完成架构，里面摆设近代的机械不行吗？工厂首要重视实用，若是能将省下的钱用在机械上，这是有可能的，但因防火与跨距两个理由，工厂不得不仰赖新建筑技术。

工厂因产业革命所需而规模大型化，火灾是大敌。如果发生火灾，投下巨额资本的机械可能在一瞬间就化为废铁。有了这种经验之后，建造者才在外墙使用石材或砖材，在里面的柱梁及屋架使用铁材。铁首先在工厂建筑中使用，然后才拓展到宫殿、剧场和一般建筑。

第一个问题是防火。长崎制铁所由烧瓦匠勉强烧出砖块；集成馆的机械所是边看边模仿做成的"Stone Home"；奄美的精糖工厂从鹿儿岛运来石材；大阪造币局在接近竣工时因锻冶厂失火

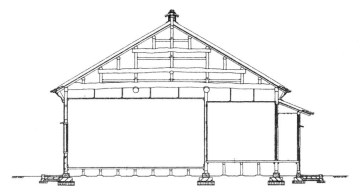

和式屋架例（新潟运上所，1869）

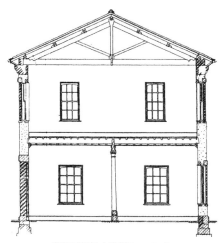

桁架屋架例（长滨站，1882）

图 3-8 屋架

而全毁之后，在重建时投入石工 200 人，将其做成一个大型石造建筑群，又从各工厂进口高价的铸铁柱；以上行为都是为此。

另一个问题是跨距。机械成为主角的近代工厂，各式的机械宛如人体内脏一般相互联结，其间穿插动力传达装置或管子。而只有毫无障碍的大空间才能使复杂的配置和人与物在其间频繁移动成为可能。在此柱子必须细小，细小且耐火性强的铁柱最先被工厂建筑采用。但是柱子就算细小，仍旧还是障碍。柱与柱的间隔称为"span"（柱间），大的柱间成为需求。幸而在欧洲有利用"三角形法则"的桁架的架构法，利用这种方法可以使用少量材料做出大的跨距（图3-8）。

桁架屋架亦称为洋式屋架，与之对比的是日本传统的屋架，称为和式屋架，和式屋架几乎做不到大跨距。洋式屋架以细短材做成三角形，然后组合几个三角形就可以飞越大跨距，与之比较，只用一根架梁的和式屋架，若要放大跨距就会像圆木桥那样不断变粗，连取材都做不到。由长崎制铁所起始的洋式工厂一定要使用桁架就是这个道理。

处理洋式工厂的外国技师是何种类型的技师呢？

除了已提到名字的长崎制铁所的哈德斯、横须贺制铁所的路易斯·费利克斯·弗洛伦特、富冈制丝所的巴斯申、鹿儿岛纺织所及造币局泉布观的沃特斯，其他已知的还有生野矿山的制砖工厂（1872年左右）的莱斯卡斯等人，这些人中哈德斯是荷兰海军的机械技师，弗洛伦特是巴黎灯台局的土木技师。

巴斯申1839年出生于法国的瑟堡（Cherbourg），是当地造船厂的"船工"，1865年进入横须贺制铁所任"造船兼制图职员"，其间着手富冈制丝所工程（1871），然后转换到工部省（1875）成为"造家职工长"。在被工部省解聘（1880）之后，并未回国而是去了上海（1883），担任法国租界工部技师长，明治二十一年（1888）再到横滨，病逝于此，葬于外国人墓地。

莱斯卡斯于 1842 年出生于法国，1868 年到中国福州从事灯塔建设工作，明治四年（1871）到达神户工作，稍后以土质专家的身份为生野矿山所聘，在此着手建造制砖工厂，完成后到达东京，在横滨开设建筑与土木事务所（1873），设计尼可莱邸（1875 年左右）、大山岩邸（1879 年开工）、西乡从道邸（1877 年起，图 1-8），同时还经营巴黎世界性的建筑五金商布里卡德（Bricard）兄弟公司的代理店。亦是三菱的顾问建筑家（1880 年起），建造了当时仍是海运公司的三菱的栈桥，并完成各地的办事处以及东京的四日市河岸的名建筑物"三菱的七仓库"（1886）。每件作品都是先驱性的，在技术方面，他着手设计耐震构造，在砖墙中嵌入铁材以进行强化，并在尼可莱邸做了这些技术尝试，该成果还发表在法国的土木学会杂志上。在设计方面，采取和洋折中，提出开成学校案（1875）。在三菱的工作结束后，莱斯卡斯退出历史舞台，其后在横滨开设事务所以外国人为服务对象继续工作，明治二十六年（1893）左右离开日本到阿尔及利亚参与石油矿山的建设，于 1910 年在那里过世。

关于沃特斯于后详述，像哈德斯这些洋式工厂的建设者皆非单纯的建筑设计者。本职多与机械或灯塔或造船有关，最像设计者的莱斯卡斯的主要作品也是矿山的工厂或仓库，与其说是热衷于发明耐震方法的建筑家，不如说是技术人员。相对于建筑，建设才是他们的工作，具有与土木技师相近的个性。当时在日本从事灯塔、铁桥的建设以及横滨都市计划的英国人理查德·亨利·布伦顿（Richard Henry Brunton），或是从事神户市街建设的英国人约翰·威廉·哈特（John William Hart），或是点燃横滨与东京瓦斯灯的法国人亨利·佩莱格里（Henri Pelegrin），或是从事淀川治水的荷兰人约翰尼斯·德·莱克（Johannis de Rijke），多是从事国土建设、都市建设的土木技师，也是此类土木领域及接壤土地的建筑技师。与刚开国之后的日本国土与都市及产业所需的建设事业相关的工作，无论什么都会承包，就是他们的技术的基本特点。

他们另一个重要的特点是与亚洲其他通商港口的联系。

造币局的首长金德以香港造币局的工作为契机来到大阪。巴斯申离开日本后就去了上海，沃特斯与哈特以及佩莱格里与莱克等人分别在上海推动了电气、水道、瓦斯、运河的建设。在东亚的新开埠地上，是同一群欧洲技师推动了初期的建设。如此在新开埠地上靠着实力游走各方像万事通一样的建筑技师，如同同一时期活跃的冒险商人，因此可以称呼他们为"冒险技师"（adventure engineer）。

本书将阳台殖民样式与洋式工厂当成不同的东西加以介绍，是因为它们在建筑表现与技术上大有差异。虽然在建筑的分类系统上将它们放在相对的位置上是好的，但若着眼于技师时，它们是重叠的。弗洛伦特或巴斯申都在工厂内建造附有阳台的外国人住宅。莱斯卡斯设计了法国系统阳台殖民样式的西乡从道邸，他在神户与横滨开设事务所时期应该也设计了许多附有阳台的住宅或商馆。沃特斯是鹿儿岛纺织所技师馆（图1-3）及造币局泉布观等具代表性的阳台殖民样式建筑的建设者。

二、托马斯·詹姆斯·沃特斯传

冒险技师的人生

　　19 世纪中叶以东亚为舞台的冒险技师中，充分走过这种人生的应该是沃特斯。从幕府末期到明治十年左右的一段时期有时甚至被称为"沃特斯的时代"，他在阳台殖民样式与洋式工厂两方面都留下极大的功绩。他的生涯刻画了冒险技师惊人的力量与极限。

　　沃特斯于 1842 年出生在爱尔兰奥法利郡（Ireland County Offaly）的帕森镇。其足迹最先出现在亚洲的香港，参与了英国所设计的造币局的建设，不到 20 岁就与东亚相逢。接下来的足迹跳到了鹿儿岛，从庆应元年（1865）开始建设岩岸上集成馆的纺织所（包括技师馆）等四座工厂，同时出差到奄美大岛着手洋式的精糖工厂建设。

　　在奄美，沃特斯还留下了口述传说，传说他住在可以看到名濑市街的小山丘（现在的兰馆山）上的"兰馆"，与翻译上野景范、中国厨师以及在岛上收养的女孩"马修"住在一起。马修的性情与容貌不错，当庆应三年（1867）沃特斯结束工作回鹿儿岛时，她流着眼泪，在兰馆山目送海边离去的船。形容如此悲伤身影的歌曲，成为岛上长久以来人们所熟悉的舞蹈歌谣。

　　在奄美，沃特斯充分发挥实力。为了在相距很远的四处海边建造工厂，他在开始建设时走水路从鹿儿岛运来石材与耐火砖；为了烧制红砖立起 30 米高的烟囱、设炉。用这些方法完成了砖造铁板屋顶的工厂本体。

　　完成鹿儿岛与奄美的工作后，沃特斯回到长崎，在哥拉巴的

图 3-9 竹桥阵营（东京，1871，沃特斯设计）

住宅中与妻子同住。萨摩藩的洋式工厂建设计划是哥拉巴商会独占的，沃特斯以该商会职员的身份工作。在冒险技师沃特斯的上面有冒险商人哥拉巴，他的上面又有东亚最大的英国综合商社怡和洋行。幕府末期在鹿儿岛的功绩及与哥拉巴的连带关系，将明治维新后的他推向大阪和东京的舞台。

为了大阪造币局的工作，沃特斯移居大阪（1868）并开始活跃。知道从英国订购的铁柱因沉船而无法到达后，他立刻跑到香港带回旧香港造币局用过的铸铁柱；卷扬机等设备生锈时，他就想出用磨脚跟用的浮石浸泡菜籽油去锈的方法；没有红砖时，他就烧制红砖。无论建筑或机械有什么问题，他总会想办法解决。他总是令人印象深刻，当时的造币领导后来说"沃特斯真是豪迈的家伙"，涩泽荣一回忆说"真是个年轻小伙子"。就像这样，沃特斯在 28 岁就完成了造币局的大工程。

越过造币局的障碍后，沃特斯来到东京，进入大藏省营缮寮（1870）。这当然是由造币局重大成功的实绩所致，但也有另一个原因，那就是借由造币局的工作产生的大藏省的大隈重信、井上馨、涩泽荣一等人的人脉关系策动。这三位人物成为他在政府内部的支持者。

当时大藏省营缮寮掌握中央政府直辖的建筑工程，有幕府官吏调动到此者以及新雇成员在此工作，他已站在这一大群日本技师的顶端。他已经无所畏惧了。当时其他有势力的外国技师路易斯·费利克斯·弗洛伦特、莱斯卡斯、布里坚斯、J. 斯梅德利（J. Smedley）、J. 迪亚克（J. Diack）、博因维尔（Boinville）、P. P. 萨尔达（P. P. Sarda）等人都是在民间或被工部省等其他部门所聘用，无一人能威胁他在大藏省的地位。

明治三年（1870）进入大藏省之后为政府雇用的六年期间，沃特斯由东京最早的砖造大藏省金银分析所（1871）开始，完成了巨大的竹桥阵营（1871，图3-9），日本最初的铁吊桥皇居山里吊桥（1872），建立现在银座基础的银座炼瓦街（1872—1877，图3-10）以及为此工程烧制红砖的霍夫曼窑等工程。此外，还推出各种成功的以及失败的提案计划，包括大藏省以前已知的兵库筑港计划（1868）、神户居留地水道计划（1870，向哈特提议）、大阪铁道计划（1870）、横滨瓦斯局计划（1871）、宫殿计划（1872），以及东京水道调查（1872）等。

由鹿儿岛时代的石造工厂开始，到造币局、日本最早的吊桥，再到世界最新锐的霍夫曼窑的建设，在他所到之处，一定移植洋式正式的技术。

除了技术的先驱性外，更令人惊奇的是其技术领域的广泛性，由纪念性建筑物到工厂、桥梁、港湾、水道、都市计划、红砖、水泥的制造等，涵盖了新开埠地日本所需建设的所有领域。

他在自己的头衔上不用土木技师"civil engineer"或是建筑家"architect"，而是使用"surveyor general"的签名。这才是建筑或土木无法涵盖的沃特斯的正身。"surveyor"在日本无相应的工作类型，在当时的英国是获得极高评价的职业，关于土地与建筑所有的事情，例如从土地管理到测量、土方工程以及土木工程、建筑工程皆一手包办。因土地、土木与建筑皆由一人处理，没有比他们更适合殖民地经营或居留地建设的技师了，当时有大批"surveyor"来亚洲从事都市建设或建筑工作，沃特斯是其中之一。自己加上"general"头衔，是他自认为领导明治新政府所需之土木、建筑与都市的所有建设工作之故。

银座炼瓦街

最能发挥身为"surveyor"的沃特斯实力的就是银座炼瓦街的建设，银座是他最好的作品。

在大火烧毁银座（1872）后重建之时，受政府完全委托的沃特斯做了以下计划：街道方面，分车道与步道，街道两旁植树并点瓦斯路灯，同时在面对步道的各商店设步廊（arcade）。植树与点瓦斯灯只在主要大道上，人车分离与步廊设置在后侧小巷也照样做。建筑方面，以石材和红砖为材料，依三级设定的前面道路宽幅决定高度。街道两旁的连栋房屋并非一栋一栋分别建造，而是面对街道整街整街地建造起来。定好这样的规则，重建工作便在烧毁的遗迹上开始。当时几乎没有可以建造砖石建筑的人，所以银座的市街大都是沃特斯自己设计的结果。

明治六年（1873）大道竣工，明治八年（1875）沃特斯被解

图 3-10 银座炼瓦街（1872—1877，沃特斯设计）

雇后，政府仍依他的设计路线继续建设，明治十年（1877）银座炼瓦街的建设竣工。在全世界，如此宽阔的大道由一人独立设计建成的例子应该很少。壮观的大道由新桥到京桥，全长 1 000 多米，两侧连续竖立着步廊的列柱（图 3-10）。若含内侧市街，能确认的列柱长度超过 6 600 米，应是世界最长的列柱街道。

　　沃特斯是从哪里获得这个列柱街道的构想的呢？

　　应该是从英国或是亚洲的通商港口得来，这些地方都有附有列柱的街道。在英国可说是从"伦敦的银座"的摄政街（Regent Street）开始，到巴斯（Bath）各地附有列柱的商店街，都只有一楼部分附上步廊。另一方面，在亚洲通商港口的大道上，阳台因可发挥遮阳的功能，二楼以上也有这种设置。考虑到其中的差异，只有一楼的银座应是学自英国。或许在他念头中的是伦敦的繁华街道——摄政街。

　　突然出现的像伦敦一样的街道影响极大。说到洋风街道，对于在开国近二十年来只知横滨、神户的外国人居留地的日本人而言，是一大事件。只要到了银座，就有像伦敦、巴黎一样的建筑物，点亮的瓦斯灯，由松树、樱花树和枫树组成的并排树木，这种新闻在东京市民之间口耳相传开来，也被印成锦绘传到地方上，银座成为东京新的名胜。许多买卖洋风物品的时髦商店聚集在此，明治十五年（1882）以后马车铁道也铺设在大道上，有着接近今日的博览会场或迪士尼乐园般的都市空间的色彩。银座炼瓦街成为文明开化的闪亮舞台。

当然受影响的不仅是社会或风俗，在都市计划上由人车分离、街道路灯、行道树三点搭配形成的市街成为日后日本商业街的基调，同时成为红砖造洋风建筑在日本扎根的契机。

银座炼瓦街在建筑技术上的先驱性值得称赞，那么作为具有重大社会影响的沃特斯的作品，从设计角度来看是何种水平呢？

样式方面是在箱形建筑正面中央搭出三角形山墙及附有列柱的大型车行入口，从以单调的构成为特征的帕拉迪奥主义（鹿儿岛纺织所，图3-5；造币局，图3-6；造币局泉布观，图3-7），到立塔以强化纪念性的新古典主义（竹桥阵营，图3-9；宫殿计划案），以及均质而连续的托斯卡纳柱式（Tuscan Order）的摄政式（银座炼瓦街，图3-10），皆属于17世纪到19世纪初期乔治王朝时期的样式，统称为乔治王式。

19世纪中叶的英国正值维多利亚时代的全盛时期，全心全力将都市与建筑装饰成热闹的样子，但此时的沃特斯却沉迷于前一时代保守而单调的乔治王式。东亚的新开拓地离欧洲较远，处于半殖民状态，英国的流行动向传递至此需要时间，沃特斯也是活在这种殖民性设计环境中的一人。

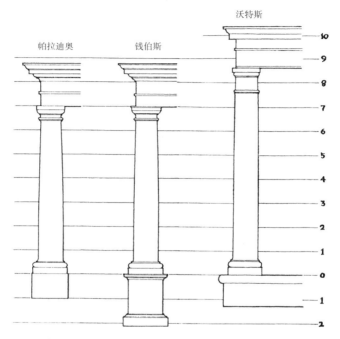

图 3-11 沃特斯的造币局泉布观一楼柱式（帕拉迪奥是意大利文艺复兴时期的建筑家，钱伯斯是英国 18 世纪后半期具领导性的建筑家）

　　然而问题不只是样式落伍而已。沃特斯似乎欠缺对于样式的理解，导致建筑整体构成低劣，细部的设计理念亦不准确。

　　构成方面由竹桥阵营便可知晓，顶部很大的塔、没有力量的三角形山墙、过大的拱形入口等要素未经整体考虑配置在一起，给人散乱的印象。细部问题非常多，若只聚焦可说是古典主义系统样式生命的柱式，他实际上做出来的柱式是托斯卡纳柱式，是最为简单的做法，即使如此也不正确。最引人注目的柱头装饰颈子过长，而且柱顶石（上端盘状的部分）成为烧饼状膨胀出来。整根柱子的比例在 A. 帕拉迪奥（A. Palladio）或 W. 钱伯斯（W.

Chambers）的设计中都是1：7，而他的比例为1：8.5，过于纵长；而且犯了柱顶石与柱础石的造型雷同的错误（图3-11）。

若沃特斯对样式的理解和设计能力与他具有的技术能力匹敌的话，"沃特斯的时代"也许会再持续十年。

明治新政府在《银座炼瓦街计划》之后，开始考虑在中央官厅或宫殿上使用正式的欧洲建筑样式，而且要以最新的样式来装饰。沃特斯、布里坚斯或莱斯卡斯这些冒险技师的样式表现，其实只是"蜀中无大将，廖化当先锋"而已，此事或许曾被外国人指点过，或是在海外视察时看到真正的东西而发现的。

建造阳台殖民样式与洋式工厂，第一次将西洋建筑搬到日本的冒险技师，一旦涉足政府的纪念性建筑或民间正式的工作，就会因能力不足而被淘汰，以明治十年为界，就从历史的舞台上消失身影了。

当然沃特斯也是以适于冒险技师的方式消失踪影的。

银座炼瓦街上轨道之后，该工程由大藏省营缮寮移到工部省管理，沃特斯也因此转任工部省营缮课（1874），一年后被解雇。被解雇之前，沃特斯写信给支持者大隈重信，推销瓦斯局计划，甚至送他舶来的锄草机，但依然无效。

沃特斯随后去了上海。他是家中三兄弟中的大哥，二弟艾伯特（Albert）及三弟约瑟夫（Joseph）也因兄长的邀请来日，艾伯特协助银座炼瓦街的工作，约瑟夫成为矿山技师为工部省从事探矿工作，二人不久亦随兄长离开日本。

也许上海的外国人居留地尚在急速成长的过程中，被日本抛弃的沃特斯三兄弟在那里还有工作的机会，又建办公大楼，又参加上海水道计划的设计竞赛，但输给了哈特（1880），电灯公司创立时成为参与技师，让上海街道明亮起来（1883）。1886 年在上海失去消息，三弟约瑟夫回到美国的科罗拉多开发银山，也许沃特斯也到那里会合，并在那里过世。沃特斯不辱冒险技师的称号，绕了四分之三周地球，在冒险的一群人中终其生涯。

第四章
匠师们的西洋馆
——拟洋风之一

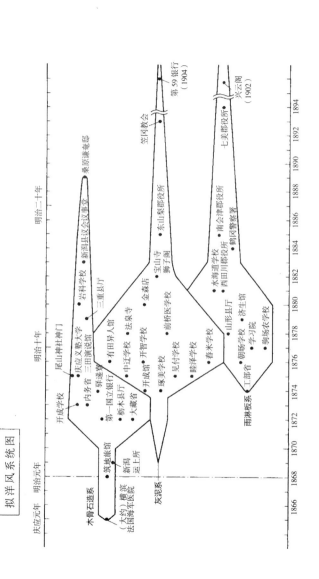

拟洋风系统图

拟洋风的诞生

当横滨或神户的通商港口出现附有阳台的住宅或商馆、北海道出现钉有雨淋板的白色西洋馆时，日本的大木匠师并非没有产生好奇心。他们有的为了学习新式建筑而来到横滨成为外国人的徒弟，有的则止于花半天时间参观了这些新式建筑，他们表现出的好奇心并不一样。他们各自拾起与西洋馆第一次相会时的惊讶，回去以后在自己的建筑物上将它们表现出来。

现在各地残存的明治初期的西洋馆中，出现了一群与殖民样式或洋式工厂都不同、混杂着泥土的味道与乐天个性的不可思议的西洋馆。例如松本的开智学校（1876，图 4-13）有像寺庙一样的车行入口，有天使飞舞，有塔突出屋顶；山形的济生馆（1879，图 5-1）是医院，却不知为何采取甜甜圈形状的平面，正面的塔一楼是八角形，二楼是十六角形，三楼四楼是八角形，宛如堆积木一样；山梨的春米学校（1876，图 4-12）的塔顶倒立着鯱[1]；新潟运上所（1869，图 4-5）包覆着传统的海鼠壁的同时，正面开着大拱状入口。

如此非洋风亦非和风的不可思议的西洋馆，正是偏僻地区的大木匠师在与登陆日本的殖民样式建筑相遇后，将其体验以自己的方式表现出来的东西。此种独特的形式现在被称为"拟洋风"——拟似洋风的建筑的意思。

拟洋风随着明治时期开始，明治十年（1877）前后达到高峰，

1　鯱：日本汉字，指一种传说为鱼形的海兽，以及以该生物为原型的屋顶装饰。

明治二十年（1887）以后消逝，所以在时代上与文明开化完全重合。虽然只有二十年生命，但形式上分为三个系统，首先是由幕府末期到明治初期的"木骨石造系拟洋风"，然后出现"灰泥系拟洋风"，最后由"雨淋板系拟洋风"取代。

木骨石造系是在木造的外墙上贴石材或平瓦，使用海鼠壁的新潟运上所就是此类实例。灰泥系是在木造的表面用灰泥壁包覆的传统泥匠技术所做的东西，松本的开智学校就是其代表作。雨淋板系是钉雨淋板并上漆以取代土墙，以山形的济生馆为代表。

让我们依其顺序看看。

一、木骨石造系拟洋风的诞生

开山祖师清水喜助

非洋风亦非和风，和洋折中的奇妙的西洋馆是由何处萌芽？追溯其源流就来到了开埠之初的横滨。

当时的西洋馆专门在长崎、横滨、神户与函馆的居留地上扎根，若观察街道的旅行者依次走在四个港口的市街，就会发现横滨的景象与其他地方有所不同。街上充满阳台殖民样式建筑是不变的，但若注意屋顶的形状或墙壁的做法，在横滨到处可以观察到盖着寺庙神社般的日式屋顶，或使用海鼠壁的和洋折中的例子。以海鼠壁知名的第二章所述的由布里坚斯设计的英国临时公使馆（图2-9）、拥有神社寺庙风格屋顶的横滨法国海军医院（1865年左右，图4-1）和法军驻屯所（1865年左右）较引人注目。若是此墙壁或屋顶的表现力较弱，因为没有办法而采取

图 4-1 横滨法国海军医院（1865年左右）

当地的替代做法，那就忽视它亦无妨；但大型的日式屋顶决定了建筑物的印象，海鼠壁黑与白的对比会首先映入眼帘。

在横滨人们认同和洋折中。

使用海鼠壁的西洋馆与使用日式屋顶的西洋馆虽出身不同，但有共通性。如前章所述，海鼠壁以来自美国的木骨石造的代替者形象登场，而作为日式屋顶代表的横滨法国海军医院与法军驻屯所的墙体皆为木骨石造所建。木骨石造是非木亦非石，具有殖民性格的拟似性技术，不知为何在建筑表现上产生了非和非洋的效果。

若此和洋折中的表现仅止于横滨的话，那只是通商港口这个"小外国"发生的特例而已，在日本近代建筑史上一定会被遗忘，然而充满好奇心的一位大木匠师将此做法带到了居留地的栅栏外。

后来被称为清水喜助（图4-2）的大木匠师清七，出生于文

图4-2 清水喜助

化十二年（1815），是越中国砺波郡井波的服饰品商的儿子。该地现在仍以井波大木匠师闻名，且大木匠们习惯在冬季到外地工作赚钱。清七按此雪国各家第三个出生的男子的惯例，成为大木匠，依靠同乡来到江户，成为在神田新石町到处开店的大木匠师清水喜助的徒弟，不久因工作认真，得以娶其女儿继承该店。岳父清水喜助虽为市街的一介木匠，但似乎因经营的才能得以参与江户城西丸的建设，或日光东照宫的修理工程，被特许称姓佩刀。清七在这种与幕府有关的承包工程中学习了江户的建筑美学与技术。

这对父子似乎具有进取的意志，在横滨开埠后就立刻来此开店，由清七在此负责。而后其岳父在去往横滨的途中溘逝于轿中，清七成为第二代的清水喜助。喜助在业界十分活跃并引起很大关注。开埠数年后的文久元年（1861）他被选为幕府认证的四家承包商之一，得以参与幕府与外国相关联的公家土木与建筑事业。

活跃于建筑营造的同时，喜助边看边模仿洋风建筑的做法，最大的契机是与布里坚斯的相逢。加入"布里坚斯党"使得喜助成为当时在日本对洋风建筑最熟识的大木匠师。二人相逢于何时？与高岛嘉右卫门何者为先？我尚未判明，但由此冒险家三人组经手而得以确认的最初工作是海鼠壁造的英国临时公使馆。承包此大工程，喜助在成功之中应是明确了自己该走的路。既不走欧洲风格，也不走日本传统风格，而是开创日本独有的洋风建筑风格。他的独门绝技是在近十年的横滨生活中学习到的"木骨

图 4-3 筑地旅馆（1868，布里坚斯，清水喜助设计）

石造""阳台""海鼠壁""日式屋顶"四样。特别是日式屋顶，对于熟悉江户建筑的喜助而言是王牌。

带着这四样秘技的喜助回到江户（东京），推出两大洋风建筑作品。

其中一个是筑地旅馆（1868，图4-3），依照布里坚斯的基本设计，喜助承接实施设计与施工。整体的形貌是阳台、海鼠壁加上塔的构成，重点是海鼠壁，在如此大型建筑的表面覆盖黑与白的图案是空前的。细部设计亦混合和风，塔的窗户做成禅寺风格，屋檐前端吊上风铃，但基本上是依据布里坚斯的基础设计，海鼠壁以外的和洋折中只限于细部而已。

另一个建筑是全部由喜助亲手设计的第一国立银行（1872，图4-4），组合了木骨石造、阳台、日式屋顶，特别是使日式屋顶起翘走向和洋折中的路线。从远处观望，二楼木骨石造的阳台殖民样式建筑上"盘坐"着日本的城郭，呈现史无前例的外貌。近距离观察的话可见和洋折中遍及各处，阳台的洋风柱上栏间雕刻

图 4-4 第一国立银行（1872，清水喜助设计）

了色彩浓烈的鹤与龟，屋顶上第一层为拱状开口，第二层有唐破风与千鸟破风，第三层为角塔，第五层放上洋风的塔，塔顶白色三角旗上书红字"Bank"随风摇曳。木骨石造的本体（一、二楼）四角贴石做法或屋顶部分左右小塔的形式很明显是继承布里坚斯的作风，由屋顶到细部所及，全面性的和洋折中样貌是清水喜助的喜好。在横滨的"小外国"所做的尝试，移到了东京广阔的天空下，达到了最高点。

江户改名东京之后即出现的这两件作品成为日本拟洋风建筑的起点。

清水喜助活用横滨经验在东京做成拟洋风的影响是决定性的，此拟洋风的出现使东京市民获得新时代的印象，转眼间成为首都的新名胜，被印成锦绘，口传至全国；同时，来自全国爱看热闹的进京者，访问筑地的旅馆与兜町的银行，听说其中也有人在这些建筑前像在寺庙那样投香油钱。

这两栋建筑成为东京以及日本列岛宣告文明开化开幕的纪念碑。

当然全国的大木匠师亦来参观学习，将新建筑的做法带回到各地广泛传播开来。对周边地区的影响力

图 4-5 新潟运上所（1869）

这一点，海鼠壁的筑地旅馆远超过木骨石造与日式屋顶的第一国立银行。或许海鼠壁拟洋风较木骨石造在技术性或经济性上更容易操作，明治元年的筑地旅馆之后，此风在各地盛行，产生警察署、学校等建筑，可惜持续的时间短暂，终成为拟洋风中的少数派。如今亦缺乏残存的实例，仅有新潟运上所（1869，图 4-5）、庆应义塾大学三田演说馆（1875）、伊豆的岩科学校（1880）这三栋建筑流传下来。

林忠恕与木造官厅建筑

从通商港口将奇妙外貌的西洋馆的做法带出来的大木匠师实际上不只清水喜助，还有稍迟一步的林忠恕（图 4-6）。

图4-6 林忠恕

林忠恕是一位具有奇特经历的人物，生于天保六年（1835）的伊势。他最先成为锻冶匠，后来转为锯木匠，再成为大木匠。幕府末期的艰难时期（1865年左右），林忠恕像被牵引到通商港口横滨一样，与布里坚斯相遇。何时加入"布里坚斯党"并无定论，但参与英国临时公使馆的工程，与高岛嘉右卫门、清水喜助一起工作过的可能性很高。

在布里坚斯那里学到洋风建筑的林忠恕在明治时期为大藏省营缮寮雇用（1871），以后至明治二十六年（1893）病殁为止，成为新政府的建筑技师。当时的营缮寮有许多曾在旧幕府时期参加过洋式工厂建设的执事者，但以市街匠师的出身被雇用，不久又能超越这些执事者，应是他在布里坚斯手底下超越了殖民样式建筑，学习到较为正式的洋式建筑的经验所促成的。当时大藏省营缮寮一手掌握政府的主要建筑，坐在顶端的是沃特斯，其下跃出成为日本籍技师带头人的就是林忠恕。沃特斯以红砖石材着手正式的建筑，林忠恕被委以简便的官厅建筑，着手建造由大藏省（1874，也有可能不是他负责的）、内务省（1874，图4-7）开始，到神户东税关役所（1873）、驿递寮（1874，图4-8）、大审院（1877）等官厅部分。

从建筑的内容来看，首先在技术上不像布里坚斯或清水喜助那样，并不用木骨石造，亦不依赖当时居留地上简便的殖民样式建筑的传统灰泥，而走向中间路线。墙壁部分，在一般的地方涂上灰泥，拱或建筑的角隅石（coner stone）等醒目的地方贴上石材。

图 4-7 内务省（1874，林忠恕设计）

图 4-8 驿递寮（1874，林忠恕设计）

这可说是从布里坚斯处学来的木骨石造的省略型。

接下来看其外貌，所有作品均具有统一的形式。不像清水喜助那样盖日式屋顶或放上突出的塔，而是将建筑整体收纳在单调的四角形之内，强调的地方只有一处，就是附有三角形山墙和列柱的大型车行入口突出处。这并非来自擅长美国新文艺复兴样式的师傅布里坚斯，而是学自喜好帕拉迪奥主义的上司沃特斯。证据是柱头的做法，林忠恕原封不动地描绘了沃特斯独特的长颈托斯卡纳柱式。

为何林忠恕在设计中央官厅时，与他师傅布里坚斯的新文艺复兴样式，或同门的清水喜助花哨的和洋折中不同，采用了帕拉迪奥主义呢？应该是在他当时接触到的样式之中，他认为这是最适合中央官厅的样貌吧！由借用源自希腊神殿的形式可知，帕拉迪奥主义建筑造型厚重，在推出十分易懂的洋式风格之外，因整体简约所以省事又经济，十分适合展示新政府的欧洲取向的威风。

然而，这并非真正的帕拉迪奥主义。整体的比例或细部的设计皆崩溃解体，为了厚重感而有钝重落地的厌恶感。重要的三角形山墙亦混合了日本歇山屋顶的风格，在灰泥墙醒目的地方贴石材，只是应付而已。很明显，这种风格并非混合和风，而是用边看边模仿的洋风使它仍在拟洋风的范围内。林忠恕综合了由布里坚斯嫡传的木骨石造技术与从沃特斯之处学来的帕拉迪奥主义，并自行重新组合，做成可称为帕拉迪奥拟洋风的官厅的固定形式。

与清水喜助刻意取拟洋风的作风相较，林忠恕的作品处于介于真正的西洋馆与拟洋风之间的状态，在建筑表现上缺乏趣味性，但在中央官厅建筑上对各地的影响不小。首先看看技术上的影响，木造灰泥粉刷的一部分贴石材这种半吊子的技法应该不至于盛行，但即使这样，现在残存的地方官厅中就可看见三重县厅（1879）与新潟县议会议事堂（1883）等例。前者由大木匠师清水义八的洋风学习经验可看出属于林忠恕的系统，后者的大木匠师星野总四郎则学自建造木骨石造的大阪车站（1874）的英国人沃特斯，虽同为木骨石造系统，可能来源与林忠恕不同。相对技术影响，林忠恕的官厅样式广泛传播至全国各地，经过明治时期，只强调车行入口而崩溃瓦解的帕拉迪奥主义的构成，成为地方官厅的定型流传下来。

如上所述，幕府末期的通商港口岸登陆的殖民样式建筑，在横滨呈现了和洋折中这种在东亚的居留地十分罕见的现象。这种现象被带到刚诞生的东京而固定下来，促成拟洋风建筑的诞生。

这些建筑有的是与城郭相关的和洋折中，有的是与海鼠壁相关的和洋折中，也有崩溃瓦解的帕拉迪奥主义，各有不同。但着眼于技术的系统就可以看到，皆属于由木骨石造到木造海鼠壁，再到木造灰泥粉刷部分贴石材这样一个连续脉络。

再从学习的成熟度来看，这些建筑皆缺乏灵活性。比较清水喜助的第一国立银行与林忠恕的官厅就可知道，两者在摆架子上的生硬感是共通的。清水喜助为了表现日本匠师不同于外国人的技艺，就算知道以木接竹般的折中是不佳的，仍旧往此方向迈进。而在一旁看到清水作品的林忠恕，则决定像外国人一样采取洋风做法。然而终究因缺乏基础训练，其结果只能是像在模板上用铅笔描绘而毫无动感。

江户时代培养出来的大木匠，即使和外国建筑家相识，近距离目击原理相当不同的建筑物的做法，之后的表现也只能如此而已。

站在共通的宿命上的建筑群可等同视之。无论谁的作品皆属于木骨石造之流，故可称之为"木骨石造系拟洋风"。这一批建筑成为日本拟洋风的先驱。

二、灰泥系拟洋风的盛行

由木骨石造系到灰泥系

不仅是外国人居留地，连刚从江户改名为东京的首都，也不断出现许多稀奇的建筑，这种传言就像滴落在湿漉漉的纸上的墨水一样，散开到日本列岛各地。然而，兼具好奇心和自信心的各地匠师并非马上穿上草鞋来到东京，参观筑地旅馆、第一国立银行、内务省、驿递寮等木骨石造系拟洋风建筑。直到明治五年（1872）国民教育的学制公布，各地才开始涌现要建西洋馆的声音。以学制公布为分水岭，不只是小学，连郡役所、县厅、警察署等与市民生活相关的地方公共设施也被要求洋风化。各地匠师被这种声音所逼，或是迫不及待地来到东京，或是到横滨、长崎参观木骨石造系的拟洋风或阳台殖民样式建筑，然后回到乡里开始建造小学或办公厅，不久连住宅、商家，甚至佛寺或神社皆受影响。

看看这些建筑当中残留至今的例子就可知道，它们虽与成为模板的木骨石造系拟洋风建筑同为边看边模仿的洋风建筑，却有明显不同。

我们以信州佐久的中迁学校（1875，市川代治郎设计，图4-9）为例检视一下相异之处。

屋顶上放塔，前面附加阳台，墙壁全涂上灰泥，露出木材的

图 4-9 中迁学校（长野，1875，市川代治郎设计）

阳台周围刷油漆，整体以白色装修。与之前的木骨石造系拟洋风之间最易分辨差别之处是在技术面，并不会部分贴上石材，亦不使用海鼠壁，而是土墙全涂上灰泥。拱或角隅处看似石材砌造的做法，其实也是以黑色灰泥堆积而已。先前的林忠恕是在灰泥墙的醒目之处贴上石材，清水喜助是用海鼠壁代替木骨石造，各地的匠师连这些也不模仿，只是以堆积的有色灰泥来做拱、窗台或房角石。如此以灰泥仿制石造细部的做法，是由长崎、横滨最初的阳台殖民样式开始的，在阳台殖民样式中充其量是在阴暗处不显眼的技法，各地的匠师却把它推到了前面来。

　　布里坚斯的木骨石造只是一半的石造，该石造的部分林忠恕将它一部分涂灰泥一部分贴石材，而减到四分之一，接下来各地的匠师将它变成零，结果是石造的西洋馆变成土造的西洋馆。

建筑表现方面，木骨石造系的拟洋风如清水喜助那样使用海鼠壁或日式屋顶呈现和洋折中的效果，或是像林忠恕那样尝试崩溃瓦解的帕拉迪奥样式，分成和式、洋式两个方向，但中迁学校并不倾向任何一方。巧妙地避免像日式屋顶那样明显的传统设计，整体以洋风为基调，但看到阳台的列柱就可以明白，在础石或柱头的部分融入了传统的装饰。基调虽为洋风，却无抄袭帕拉迪奥主义的从属性，塔或阳台都是依喜好拾取要素组合而成，如此甚至可以令人产生轻松却不散乱的感受。

像以竹接木的清水喜助与纸上描图的林忠恕这两位先驱者的作品上所出现的笨拙的感觉已在中迁学校消失了，中迁学校边看边模仿的同时达到了自然统一的新表现。可以说比木骨石造拟洋风达到了更进一步的境界。

由中迁学校为始，各地用土材做出的拟洋风被称为"灰泥系拟洋风"。

以明治七年（1874）为分界，拟洋风的潮流由木骨石造系变为灰泥系，在各地急速地盛行起来。

藤村式

首先最盛行的是中部地区的长野、山梨、静冈等三县。

最早发生热潮的是静冈县，为将武士结发的费用积存起来作为小学建设经费，要求市民断发的法令开始发布实施。

邻县的山梨县令（当时县令不在而代行其职责）藤村紫朗立刻追随静冈县，发布公告：

"男子无一可免斩发，存积结发之冗费以补学校设立

图 4-10 琢美学校（山梨，1874，小宫山正太郎设计）

之要资，即早落发完成为要。"

——明治六年四月十八日告示

山梨县对不断发者收取特别税而提高成效，翌年明治七年（1874）追赶静冈县提早完成琢美（图 4-10）与梁木两间学校。这是日本极早建立的小学，比它们更早的只有日本最初的小学京都的柳池学校（1869，图 4-11）、山口县的岩国学校（1870，现在的塔是后加的）、横滨的高岛学校（1871）三间而已。

在甲府出现的此二校以其昵称"墨水瓶学校"的形态出现，这种独特的学校建筑形式从何而来呢？

着手该工程的当地匠师小宫山正太郎应该参观过清水喜助与林忠恕的木骨石造系拟洋风建筑，但是看过银行或中央官厅，也不会知道学校是何种设施、何种隔间，有着怎样的房间需求。学

图 4-11 柳池学校（京都，1869）

校是什么样的，指示其基本做法的应是县令藤村紫朗。小宫山表彰碑上写的"藤村紫朗氏，为我县令，盛兴木工之工，小宫山翁受薰之"显示此事。

若藤村是一般的县令也许会完全委托匠师，但他喜好建设，甚至被称为"土木县令"，且在当时的县令中是罕见具有建设学校设施经验的人。他担任地方行政官的第一步是到京都府，明治三年（1870）时府厅最先发布学制致力于小学教育，完成了日本最早的柳池学校。当时府厅内确立学制的中心人物是权大参事（副知事的职位）植村正直，担任少参事的藤村在其手下支持他，早已详细了解了小学的事情。

柳池学校（图 4-11）立方体的比例，或四周突出宽广的阳台恐怕是取自他在神户居留地学来的典型阳台殖民样式的造型，藤村将它当作学校的基本型带到了山梨县，再生出墨水瓶的形态。

琢美与梁木二校墨水瓶形状的比例与阳台应是由京都而来。

然后加上塔、二层楼建的车行入口玄关，以灰泥做出拟石造等灰泥系拟洋风的热闹手法，在山梨之地诞生出第一间拟洋风小学。

而后睦泽（1875）、春米（1876，图4-12）等小学，以及县厅、师范学校、郡役所、警察署、医院、裁判所、制丝工厂、邮局等相继建造。有趣的是，师范学校（第二代）的中庭整个被做成巨大的水池，看似太平洋，当中浮现全长近四十米的日本列岛，表现了迎接新时代的气氛。

图4-12 春米学校（山梨，1876）

据推测，在县令藤村紫朗的带领下所建的洋风建筑有百栋以上，大概到了山梨县内任何村庄皆有一栋的程度，进入昭和时期以后被加上了亲切的称呼"藤村式"。建筑形式以个人命名是绝无仅有的，可见藤村的存在感有多强。

在县令手下担任设计与施工工作，实际上做成藤村式的是地方的匠师小宫山正太郎（琢美、梁木学校）、松木辉殷（睦泽学校）、土屋庄藏（东山梨郡役所，1885）等人。小宫山曾拥有江户田安家做工头的经验，松木出身于甲州大木匠集团"下山大工"，他们曾参与身延山的营建工程，皆为专精传统的社寺宫殿的大木匠师，而土屋是泥作工程的匠师。

藤村式的拟洋风在明治二十年（1887）就结束了，也就是藤村紫朗结束了十三年山梨县令的工作，转任爱媛县后。

他在新赴任的地方尝试拟洋风的做法，由甲府招来小宫山建造了松山的师范学校。而小宫山又被招至静冈县，着手静冈裁判所工程，使得藤村式像火花一样飞到静冈县和爱媛县。

开智学校建造的经过

山梨县出现藤村式后，明治八年（1875）静冈县完成了见附、坊中、井通三校，长野县完成中迁学校，接着明治九年，在长野县松本出现了开智学校，日本中部地区的灰泥系拟洋风一口气达到了高峰。

开智学校（图4-13）不能不说是一座真正给人以奇特印象的西洋馆。在像寺庙或公共澡堂一样附有唐破风的玄关入口上面飞舞着天使，下面有飞龙回身，屋顶上立着塔。到底发生了什么事情？

首先回溯建设的事情看看。

明治四年（1871）往筑摩县（现长野县的中南部）赴任的永山盛辉，像其绰号"教育县令"那样热心于提升教育环境，甚至使用警力将未就学儿童带到学校，使筑摩县成为日本就学率第一的县。其中重要的一环，就是决定建设不输给任何地方的小学，且选了立石清重（图4-14）为匠师。立石清重被选上不仅是因有寺庙宫殿匠师的实绩，且因其正值47岁卖力工作的年龄。他让儿子进入开成学校（东大）的医学校，并且订阅《东京日日新闻》，由此可见他富有进取的气度，是适合此任务的人选。然而立石清重并不急于参考新校舍的匠师们所选择的东西，只是让学校先借用县内的小学或寺庙的空间使用。虽有邻县山梨已完成两栋洋风的学校，

图 4-13a 开智学校（松本，1876，立石清重设计）

或县内隔一座山那边的中迁学校已动工等消息传来，却不动手。

他的对策是先到先进之地考察已经出现的洋风建筑与小学，学习他们的做法。明治八年，立石清重在开智学校开工前后，至少两次步行经中仙道与甲州街道到东京，在采购玻璃和油漆的同时，探访东京与山梨的西洋馆。先看看东京。1875年，立石清重第二次到东京时的笔记仍残留下来，由此可知他第一天是由灵岸岛进本町，往两国[1]方面向赤阪、霞关、日比谷，然后经由日

图 4-13b 开智学校车行入口玄关

---

1 两国：日本东京都中央区和墨田区两区间的两国桥附近一带。——编者注

图4-14 立石清重

本桥到灵岸岛，第二天由永代桥进深川。如果在十天期间以此速度参观考察，明治八年五月左右，立石清重可能已拜访过大多在东京出现的洋风建筑。布里坚斯的新桥车站（图2-10）的木骨石造，第一国立银行（图4-4）清水喜助的拟洋风三井组，以及大藏省、驿递寮（图4-8）、内务省（图4-7）、开成学校等林忠恕的中央官厅的拟洋风，或者设计者不明但大放异彩的筑地海军兵寮的海鼠壁拟洋风，还有沃特斯的银座炼瓦街（图3-10）、竹桥阵营（图3-9）等红砖与石造的作品等，这些刚萌芽的东京西洋馆皆步行考察过。其中探访时的笔记（图4-15）存留下来的有大藏省、开成学校、三井组三处。专注在林忠恕与清水喜助的拟洋风，似乎对于布里坚斯或沃特斯的正式的石造与砖造西洋馆关注较少。除东京以外，其他已确知的探访之处有山梨的藤村式、甲府的梁木学校以及日川学校，当然实际参观之处应该还有。

然而立石清重不只是由现成的案例切取部分设计，再加以组合做成开智学校。例如二楼露台出入口上方的黑灰泥呈现奇妙的模样，将本来在门扉上使用的锻铁细工以灰泥描绘出来，将铁材变成灰泥的例子，在立石清重以前不知有谁曾经做过。立石清重还将大木匠师擅长的雕龙放在车行入口玄关上，这也是清水喜助不会做的。

象征立石清重如此大胆无敌作风的是车行入口玄关的唐破风和两只天使。这不论在日本的西洋馆还是在全世界的建筑中都是少见的例子。之所以如此，是因设计并非由建筑造型的库存而来，

图 4-15 立石清重的草图

图 4-16 《东京日日新闻》附图的题字

而是取自报纸上奇怪的附图题字。就在立石清重到东京时，首都
正在贩卖的一流新闻报纸《东京日日新闻》的社会新闻版面附有
有趣的锦绘解说（图 4-16）。各地来东京的人喜欢将它当作文明
开化的东京名产，立石清重注意到它的题字图案。背后长有羽毛
翅膀的裸体孩童，手持题字的布条或广告牌，这个图案常在欧洲
的科学书籍或启蒙书籍中看到，应是起源于丘比特。不知在何处
与天使结合，飞到正逢文明开化的日本，被印在日本刊行的科学
技术的概论书籍，或者政治思想、教育启蒙书籍的封面上。在文
明开化期各式书籍刊物上登场的图案，同开智学校的天使在建造
时期上与细部设计上都十分接近，同时最重要的是，立石清重在
地方上也订阅《东京日日新闻》，故应该确实受其影响。

将通俗印刷物的封面放入建筑物的表面玄关，在世界的建筑中应无前例吧。以今天的说法，就像把周刊杂志封面的图案大胆地放在小学入口大门上一样。立石清重应是在文明开化的时代，将新式教育与"开智"的印象寄托在了天使的图像上。

不只使用拟洋风建筑的先例，且把能应用的东西集合起来的开智学校之后成为县内学校的象征，对后来的拟洋风小学建筑影响极大，周边进而产生了相邻的诹访盆地的高岛学校（1879）、一山之隔的格致学校（1878）和邻村的山边学校（1885）等开智系统的设计。

如藤村式或开智学校所见，将从先进之地所学之事做成一个案例，然后由此再影响到周围，这种过程在全国各地不断重演，使灰泥系拟洋风建筑在全国扎下了根基。

第五章
文明开化的花朵
——拟洋风之二

一、雨淋板系拟洋风的出现

拟洋风虽在灰泥系到达高峰，却非在此结束。在各地残存的拟洋风建筑中，混杂着另一支与木骨石造系或灰泥系不同的系统。例如像积木堆积而成的山形县的济生馆（1879，图5-1），或像金字塔比例的西田川郡役所（1881，高桥兼吉，图5-2）、塔像帽子状的茨城县的水海道学校（1881，羽田甚藏）、入口像张布幔那样的隐崎岛的周吉外三郡役所（1885）、有着下垂冰柱般封檐板的山口县的荻学校教员室（1887）等，形状虽奇妙但显然是拟洋风，同时以油漆之雨淋板取代灰泥装饰。虽然像北海道的雨淋板殖民样式，却非美国的雨淋板样式。

这种样式被称为"雨淋板系拟洋风"，是继木骨石造系、灰泥系之后第三个登场的拟洋风样式，成为明治时期拟洋风样式的终结者。

先前的灰泥系拟洋风因开智学校（1876）而盛行，在明治十年（1877）初期达到顶点。雨淋板系拟洋风在19世纪80年代取代了灰泥系拟洋风，但在19世纪80年代与90年代交替的时期，正是拟洋风整体的力量滑落的时候，进入19世纪90年代之后，拟洋风开始产生

图 5-1 济生馆（山形，1879）

图 5-2 西田川郡役所（山形，1881，高桥兼吉设计）

不了佳品，有时在地方上留下像岛根的兴云阁（1902）这样的建筑物，却也逐渐消逝。可以说木骨石造系是初期的拟洋风，灰泥系是兴盛期的拟洋风，而雨淋板系是晚期的拟洋风。

山形的西洋馆

装饰着拟洋风尾巴的这个样式最早出现在东京与山形县两处，分别是在明治七年（1874）的工部省厅舍及明治九年的朝旸学校。在时间上虽然较晚，但在质与量方面山形县都较充实，雨淋板系拟洋风的发源地可以认为是山形县。

明治九年，在日本山形县（当时的酒田县）海边的城市鹤冈出现了朝旸学校（图 5-3）。此建筑大体给人大胆的印象，在拟洋风小学方面比藤村式或开智学校迟一步，但其长 65 米，共 3 层，房间 42 间，可容纳 1 916 位学生，可称为日本最大规模的小学。

图 5-3 朝晹学校（山形，1876）

平面为附中庭的二轴对称，其上立起长而大的雨淋板墙，附有百叶的窗户排列在一、二楼及部分三楼，中央有一小型车行入口玄关突出，玄关门为拱形，透着红色与青色的玻璃采光。整体的构成、比例，以及车行入口玄关的细部设计，都发挥了"无以言表的威力"。

尔后，山形县组织性地推动雨淋板系拟洋风建筑的建造，从县厅（1877）到师范学校（1878）、济生馆（1879）连续的三件大作开始，逐渐往各郡地方发展，至今仍存留的例子有西田川郡役所（1881，高桥兼吉，图 5-2）、鹤冈警察署（1884）等。从明治九年到明治十四年为止的五年建设潮期间，完成的主要建筑达28栋。

在山形县雨淋板系拟洋风建筑中达到巅峰的是县立医院的济生馆（图 5-1）。

济生馆呈现了一般医院所没有的形状，平面为十六角形的甜

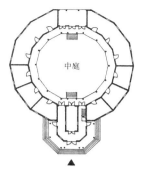

图 5-4 济生馆平面图

甜圈形（图 5-4），在前面立四层楼的塔，各层平面皆异，宛如积木堆积而成，凹凸互见。色彩也很花哨，使用偏红色的乳色为基底，柱子、梁或窗户四周等构架处涂上浓茶色，二楼的匾额上"济生馆"三个字熠熠生辉。

在建设济生馆时，据说设计者参观了屯驻横滨的英国海军医院，这个说法是真的，确实横滨英国海军医院也是甜甜圈形（图 5-5）。但相异之处一目了然，海军医院的甜甜圈前方缺一角，而建筑为平房，没有纪念性的塔，整体被围屏包围成自闭性的构成。济生馆是在海军医院的甜甜圈缺角处设置玄关，向外矗立醒目的塔。突出龟甲状的屋檐立列柱，其上立二、三层塔做成玄关是在之前完成的山形县厅已尝试过的做法，所以济生馆特异的整体构成（图 5-4）是在横滨英国海军医院的平面（图 5-5）上嵌入山形县厅玄关部分所形成的。

济生馆建造的明治十年（1877）前后，日本全国正处于灰泥系拟洋风的黄金时代，为何山形县却率先在拟洋风建筑上采用雨淋板呢？

这是肇始之地鹤冈在当时与北海道有特别的联系之故。拥有酒田港为外港的鹤冈，自江户时期以来就已经因北前航路与北海道有很深的联系，明治以后，发生了更深层次的交流。鹤冈在明治时期是农业开拓的先进地，明治五年（1872）由旧鹤冈藩士团着手开垦的松冈结果很成功。知道此事的北海道开拓使长官黑田清隆，招聘他们前来示范（1875），鹤冈的开拓团因而在札幌流

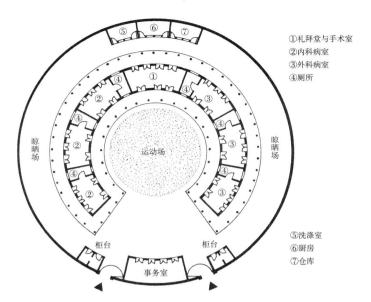

①礼拜堂与手术室
②内科病室
③外科病室
④厕所

运动场

晾晒场　　晾晒场

⑤洗涤室
⑥厨房
⑦仓库

柜台　　柜台

事务室

图 5-5 横滨英国海军医院平面图

下了血汗。场所就在开拓使本厅舍（图 2-3）的内侧，每天可以眺望雨淋板西洋馆的纪念性作品。另一方面，开拓使这边教导他们美国式的大农法[1]，赠送各样的新农具作为纪念。

　　明治八年（1875）札幌与鹤冈之间进行开垦技术交流之后，翌年春季第一个雨淋板系拟洋风建筑——朝旸学校（图 5-3）就开工了。由在寒冷之地建造简便西洋馆的方法而发展出来的雨淋板技法，因一场开垦技术的交流活动，由札幌传到鹤冈。

山形与三岛通庸

　　如此活动的背后都是县令三岛通庸。就像藤村紫朗之于山梨

1　大农法："大農法"，通过使用机械，以较少的人力管理大面积耕地的经营方法。——编者注

县的角色、永山盛辉之于信州学校建设的角色，山形县是由三岛促成的，而且是更大规模、更彻底的。

明治七年将三岛通庸送到山形（当时的酒田县）当县令（当时的权令）的是内务卿大久保利通，为的是镇压当时庄内地方发生的暴乱，要在赶不上明治维新新时代反而飘着反政府气息的东北地方一角打开风气。三岛是萨摩藩出身的维新志士之一，在明治维新之后并未马上进入中央，而是被派往萨摩藩邻近反萨摩藩气势极强的"都城"担任"地头"之职。在那里三岛获得了很好的治下经验，随后到中央担任东京府参事（副知事），因此上层器重其统治地方的能力。

到了酒田的三岛立刻动用之前的手腕镇压了暴乱，回应了大久保的期待之后，将酒田县更名为鹤冈县，把县厅移至鹤冈。此时，被招至札幌的松冈开垦团恰好回来。随后，在扫除负面之事后，最初的事业是拆解旧鹤冈城的土墙与石垣以填壕沟，在上面建造钉雨淋板的朝旸学校。几乎在完成此项工作的同时，政府废除鹤冈县，合并鹤冈、山形、置赐三县为一县，产生了今日的山形县（1876）。三岛将根据地由鹤冈移往山形，在更广阔之处充分展现其手腕。

其政策有二，一是殖产兴业，一是文明开化。

为了使落后新时代的山形县的经济复苏，三岛首先处理交通系统的整合建设，开辟山形县与周围的秋田、宫城、福岛诸县之间新的连接道路。其中由山形经米泽穿过奥羽山脉下的隧道抵达福岛的新道路在明治时期的土木史上成了有名的大工程。三岛露出双臂站在台上击着大鼓，随着他的鼓声，工人不断掘土、运送、平整土地就是这时候的故事。

道路整顿建设的另一方面是新产业的育成，设置名为"千岁园"的模范农园兼农业试验场，尝试农具的改良、西洋式畜牧和西洋蔬菜的栽培。此影响持续至今，山形特产樱桃就是三岛亲自取苗移植到千岁园育成而广泛传播开来的。农业改良之外，亦设置模范的劝业制丝所与水车驱动的机械纺织工厂。

文明开化政策是借由学习鹤冈的朝旸学校成功的经验，如上所述建造学校、医院、县厅、郡役所、警察署等新功能的洋风建筑来推动的。

以殖产兴业与文明开化的两个政策，使反政府气息浓厚的东北地方政治安定是三岛的任务，但他不只是地方上的县令而已，更将此殖产兴业、文明开化、政治安定三项，即经济、文化、政治三件事整合在具体的都市形态上，也就是县厅前的都市计划。

三岛在远离市街中心处设南北向的大道，在其周边将政治、经济、文化三种功能的建设集中于一处。大道尽头设置朝南的县厅，东侧设南山学校、师范学校、警察本署，西侧设制丝所、博物馆、郡役所、活版所、警察署，将这些建筑物并排，县厅的东西两斜侧内则配置千岁园、水力纺织厂、织文社等设施。

在石头屋顶的平房民宅和黑暗低矮蜿蜒的老旧市街的远处出现的是此大道，站在南端向北望的话，仿佛掉进另一个世界。平整的土地上宽广的大道笔直向前延伸，两侧漆着白漆的雨淋板造西洋馆一栋栋地排列着，在其尽头，县厅就像正面面对太阳一样矗立在那里。县厅的建筑伸出左右两翼，正中央立着三层高塔，塔顶的房间内明治天皇的肖像就像俯视着大道一样放在那里。明治新政权的意志如此变成了都市的形态。

像图画一样的景象透过高桥由一的画笔描绘出来，被附着在《山形市街图》（图5-6）上，看此画时感觉有趣的是在大道

图 5-6 《山形市街图》（1885 年左右，高桥由一绘）

上往来的行人好像全部被吸引往县厅方向走去。文明开化的画家高桥由一自己一定有此感觉吧。

在山形县留下如此成果的雨淋板系拟洋风建筑却不知其设计者。先前的灰泥系拟洋风建筑，或由美国传到北海道的雨淋板殖民样式建筑，其代表作大概都留有设计者的记录；而山形的雨淋板拟洋风建筑从首例的朝旸学校到县厅、济生馆、师范学校，任何一件纪念性的大作都不知道由谁构思设计。西田川郡役所或鹤冈警察署等非县府直营工程的建筑的设计与施工匠师的名字有留下来，但只有三岛倾全力建设的工程的设计者名字不详。在三岛手下负责建筑工程的人物是原口裕之，可能是萨摩藩出身的技师，不只在山形的时期，其前后皆如影随形担任土木与建筑事业的实务工作。

建筑工程的发包者、握有实务的技师或在手下工作的工匠名字都知道，唯独重要的设计者是谁，并未记录下来，也许因为当时的相关人士皆知的事情没有必要刻意记下来吧！也有可能就是三岛通庸所定的设计。

在明治时期的指导者中，三岛对于建筑的爱好是出了名的，山形县最初的作品朝旸学校的图纸被裱为卷轴长久以来收藏在他家中。三岛在后来担任警视总监的时候，也曾亲手为殉职的警官设计祭拜他们的"弥生社"。请高桥由一来画《山形市街图》也显示了这个倾向；或许三岛借由一些方法提示建筑的意象，让原口裕之画成图纸，然后自己检视一遍，推测是如此反复操作后，那些独特的造型才成形的。

留下拟洋风的建筑与都市之后，三岛通庸的山形时代在明治十五年（1882）结束。

接下来三岛成为邻县的福岛县令，进行有名的"会津[1]三方道路"交通系统的整顿建设工程。然而因县民出资与提供劳务的问题与福岛的自由党对决，而引发"福岛事件"。明治十六年三岛兼任栃木县令，引起被他击溃的福岛自由党残众所做的三岛爆炸刺杀计划"加波山事件"。

福岛、栃木两县时期的三岛通庸因镇压自由民权运动而被称为"鬼县令"，甚至有歌词"不顾人民辛劳的三岛就是那样通庸"来讽刺他，在那个时代他也仍然是"土木县令"，继续建设道路和拟洋风建筑。在福岛县仍留存着伊达郡役所（1883）与南会津郡役所（1885）。在栃木县以山形县厅的同一造型建了县厅，县厅前的大道亦为同样构成。山形、福岛以及栃木在三岛通庸来过以后，在政治史上留下事件，在建筑史上留下雨淋板的拟洋风。

1　会津：福岛县会津盆地。

三岛通庸在山形与福岛、藤村紫朗在山梨所建造的土木与建筑建设，其他各地大小县令亦尝试过，但仔细思考的话，建筑与土木的着眼处明显不同。拓宽道路、架设桥梁、开隧道、人工进入原野这些土木事业具有实用效果，与为了殖产兴业所做的基础建设没有两样。而将办公厅、学校刻意建成洋式风格，不仅缺乏实用性，还徒增费用。三岛或藤村为何不管这些，执意展开洋风的建筑表现运动呢？此事与井上馨、三岛通庸、沃特斯三人强力推动《银座炼瓦街计划》是一样的。以洋风表现建筑与都市的这种欲望的根源是人类表现的本能，井上或三岛这种个人倾向很强，此外也是因为计算过它的政策性效果。

三岛在山形县最先建的朝旸学校的纪念碑上如此刻着：

朝旸学校为山形县之学。今县令三岛君始莅任，观士民安于朴陋，以谓唯学可变通之。而黉舍之壮大则亦以为示众。

此意味着为改变受江户时代影响的山形县，学校教育的改变是最重要的，因此必须投入费用建造壮观的洋风建筑。

从建筑史看江户时代到明治时代的变化，就是成为时代中心的建筑种类发生了巨大改变，支配江户时代城下町与门前町景观的是城郭与神社寺庙，到了明治时代先是在官厅与学校上注入资金与技术，使其成为都市中最醒目之处。能将此全国都市可见的变化，象征性实践的就是山形的三岛通庸，即拆毁旧鹤冈城的石垣与土墙以填埋壕沟，在其上建造朝旸学校的这件事。

即使拆毁了城墙建造学校，若是建筑表现方面不变，仍建造

图 5-7 学习院（1877，工部省设计）

传统建筑，恐怕会被视为与之前的藩校同样。三岛是位政治家，对于内涵与外在形式的关系具有终身不变的想法。为了"示众"，除了内涵的变革，还必须让外在形式变成任何人皆可一目了然才行。如果说人类制造的最大的外在形式是建筑与都市的话，三岛向此洋风化迈进的事情不能说是无目的的。都市或建筑与绘画、文字的表现不同，单是眼睛看着从对面飞来的景象，就能对民众产生极大的影响。

向全国的传布

东京较山形县抢先一步，在明治七年（1874）已完成雨淋板系拟洋风第一例的工部省，不知为何暂时后继无人，直到明治十年才有学习院（图 5-7）出现。雨淋板的立面上搭建望楼，附上唐破风山墙的车行入口玄关，形成令人印象深刻的外貌，同时有驹场农学校（1877）、一桥讲堂（1877）登场，随后有元老院（1878）出现。从事这些建筑设计的都是大藏省营缮寮之后的工部省营缮课，之前在林忠恕的主导下，专做木骨石造系拟洋风的中央官厅的技师们，在19世纪80年代之后，一口气转向雨淋板系的设计。

雨淋板系拟洋风在东北地区与东京相继萌芽之后如何向全国各地广泛传播，若要追溯其具体的路线很难，但经过19世纪80年代在东北三县与东京扎根之后，应是在进入19世纪90年代时一口气扩散到日本列岛全域的。

雨淋板系拟洋风最具活力的是19世纪90年代，进入20世纪之后，拟洋风有趣的设计逐渐消失，变成只是在钉雨淋板的四方箱形建筑上开窗和加上突出的车行入口玄关的造型。现在走到各地皆可遇见雨淋板系的西洋馆，在市街中有明治时期的写真馆，在村落中有大正时期涂上油漆的医院，这些简便的西洋馆已是雨淋板系拟洋风几代以后的后裔了。进入昭和时期仍可看到旧制中学老师的家有钉雨淋板的会客室，可见雨淋板作为西洋馆的做法，比石造、砖造或灰泥造更长久地被使用着，可以说是唯一到达日本社会底层的西洋馆做法。会如此广泛地被接纳的原因，是以传统木构技法便可轻易做出来，以及对日本风雪的耐力强的关系。

起源于英国乡下房舍的雨淋板，渡过大西洋，横贯美洲大陆的同时产生了美国的建筑，又渡过太平洋在北海道与横滨登陆，传到山形与东京形成拟洋风，然后渗入日本列岛的各个角落。不为人知而勇敢地经历了地球的长途旅程，在所到之处结出丰硕的建筑成果的，就是这块"板"。

二、文明开化建筑论

建筑信息的网络

若由很远的高空眺望幕府末期开国到文明开化时期的日本列岛，便可以观察到好像文明的实验一样，西洋馆这种全新形式的系谱渗透了整个东洋处女地。

例如首都一带，进入横滨的木骨石造西洋馆被带到东京变成拟洋风。在关西，可以看到进入神户的阳台殖民样式到了京都成为小学的装扮，更流传到甲府成长为灰泥系拟洋风的藤村式，然后飞到爱媛与静冈。另外，东京的拟洋风与甲府的藤村式都被带到信州松本之地，开出了开智学校的花朵，甚至扩散到周围。

在北海道登陆的雨淋板西洋馆，先跳到山形再扩散至福岛、栃木，在横滨上岸传到东京成为雨淋板拟洋风，宛如在已浸透灰泥系的颜色上掉落的别色，边混色边晕染开来。由横滨与神户到松本联系的脉络，或由北海道飞到山形的脉络，皆可观察到这些幸运案例的痕迹，其他几个地方上岸的西洋馆的形式则借由看不见的细小通路，传到各个地方。如此痕迹以丝线作比来追溯，可看出横滨、神户、长崎、北海道这些点所呈现出来的几条粗线分化为细线，然后编织合成，像网络一样盖住了日本列岛。不只是开智学校或济生馆这种代表作，连今日残留下来的拟洋风建筑如乡下的小品，亦成为覆盖日本列岛网络的一个节点。

绕着地球分别向西与向东前进在日本上岸的殖民样式，在此网络的节点上扩张的过程之中，与当地日本的触媒接触引起化学变化，变成拟洋风建筑。

由布里坚斯的木骨石造殖民样式建筑，到清水喜助与林忠恕的木骨石造拟洋风，再到各地的灰泥系拟洋风，在此变化中，林忠恕的生硬感，或清水喜助以竹接木的折中性被克服，产生了以开智学校为代表的新建筑表现形式。另外，北海道由美国直接传来的雨淋板西洋馆，来到山形变成雨淋板系拟洋风时，脱离单调的形式，产生以济生馆为代表的诗歌般的表现。

为何那个时期的日本会产生出那样不可思议的形式呢？

首先不可否认的是无知。对于由传统木造建筑技术培育而成的日本大木匠而言，起源于石造建筑的西洋馆是最为陌生的建筑，加上他们缺乏正确学习西洋馆的方法，只具备边看边模仿西洋馆的知识而已。

不只是正确的建造方法，竟然连所需建造建筑物的用途亦不清楚。至江户时代为止，他们能够发挥能力的是神社寺庙或城郭，新时代所需的学校、办公厅、医院、警察署等新形态的设施，就如学校上什么课程，医院需要哪些房间等，这些设施的内容不只是大木匠，连发包的县令或市街的重要人士都未必知道。那么当时积极建造的学校，就像我们前面所看到的信州佐久的中迁学校的平面，因为对当时美国乡村一般的学校不了解就拿来当作模板，所以在入口左右也设了男女分开的衣帽间，但在信州的小朋友不可能也在那里挂帽子和大衣，只是因为设计者的偶然见闻而变成这样。

不仅缺乏知识，资金和工期亦缺乏。看看成为拟洋风主要建筑的学校案例，甲府的梁木或琢美、松本的开智、鹤冈的朝旸的建设费用都是由当地居民负担，资金并不充裕，佐久的中迁学校甚至连一条绳子也要由市民来拿，都是由市民提供劳力努力完成的。可以说正是因为一心向上，才能在明治维新之后不到十年的阶段，由地方经济之中募集极为短缺的资金投入学校的。

工期也短得令人惊讶。中迁学校八个月、开智学校十二个月、朝旸学校五个月，学校之外的山形县厅九个月、济生馆七个月。以取代城郭或神社、寺庙的建筑而言未免过于神速；当然，这些建筑并未使用上等木料，工程也不是很细致。例如开智学校的天花板是纸贴成的，进到屋内可以看到光线由上面透下来，由此可以想象当时经济的实际状况。

匠师们的属性

无知识亦无资金和工期，但是地方上充满了热情。

将如此满溢的热情化为具形的各地大木匠师是什么样的人物呢？

由清水喜助到立石清重、小宫山正太郎、松木辉殷、市川代治郎等拟洋风的匠师，大致上皆出自幕府末期的"堂宫大工"。堂宫大工又称为宫大工，比起民宅他们更擅长建造殿堂、寺庙神社等具纪念性的建筑物，并不指代一种特别的资格，而是指有能力可以处理公共性大工程的匠师。任何地方都有堂宫大工，但当中会着手建造拟洋风的，都是从某方面来讲比古板的技师更愿意接受新事物的角色。

例如可说是拟洋风开山祖师的清水喜助与林忠恕。清水喜助如上所述到横滨的居留地谋求外国关系的工作时对前面未知的道路毫无恐惧，在建造筑地旅馆过程中当旅馆的业主幕府倒台时，自己就接下旅馆成为所有者，着手经营日本最早的旅馆。清水喜助在新时代以横滨"布里坚斯党"成员身份出世，能够与脚跨太平洋两岸、拥有一人公司的布里坚斯以及真正的冒险者高岛嘉右卫门等危险人物在一起工作，那么经营旅馆也是轻松的事。与其说

图 5-8 尾山神社神门（金泽，1875，津田吉之助设计）

清水喜助是一位技师，不如说他是一位更具经营头脑的匠师，不久之后他的店成为日本最早近代化的建设组织，并最终发展成为今日的清水建设。

同为"布里坚斯党"的林忠恕较古板。他出身于伊势的锯木匠，经过锻冶匠成为大木匠，不久来到横滨。他的经历展现出他到处追求机会结果被开埠的横滨所吸引的形象。

各地的匠师也非呆板保守。例如金泽的尾山神社神门（1875，图 5-8）虽为神社设施，将它设计成拟洋风的津田吉之助，却留下了发明家的名声。当旧加贺藩士为了士族授产而合力建设金泽制丝工厂（1874）时，匠师津田吉之助便到富冈制丝所去参观。几次之后，以其眼力盗取当时号称世界上最先进的法国缪耳式的制丝方式，由机械到系统，再加上自己的巧思，完成制丝厂的建设。他在完成尾山神社神门的工程后，转为发明家，往制丝、纺织的机械到泵的改良方向迈进，成功开发了"津田式纺织机"，而这家公司至今仍为机械制造商。

在发明巧思的才能方面，设计中迁学校的市川代治郎也如此。出生于信州佐久的代治郎是大木匠，跟随其师傅到东京加入筑地本愿寺的建设。与本愿寺邻近的是刚开埠的筑地外国人居留地，在那里筑地旅馆及市街正在建设中。在本愿寺工作时，代治郎认识了一位叫"凯尔摩尔特"的外国人，并在明治二年（1869）与他一同到了美国。这是日本建筑者最早出国"留学"的。在旧金山上岸后进入西海岸的中心都市萨克拉门托（Sacramento）。当时横贯美洲大陆的铁路刚通车，其终点站萨克拉门托市街非常繁华。市川代治郎在此西部开拓的最后的市街做些什么并不详，可能还是做木匠吧。四年之后，明治六年市川回国，由美国带回来的纪念品是以美式简易吊桥架设的荒川户田桥的计划，但向东京府推出后，该计划并未实现，之后回到故乡信州佐久着手中迁学校（图4-9）的工程。无论是钉白色雨淋板的塔轻跨在屋顶上，或是采取与其他日本学校不同的纵向隔间，或是做出实际上用不到的男女衣帽间，这些都使中迁学校成为明治时期更接近美国乡村小学的日本小学。虽然建了美观的学校，但因建设费超出太多，代治郎只好离开故乡，来到名古屋构思肥皂的制造法并经营工厂，后来虽成功却又因浓尾地震（1891）损失全部财产，再移到和歌山开发橘子酒的制造，就在该企业走上正轨时，他倒在自家庭园而骤逝。

如上所述，由清水喜助到市川代治郎，与其说是建筑技术的专家，不如说是具有冒险家、企业家或发明家各方面的资质。若在闭塞的时代，像平贺源内那样的奇行之人或梦想家，也会被社会抹杀掉的，在新时代中他们解放了想象力，带动了拟洋风的风潮。当然像开智学校的立石清重等各地大部分的匠师都不是发明家或企业家，在19世纪90年代之后就由拟洋风建筑抽身，回归到以前的大木匠的例子很多，即使如此，津田吉之助与市川代治郎一定曾经有过共同的感觉。

拟洋风的造型

这些人各自随意产出拟洋风建筑，但在设计上确有共通性。

首先来看整体的构成。

并非所有的拟洋风都是这样，有许多例子是在正面中央有突出的二层楼建车行入口玄关、屋顶设有塔。就算没有塔，大致上有突出的车行入口玄关，会让人觉得西洋馆似乎就是那个样子。但是立个小塔或突出二楼建车行入口玄关在欧洲绝非一般做法。特别是车行入口的玄关通常只是一层楼造，为附上去的东西。为何在日本的拟洋风做成下面是车行入口，上面是阳台的二层楼造突出物呢？看看成为拟洋风始祖的清水喜助与林忠恕的作品，清水并无如此做法，另一方面林忠恕由内务省（图4-7）开始，驿递寮（图4-8）等作品皆是使用这种模式，在日本人中，可说是由林忠恕开始这样设计的。

但是拟洋风一般的车行入口做法与林忠恕的车行入口做法有不可忽视的不同。由平面上看，一般的是面宽与纵深比是正方形，有时是接近纵长较深的突出，而林忠恕的做法是面宽较宽纵深较浅。面宽非常宽大，占建筑立面全长的三分之一到四分之一。这种林忠恕个人喜好的车行入口玄关的做法，当时的外籍技师中将之实践出来的是林忠恕的上司沃特斯，如前所述他的特别技法就是帕拉迪奥主义的车行入口玄关。

源自希腊神殿具有二层楼高、面宽较大的入口玄关的形式，绕着地球向东传来，由沃特斯经林忠恕传递到全国各地匠师的手中。

但是匠师们对于帕拉迪奥主义的原型毫不关心，并改变比例使入口玄关成为纵长形的突出，横宽变纵长的原因应是依照日本传统的做法。日本的传统建筑无论是神社寺庙或宅邸皆喜好强调突出的入口玄关，这种做法在无意识中进入了西洋馆的玄关。

接下来看看塔的由来。

拟洋风的塔最早出现的例子是布里坚斯与清水喜助的筑地旅馆（1868，图4-3），接着是筑地的海军兵学寮（1871，设计者不详）、清水喜助的第一国立银行（1872，图4-4），用塔的主角是清水喜助，另一位拟洋风的祖师爷林忠恕并不使用塔。也许可以说，林忠恕选择了入口玄关，而清水喜助喜好用塔。

清水设计洋风的塔的模板应是当时比较活跃的外国人的作品，却没有先行的案例，在幕府末期横滨、神户的外国人居留地上，除了基督教特殊的尖塔，看不见有塔。对于拟洋风的印象具有很大增幅功能的塔，很可能是由筑地旅馆开始，却不是清水喜助所独创。该旅馆是由布里坚斯与清水共同设计，或许清水是从布里坚斯那里学来的。布里坚斯在筑地旅馆之后的作品，横滨英国领事馆（1869，图2-7）、横滨税关第一案（1872）、横滨町会所（1874）中都设了塔，虽与拟洋风的塔的形态不同，但可以说是喜好塔的建筑家。

由幕府末期到明治初期的日本西洋馆的塔，可以扩大视野由绕着地球向东和向西的两条路线来看看。欧洲的建筑物上塔一般是常见的，但是传递到日本时向东与向西的特征改变极大。向东路径的香港、上海等中国的通商港口的殖民样式建筑几乎没有塔。另一方面，向西路径的美国塔大受喜爱，纪念性的作品不用多说，由乡村的学校、办公厅到个人住宅好多都搭上塔。塔由屋顶突出的白色西洋馆，是"大草原的小住宅"的风景。拟洋风的塔由美国传来可以证明的例子只有市川代治郎的中迁学校（图4-9）而已，包括布里坚斯也喜好塔，幕府末期到明治初期日本西洋馆最初的塔，应该是向西路径由美国传来的。当然日本匠师不会完全遵循传来的东西，也许是学习了以城郭天守阁为代表的日本的望楼建筑的传统，再依照自己的喜好混合，在塔的下端做了像濡缘[1]一样突出的勾栏。由第一国立银行（图4-4）到山梨师范学校、开智学校（图4-13）、学习院（图5-7）等建筑都在花哨的拟洋风的塔的底端附上了一圈和风的勾栏与濡缘。

如此细部设计的日本化之外，整体构成上城郭或佛塔等日本传统塔状建筑的形式对拟洋风造成影响的有几个案例。明显受影响的不只是第一国立银行（图4-4）而已，筑地旅馆（图4-3）、西田川郡役所（图5-2）、见附学校、鹤冈警察署等皆可见顺着楼层往上做小，在屋顶上加屋顶的塔状物统合全体的手法，这是洋风建筑所没有的接近城郭或五重塔风格的构想。

由欧洲出发往日本的向东路径而来的帕拉迪奥主义的入口玄关，以及向西路径而来的美国的塔，各自与当地特征混合变质，组合成为拟洋风整体构成的基础。

只是在整体构成上露出传统的面孔，所以用自由而细致的设计混合和风，或将洋风随意地诠释也行得通。

首先看看和风设计的混用，在车行入口玄关上放唐破风是最花哨的混用手法，最早的例子在幕府末期的横滨，可能是横滨法国海军医院（图4-1）与法国军营，进入明治时期以后已知的有清水喜助的第一国立银行（图4-4）、工部省的学习院（图5-7），以及立石清重的开智学校、开成馆等建筑。

各种传统的屋顶山墙之中为何唐破风被拟洋风选上呢？当然

1　濡缘：不遮雨的檐廊。

它是等级最高的屋顶山墙的做法，但它最脱离日本设计的这点是不可忽视的。唐破风是镰仓时代传入日本的日本屋顶山墙做法，它的二次反曲线在比较喜欢直线或单纯曲线的日本美学中是异质性的，而它拥有的厚重感且个性强的造型又恰与欧洲建筑相通。日本建筑史上唐破风最有活力的是南蛮文化兴盛之时的安土桃山时代，这绝非偶然。当拟洋风的时代结束后，乔赛亚·康德（Josiah Conder）、赫尔曼·恩德（Hermann Ende）、威廉·伯克曼（Wilhelm Böckmann）、弗朗兹·巴尔札（Franz Baltzer）、乔治·德·拉朗德（George de Lalande）、简·莱茨尔（Jan Letzel）等外国建筑家在尝试和洋折中的设计时，一定使用以唐破风为中心的设计想法，亦显示了它的欧洲性体质。拟洋风的匠师们并非有所自觉，而只是感觉到唐破风在某些地方与西洋是相通的东西吧。初期的拟洋风专用的海鼠壁这种东西在日本的传统中也是异质性的，可以说是在墙壁世界之中像唐破风那样存在的东西。建筑物的墙壁不论是灰泥墙、红砖或石墙、木板墙，单一颜色是最常见的。海鼠壁是彻底的黑白二色对比，形成在黑底上画入白色斜线这种世界上独特而醒目的形式。当然它可以说是日本传统墙壁中自我主张最强的墙壁。这种墙壁被放入西洋馆的历史如前已述，进入布里坚斯的英国临时公使馆（图2-9），又进入筑地旅馆（图4-3）而不间断。其理由当然是木骨石造中的贴石材以贴平瓦来取代，但那时候布里坚斯或清水喜助应该也有考虑到海鼠壁的脱离日本性质的表现力。欧洲建筑与日本建筑不同，将表现的主力放在墙壁上，要找出适合表现而具有自我主张的日本产的墙的话，应非海鼠壁莫属。

此外在和风设计的混合方面，有塔、入口玄关的露台勾栏，屋顶上的鯱、入口玄关的栏间的装饰等各式各样，这些拟洋风的细部不可思议的设计，以基础到屋顶的顺序检视全国的实例如下：

列柱

欧洲建筑在正面排列的柱子的设计最为重要。希腊神殿是以柱子的设计为基础而构成的，此传统一直持续到20世纪，建筑家必须学习源自希腊的三种柱型。三种柱型的最大特征是柱头的做法，分为简单环状的多立克柱式（Doric Order）、附有大片蓟叶装饰的科林斯柱式、有涡卷形的爱奥尼亚柱式（Ionic Order）。然而对于日本大木匠而言，希腊的传统怎样都可以，所以将它自由地变形。

图5-9 水海道学校（茨城，1881，羽田甚藏设计）

首先看看多立克柱式，像糯米饼倒放一样的茨城县的水海道学校（图5-9），像为祈祷天晴挂在屋檐下的晴天娃娃一样的信州的中迁学校（图5-10）等都离希腊的做法很远。

科林斯柱式是以毛茛叶这种地中海所产的大片蓟叶设计而成

图5-10 中迁学校（长野，1875，市川代治郎设计）

的形式，从未见过这种东西的匠师们认为是把菜叶放在柱子上，做出函馆博物馆（图 5-11）或奈良的宝山寺狮子阁（图 5-12）的柱头装饰，这也是没办法的。而且狮子阁甚至连柱础亦做了柱头的装饰。

爱奥尼亚柱式也许因为较难做，水平可以精细地分辨出来。兵库县的水上学校（图 5-13）的涡卷过于萎缩，宫城县的登米警察署（图 5-14）的拟洋风是正确的，设计者山添喜三郎曾在明治六年（1873）参与维也纳世界博览会日本馆的建设，也许在当时看到了真正的柱式。

隐藏希腊原形的拟洋风还有很多，津轻的三浦医院（图 5-15）的柱头是凤梨还是松木果分不清楚，前桥医学校（图 5-16）柱头是大朵的牡丹花，大分县的日野医院（图 5-17）柱子上竟然盘着龙。南会津郡役所（图 5-18）不知想到什么，做成了多层瓢箪的变形。

拱

与柱子的做法相同，西洋馆的拱令人印象深刻，大木匠不知道拱的力学意义或悠久的历史，以他们看来只是改变的窗上的做法而已。例如在中迁学校（图 5-19）加上过于扁平的窗，拱的下面本来应该是半圆形的玻璃窗，却只是以灰泥仿制半圆形玻璃窗。拱原是由楔形的拱石一块块叠砌而成，在弘前的宫本吴服店（图 5-20）却将拱石的形状变成大太阳光线放射的样子，令人猜不出它的原型是什么。拱最上端的一块拱石称为要石（key stone），做得特别大，但在福井县的桑原谦奄邸（图 5-21）却刻上龟甲形状，周边的拱石也由楔形变成菊花状。

图 5-11 函馆县博物馆（1883，函馆县技师设计）

图 5-12 宝山寺狮子阁（奈良，1882，吉村松太郎设计）

图 5-13 水上学校（兵库，1885）

图 5-14 登米警察署（宫城，1889，山添喜三郎设计）

图 5-15 三浦医院（津轻，1885，西谷市
助设计）

图 5-16 前桥医学校（1878，大木亲，
林盛安设计）

图 5-17 日野医院（大分，1884，法华津
喜八设计）

图 5-18 南会津郡役所（1885，牛田方
造设计）

图 5-19 中迁学校

屋檐

不少人误认为屋檐比起柱子或拱缺乏奇妙的趣味。其实看看屋檐的装饰，在山口县的萩学校教员室（图 5-22），使用法国系的封檐板，因占整体的比例过大，造型宛如蔓藤的花。兵库县的三原郡役所（图 5-23）的封檐板正确描绘了木匠哥特式的设计，但位置却是放在三角形山墙里面。木匠哥特式的封檐板，原本是不会放入象征古典系统造型的三角形山墙内的。

其他

墙壁的做法，是在木板上刻上缝，涂上红色的油漆，装修成像砖造墙的样子，或是远看

图 5-20 宫本吴服店（弘前，1883，宫本甚兵卫设计）

像一般的百叶窗，近看才知道板与板之间没有空隙。这种虚有其表而卖弄虚荣的代表是福岛县的龟冈邸（图5-24），在屋顶上露出红砖的烟囱，再仔细想的话，烟囱不可能通过屋脊的位置，事实上它只是搭在屋顶上的假烟囱而已。据说屋主在建造时曾经到横滨参观过西洋馆，也许只是从外面眺望，并未学到在烟囱底下一定要有壁炉。

图 5-21 桑原谦奄邸（福井，1889，大木匠庄三郎设计）

图 5-22 萩学校教员室（山口，1887）

建筑以外的引用

尽管是误解、曲解，也要从建筑学习才对，但事实上从其他方面也有吸取过来的例子，像已经见过的开智学校的天使的檐板，以今天来说就是取自"写真周刊志"的题字。大

图 5-23 三原郡役所（兵库，明治中期）

127

和郡山的浅井邸的屋檐下（图 5-25）的墙上以黑色灰泥描绘了奇妙的装饰，好像是要写外文字母。走在文明开化时代的银座街上，可以看到理发店前挂着"Head Cutter"，

图 5-24 龟冈邸（福岛，1882 年左右）

牛奶店前挂着"Pest Milk"（其实应该是"Best Milk"之误）的英文广告牌，意义尚未弄懂就把它当作新的符号接纳进来，这些情形应该是把英文当作装饰尝试用在建筑上吧。就像马修·卡尔布雷恩·佩里（Matthew Calbraith Perry）刚到日本时，对于对方所写的文字不像日本人那样懂得原形和断句，就把它照抄下来，这是十分有趣的。

拟洋风设计论

在介绍过以上的具体例子之后，来思考拟洋风的设计方法。

首先要注意的是在拟洋风上面经常出现的和风，确实会让人将之视为和洋折中的设计，若是认为那是它的本质就不正确，与事实不符。例如拟洋风之中也有几乎不用和风设计的例子，如灰泥系当中的见附学校、中迁学校，雨淋板系中的济生馆、西田川郡役所等。使用唐破风的开智学校或使用海鼠壁的情形，已如上述说明，与其说它是和风的传统，不如说是选择了传统之中最为异质性的东西。

设计的基调是洋风，然而不是真的欧洲式，各部分的造型随

图 5-25 浅井邸的屋檐下

意地拆解，造型的组合也乱七八糟，比例也很随便。是使用洋风为基调的同时，对洋风的规则毫不关心的稀奇建筑表现法。

如此产生的表现自然形成两种风格，一个是拟似性，另一个是奇想性。

所谓的拟似性，是仿似真正的原型所产生的结果，例如中迁学校以灰泥做成过于扁平的拱，或新潟运上所没有空隙的百叶窗，在表现上无法得到高的评价。一言以蔽之可说是赝物性。所谓的奇想性，就是连想要体现正确的原型的动机也没有，以自己的印象和想法自由解放而得出的结果，例如南会津郡役所的多层瓢箪的柱头，或在洋馆上放入唐破风，这在建筑表现上趣味十足。一言以蔽之可说是创造性的变种。拟洋风的表现虽然隐藏着拟似性和奇想性，但两者彼此不是分开的，例如像菜叶一样的柱头装饰，是仿似之下的创造。也许拟似性与奇想性是铜板的两面，铜板在拟洋风两种表现形式之间转来转去，而对周围呈现出既非赝品亦非真品的不可思议的现象。

思考拟洋风的设计时，如果眼光过于被承袭自江户和风要素的混用所吸引的话，就会忽略它的本质，这点已如上述，但是拟洋风的诞生并非全与之前的时代无缘。

拟洋风在日本列岛的分布是倾向一边的。由现在所存留的建筑亦可知道在东日本数量多而质量高，已经被拆毁的例子也是东日本较多。拟洋风说来是由横滨开始，而灰泥系的高峰是在松山，雨淋板系是在山形，或者由神户出发经由京都在山梨开花的藤村式等，显示拟洋风在日本中部、关东和东北较具优势的现象不胜枚举。

某天突然由天而降的洋风建筑，其基本特征普遍呈现于日本列岛各地，况且拟洋风之后的洋风建筑亦不见地域性，那为何可以观察到拟洋风在东日本的优势呢？

在此不得不感受到江户时代的影子。

江户时期后半期，特别是接近幕府末期时，日本列岛的传统建筑出现了一大变化。那就是神社寺庙装饰过剩的现象，不论大规模的城下市街或小市街，还是乡村的神社寺庙都装饰了花哨的雕刻；这样过于激烈的话，建筑骨架的意识就会开始崩溃，做成仿佛堆积雕刻而成的建筑。即使坚持由柱梁形成的骨架，日光东照宫也因骨架上配置的装饰，而使日本木造建筑的传统瓦解。

这种现象，在以日本建筑为核心、传统意识和规范意识皆强的京都以及西日本并未盛行，另一方面，东日本在越接近幕府末期时就越呈现激烈的现象。

类似的现象也在泥匠的世界出现。泥匠所做的日本墙的技术以京都为中心在关西发展起来，出现了在数寄屋造建筑上可见的"聚乐壁"，或漆白色灰泥的土藏的墙，接着产生海鼠壁，但到了幕府末期在关东开始了新的动态。以往墙壁这种东西是以能否用土与灰泥抹得很平来夸耀技术能力，但在灰泥雕刻兴盛以后，流行以有色灰泥堆积做成龙、花鸟、七福神等雕像，能力的好坏区别，由无垢的平面变成雕像。成为流行原动力的是伊豆松崎出身的"伊豆的长八"，由此一门泥匠将灰泥雕刻以江户为中心的关东一带推广开来。长八一门匠师在关东推广的是何等东西，由参观现在仍收藏在伊豆长八美术馆的壁龛实例便可知道。看到土墙上挂着一幅画轴的景象，其实画轴也是由泥匠的镘刀技术做出来的。

以土水混合的泥土为对象的泥匠的工作，与以已有形状、大小的木材为对象的大木匠的工作不同，并无材料本身指向的形态，有可能化为任何形态。不涂灰泥的话只是平坦的土墙，涂上平坦的白色灰泥就像一张纸，以有色灰泥涂出斑纹再打磨就像大理石，当然也可以仿似木头（拟木），连画轴都有可能做成。它是产生的时候就丧失个性的建筑材料，本性就有拟似性。

以拟似画轴与木雕起始的这种灰泥雕刻，于幕府末期以江户为中心的关东一带传播开来。

在幕府末期的东日本，大木匠与泥匠皆有同样的倾向。此事可视为与拟洋风以东日本为中心发展起来一事有所关联。到了幕府末期，拟洋风的匠师们就是边看这种倾向于雕刻化的神社寺庙与土藏建筑，边被栽培出来的。

这些匠师与由堆积装饰的部分而构成整体的洋风建筑初见面时，会毫不客气地、果敢地采用它是必然的。匠师身上已有类似的设计方法，源自石造砖造的欧洲建筑的每个造型，都可以用灰泥雕刻的技法做出相似的东西。拟洋风的高峰期出现在灰泥系拟洋风是当然的结果。

拟洋风建筑与江户时代的关系，并非因为和洋折中，而是借由匠师们的想象力联结起来的。如前反复所述，拟洋风建筑并非为了正确重现欧洲建筑，也不是为了使日本的传统在新时代再生，更不是着眼在和洋折中的表现上。这确实是缺乏立足点而危险的表现方式，然而若站在开智学校、济生馆前面，稍为观望之后，将眼睛闭上就会浮现一种印象，就是能散播来源不明的能量，与乐天性的发光体的印象。

这种前无古人后无来者、不可思议的建筑方式为何在明治初期突然诞生了呢？当然具体的事情在前面已讨论许多，但建筑物这种东西并非由直接相关的技术或人的表现意欲就会产生。一种建筑物的背景就像在山形县拟洋风建筑所看到的那样，政治性的意志、推动各地小学建设的制度以及接纳它的社会，同时要有产业上经济力与技术力的可能条件以及成为建筑表现基础的美学意识与文化，这些缺一不可。这和绘画或小说在孤芳自赏中可以产出的情形不同。建筑是能容下政治、经济、社会、文化任何东西，像篮子一样的表现领域。建筑是展现时代本身的东西。

这样的话，就要先谈谈促使拟洋风诞生的时代。

日本近代的开端是被称为"文明开化"遽然改变的一个时期。同样四个字的口号，与"殖产兴业"或"富国强兵"不同，似乎缺乏深刻性，好像庙会祭典的性质，又好似以世相、风俗、生活文化为中心的国民性气氛的运动，胡乱地吸取西洋风。像把黑色的伞当作阳伞来撑、羽毛裤套上皮靴，或挂出奇怪的英文广告招牌，或向洋风建筑投入香油钱等，这种皮相的风俗现象也有。喝牛奶、吃牛肉锅、窗上镶玻璃、天花板挂吊灯以改善生活的也有。在表现的领域，绘画是较活泼的。高桥由一最初是以油画工具来探索边看边学习的真实性，小林清亲或井上安治以既非传统亦非西洋风的笔触来描写由江户时代到东京时代变化的街景。小林清亲将海运桥畔第一国立银行激烈的和洋折中的建筑样貌，描绘成建筑物像在雪景中消逝，沉浸在平静的异国情绪之中。另一方面，高桥由一有像被吸入山形县厅前大道的共鸣的感觉，而将它细致地描绘下来。

如此文明开化四个字涵括的各式动态，在 19 世纪 80 年代后半期因正式的欧洲派的登场，而被耻笑为无知的现象，又被国粹派视为耻辱，不久就消失无踪了。怀着怀念、亲切与少许羞耻的感觉，重新回顾这个时代时，文明开化就像在江户时期结束之后，人们又不知道新时代到底为何的这种真空状态之中，一般人所见到的梦一样。既非欧洲亦非日本，也不是联结双方的东西，就像人们梦见另一个世界一样。

开智学校车行入口玄关的形态（图 4-13b），希望各位再次回想一下。一楼柱子的栏间位置嵌有波形的雕刻物与灵兽龙的雕刻物，二楼露台的栏杆位置以青空为背景刻出涡卷的瑞云，其上方做出天使拿着开智学校的匾额的样子。

由下看到东洋的龙逐波向天飞去，天上有西洋的天使展现笑容，在涌现白色瑞云的蓝天中祝贺。这是既非欧洲亦非日本的白日梦。

第六章
御聘建筑家的活跃
——历史主义的导入

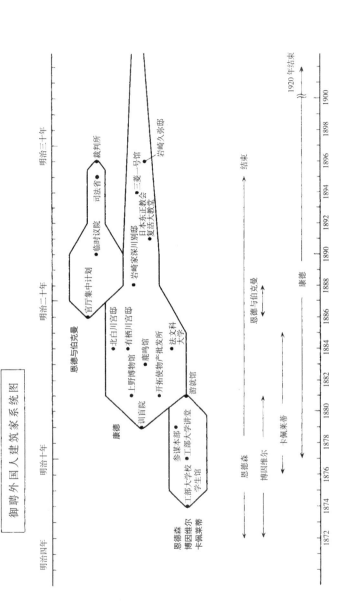

御聘外国人建筑家系统图

轻巧的殖民样式建筑于港湾都市和北海道登陆，同时一些厚重的洋式工厂被建造，接着于全国各地诞生了华丽的拟洋风建筑，所谓的西洋馆首度于日本扎下了根基。但是，这些皆难以被称为正式的西洋馆。设计者与其说为建筑家不如说是建筑技师，建成的建筑虽于技术上非常精练但于设计上却难有所表现。当时位居领导地位者，外国人为沃特斯，日本人为林忠恕，同前详述林忠恕仅止于拟洋风的设计，沃特斯的帕拉迪奥主义早已跟不上时代，设计也较粗糙。

　　的确最初如此程度便足够了，明治时期的领导者们只要是欧式的、新式的便满足了，但是出国考察知悉巴黎、伦敦的状况后，便开始觉得日本所建的西洋馆好像怪怪的。想必也曾有自傲地以此迎接来日外交官，结果贻笑大方的经验。

　　随着日本人对西洋理解的加深，对于沃特斯和林忠恕等人所呈现的建筑，便无法满足。因而自欧洲招聘能设计装饰宫殿、官厅、剧场、大宅邸之建筑家到日本，想在既有已经引入的石头或红砖的技术基础上开出建筑表现方面的花朵，想建造一个不亚于巴黎、伦敦的东京，这些在今日看来有些过大的期望在当时却是抱持着的。

　　由此，开始了正式的欧洲建筑的时代。

　　成为主角的，是日本政府直接由欧洲招聘的建筑家们，由意大利来的乔瓦尼·文森佐·卡佩莱蒂（Giovanni Vincenzo Cappellettie），由英国来的威廉·恩德森（William Anderson）、博因维尔和康德，以及德国来的赫尔曼·恩德和威廉·伯克曼，各自在不同时期相继到日。接着便以 19 世纪 80 年代为中心画下了一个新的时代。此御聘建筑家的时期虽只有短短十年，却可以从恩德森、卡佩莱蒂、博因维尔的阶段，到康德的阶段，再到恩德与伯克曼的阶段，顺次推移。

一、最初的正统派

大藏省快刀斩乱麻地让沃特斯的时代结束，其实是直接导因于工部省的动作。工部省是在意图主导产业近代化的目的下于明治三年（1870）设立的，在明治六年于日本本国初次创立拥有当时在世界上教育内容最充实的工部省附属大学，并在翌年自大藏省接手包含沃特斯和林忠恕等人在内的政府建筑事业权限，不管是在制度面上、工作团队上或学术面上都显示出了名实相符的新政府的建筑事业。而其任务就是建设出不输给欧洲的工部省附属大学校园以及让日本学生能够享有建筑方面的高等教育。然后，政府设施便开始以和欧洲相同的红砖或石材来作为建筑的表现素材。不论是哪个任务，对于从大藏省移调过来的技师而言都是相当困难的，就算能够参与大学的创设工程，也未必能够建造出与欧洲并驾齐驱的建筑。结果，沃特斯在移调一年后遭到了解雇，而林忠恕则如前面所述，始终只能做出木造简便的拟洋风政府机关建筑。

取而代之登场的是博因维尔、恩德森和卡佩莱蒂，此三人经手工部省附属大学的校园计划与政府机关建筑，同时在工部大学和其姊妹校工部美术学校开始教育事业。

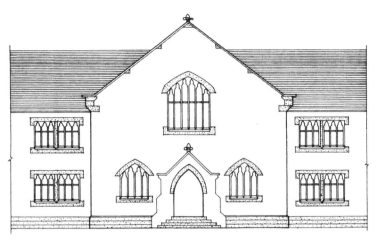

图6-1 工部大学校学生馆立面图（1874，恩德森设计）

威廉·恩德森与乔瓦尼·文森佐·卡佩莱蒂

借由恩德森所设计的工部大学校学生馆（1874，图6-1）与工作场（同上）的建筑，初次教导日本人在欧洲的建筑之中还有与沃特斯不同的另外一个风格的系谱。看看学生馆好了，沃特斯风格的白色柱列和三角形山墙已经消失，红砖砌成的墙面平坦延伸，各处像被切开来一般的窗户拱圈并非圆形，而是前端尖锐的稀有造型——尖拱，另外玄关的地方有阶梯状的扶壁（buttress）。在工作场中则表现出许多不同形状的拱圈和有模样的叠砌砖墙，也试着用木造组合装饰极为倾斜的山墙。对当时只知道沃特斯风格的白色质朴表现手法的日本人来说，红砖表现出的多样化造型实在是非常新鲜。在这里登场的是以尖拱和扶壁为代表的哥特主义系统；进一步来说，应当无疑是装扮英国维多利亚时代的哥特复兴样式，又名维多利亚-哥特样式。

卡佩莱蒂所设计的参谋本部（1879）和游就馆（1881）两件

作品则主要展现出绘画般的美丽。其代表作游就馆（图6-2）并不会让人感到沉重的气氛，反而感觉很舒服。而由红白构成的尖拱、塔、屋檐的风格来看，则显而易见是模仿意大利北部中世纪的城郭，之所以会选用城郭风格的理由，应该是考虑到游就馆作为军事博物馆的用途吧。

会将中世纪城郭的建筑样式与军事展示内容联想在一起，是因为在当时的欧洲十分盛行将建筑用途与外形联想在一起。举例来说，就像伊斯兰建筑等同于吸烟、土耳其建筑等同于咖啡、希腊神殿等同于民主主义、埃及建筑等同于墓地、修道院建筑等同于大学等。这样的联想力量是因为将实用的建筑和绘画中的某一个景色串联，就会有很罗曼蒂克的效果显现出来。事实上，游就馆本身就宛如一幅西洋名画中耸立的一座古城堡。

不论是恩德森的维多利亚-哥特样式或是卡佩莱蒂的联想效果，都无疑证明了建筑表现向新的阶段跨出了新的一步，但两人的作品并未完全满足这个新的阶段的需求。恩德森的设计以维多利亚-哥特样式来说稍嫌单调，比例也并不完美。而卡佩莱蒂的设计则是只能从正立面来考量，转换视点从侧面来看的话简直就如一张薄纸，根本就像一张平面图。

两人的经历也很难说能与正式的建筑的时代匹配。恩德森于1842年出生于英国班夫郡（Banffshire），来到日本之后受雇于工部省（1872—1875），并且经手设计工部大学的校舍，之后便在横滨以造船大木匠师兼建设者的身份工作，于明治二十八年（1895）去世，葬于外国人墓场。卡佩莱蒂的经历则更为奇妙，连他究竟是否为建筑家都值得怀疑。工部省在开设作为工部大学姊妹校——工部美术学校的同时，将画家拉古札（Laguza）和雕

图 6-2 游就馆（1881，卡佩莱蒂设计）

刻家安东尼奥·方塔内西（Antonio Fontanesi）延揽到日本（1876），
教授不可欠缺的透视绘图法和意大利建筑物的描绘方法，同时经
手建筑设计。他看起来似乎没有积累建筑的训练经验，根据其他
工作人员的证词，他在离开日本至加州后（1885），若有设计委
托案时便会到街上寻找相同用途的建筑，将它们绘制为素描，再
以此为底图进行设计。

　　或许，若把他想成是位于绘图家和建筑家中间位置的人物，
便可以理解游就馆为何会像绘画般美丽。

博因维尔

　　若说到留下许多不辱其名的作品，并且完全没掺杂冒险技师
或绘画风格等不纯要素的百分之百的建筑家，就属博因维尔了。他
是法裔英国人，全名为查尔斯·艾尔弗雷德·查斯托·德·博因
维尔（Charles Alfred Chastle de Boinville），祖先是法国大革命时

远渡多佛尔海峡到苏格兰定居的亡命贵族。之后从父亲那代开始回到了利雪（Lisieux），并在1850年时生下了博因维尔。长大之后他来到巴黎进入英国建筑家威廉·H.怀特（William H. White）的事务所，踏出了成为建筑家的第一步。之后事务所因普法战争而关闭，于是怀特来到了伦敦担任皇家建筑家协会的事务局局长（1876—1896）。另一方面，博因维尔也回到了祖国英国，于1871年进入格拉斯哥（Glasgow）的坎贝尔·道格拉斯（Campbell Douglass）的事务所工作。在此一年半之后受到日本方面的邀请而到日本，到此为止他的建筑经历有相当明显的某种文化倾向。

欧洲建筑风格分为以希腊为始的古典主义传统以及以中世纪基督教会为首的哥特式传统两大系统，而博因维尔只传承了其中的一个系谱。他在成为建筑师之后第一步踏入的巴黎建筑界，完全沉浸在只见得到古典主义建筑的法国传统之中，而之后所到的格拉斯哥也无疑是一个与伦敦同样对哥特式传统背道而驰，谨守源自19世纪新古典主义传统的北方据点。除此之外，在他所工作的道格拉斯的事务所内，当时实际引领设计的也是代表英国的古典主义建筑家詹姆斯·瑟拉斯（James Sellers）。

博因维尔无论是在法国也好，在瑟拉斯的引领下也好，身为英国人的博因维尔可以说是在足以成为古典主义学习者最好的环境下被培育的。

之后明治五年（1872），博因维尔23岁时，应明治政府邀请到达日本，进入了工部省，暂时接替沃特斯经手设计政府的纪念性建筑物，第一栋建筑作品是工部大学校讲堂（1877，图6-3）。

讲堂的墙面首先分为三层，第一层较厚重，第二层有延伸性，第三层则轻巧华丽。另外附柱的形式也一样使用第一层为托斯卡纳柱式，第二层为爱奥尼亚柱式，第三层为科林斯柱式。这样正确使用样式的公式的做法，是沃特斯做不到的，唯有真正的建筑家才会使用。另外，细部的设计中虽然

图6-3 工部大学校讲堂（1877，博因维尔设计）

各层都有菊花的皇室花纹浮现，但是柱子的头部以及窗缘等困难的地方也都被正确处理，洋溢着连沃特斯也望尘莫及的古典系统所特有的紧张感。内部也十分完美，铸铁的列柱并排产生一种节奏感，堂内虽然全部涂上了白色却也适宜地配置了金色点缀其中，细致且华丽的空间就此应运而生。样式上则在英国古典系统的脉动之间采用了包括三层构成、广泛使用拱门、能看到附柱等维多利亚时代的新文艺复兴样式作为基调。

工部大学校讲堂的完成，使得日本有了真正的欧洲样式的建筑。

以工部大学的成功为基础，他接下来还经手了外务省、皇居谒见所等设施，能接手这些建筑，意味着他确立了代表明治政府的建筑家的地位。谒见所尤为重要，有小宫殿的风格，也是皇居内最初的正式的洋馆。博因维尔采用了与小宫殿相应、在古典系统之中最华丽厚重的法国新巴洛克样式并开始兴建（1876），但是墙壁立面却因为地震造成龟裂而停止施工（1879）。没有预料到地基的脆弱成为他的失误，之后恐怕是为了要他负起责任，所

以在同时并行的外务省建设完工（1881）之后，博因维尔便被解雇。他前往加拿大的多伦多从事一阵子教会相关的工作之后又回到了格拉斯哥，寄身在之前的道格拉斯的事务所，最后进入伦敦政府工务局工作。然后在指导印度省二楼增建的途中，因为肺炎骤逝（1897）。

尽管如此，他的二层楼的遗作——印度省建筑仍然成为广为人知的英国维多利亚时期的哥特系统设计代表作之一。

二、乔赛亚·康德教授访日

由于以博因维尔为首的恩德森和卡佩莱蒂等人的活跃，以沃特斯为代表的冒险技师时代宣告结束，之后由欧洲直接而来的建筑家的时代就此展开。然而，日本方面并未满足，并感到他们的能力有限。

那就是教育方面的事。

此时的工部省附属大学的造家学科[1]，其实是在没有向外国聘请教授的情况下设立的。虽然恩德森和卡佩莱蒂在当时教育界已占有一席之地，却只能教授诸如绘图方法和现场实务等知识。除此之外，博因维尔严重的法国腔英语令人难懂，以及他把日本学生当作笨蛋般的态度，也都被看在眼里。

于是，认为他们的教育能力有限的工部省，开始在英国寻找能够教授日本学生建筑知识与技术的合适人选。终于，在明治十

1　造家学科：现建筑学科的前称。——编者注

年（1877），当时24岁的康德（图6-4）以教授的身份由伦敦来到日本。康德不仅人相当沉稳，也总是有着深谋远虑的眼光，并且与博因维尔不同的是，他在与日本学生接触时，会带着几分敬意。其源自伦敦的南肯辛顿美术学校（现皇家艺术学院）以及伦敦大学的丰富学识涵盖了建筑论以及从历史到构造等建筑学的各种体系。举例来说，从建筑论的"建筑表现与国民性的

图6-4 乔赛亚·康德

关系"，构造学的"能够支撑某个重量的钢铁骨架的剖面大小"，历史类的"法国哥特式和英国哥特式建筑有何不同"等在现今依然能够适用于研究所考试的题目来看，其程度之高可见一斑。

从事教育的康德认为，要传达给日本学生最深奥的内容就是建筑的本质。他认为那应当是"美"，并且他认为这种"美"是存在于哥特或古典的历史建筑样式之中的，而能够将这种美在制图板上呈现的人便被称为建筑家。

在欧洲最被重视的样式包括发源自希腊的古典系统和源自中世纪教会的哥特系统两大派系；前者包含罗马、文艺复兴、巴洛克还有帕拉迪奥主义以及新古典主义，后者则包含仿罗马和维多利亚-哥特样式等。他由历史背景开始，将每种风格不同的特征和其所代表的意义，有时在黑板，有时在制图板上巨细无遗地教给学生。从建筑的本质到细部的设计，这一连串的东西首次被教授出来。

在其教导下，从明治十二年（1879）毕业的第一届学生到明治十九年毕业的第八届学生，总计有 21 人从工部大学造家学科毕业，这些人成了日后日本建筑界的基础磐石。而康德也由于这样的一段故事被称为"日本建筑界之父"，在现今由工部大学发展而来的东京大学工学部建筑系的前庭，仍立有其铜像。

作品经历

不只在教育方面，康德也背负着取代博因维尔和卡佩莱蒂，设计代表明治时代国家建筑的重大任务。

来到日本后的十年间，也就是明治十年到明治十九年，康德致力设计政府相关的纪念性建筑的这段时期，被称为"初期康德"。此时的风格分别使用了古典系统和哥特系统，古典系统如皇居山里正殿案（1882）、有栖川宫邸（1884，图 6-5）、鹿鸣馆（1883，图 6-9）等，而哥特系统则包含上野博物馆（1881，图 6-7）、开拓使物产批发所（1881）、法文科大学（1884，图 6-6）等。

从古典系统来看，新巴洛克（山里正殿）、法国文艺复兴（有栖川宫邸）、新文艺复兴（鹿鸣馆）等使用了各种样式，且虽然彼此间浓淡有别但可观察到皆受法国影响。恐怕康德是认为宫廷关系与对外的设施——鹿鸣馆用法国风格较为适合吧。因为在当时的欧洲世界里，法国古典主义正是被认为与宫廷建筑及国际舞台设施十分适合的建筑样式。但是，这样的法国风格的古典系统建筑作品虽然比起之前博因维尔的设计较好，但就康德的作品来说的话，其实并不能让人感受到其创造力，不禁给人较为平常的印象。

康德初期的重心是较倾向于哥特系统的。哥特系统的作品与

图 6-5 有栖川宫邸（1884，康德设计）

图 6-6 法文科大学（1884，康德设计）

图 6-7 上野博物馆（1881，康德设计）

图 6-8 上野博物馆印度-伊斯兰样式的正面图

总是以白色调为主的古典系统相比，多注入了红色砖瓦的鲜艳色彩的表现力，形状也有所不同。举例来说，法文科大学便是依照教科书上的英国哥特复兴样式设计而成，初期代表作——开拓使物产批发所和上野博物馆，这两件作品也都使用了即使伦敦的建筑家看了也会瞠目结舌的少有的表现样式。

开拓使物产批发所采用源自水都威尼斯的威尼斯哥特样式，外墙的拱圈红白斑纹混合，中间则点缀上花卉的形状。建筑内部则是在威尼斯的风格中混入法国和日本风格，用红、青、黄、紫等颜色点缀其中。上野博物馆（图 6-7、6-8）则采用印度-伊斯兰样式，例如拱圈的红白混合斑纹或独特的曲线源自伊斯兰教，二楼阳台的柱子和花卉形状的拱圈组合则是印度玛哈拉札（Maharaja）王族之家的特殊形式。正面左右两边的帽子状且有着屋檐的塔也正是印度-伊斯兰样式象征的做法。印度-伊斯兰样式虽然也有这样的做法，但由红色砖瓦作为基础的情形可以知道，整体上，它大部分是被包含在维多利亚-哥特样式之内。维多利亚-哥特样式是混合了在东方贸易中繁盛的威尼斯以及伊斯兰色彩等印度或东方的情趣。

从依据教科书般的设计到纳入东方情趣的设计之间有着广大的范围，但初期康德的哥特系统建筑仍被纳入了维多利亚-哥特样式的范围之内。由于这些作品的出现，原本恩德森的朴素设计的维多利亚-哥特样式终于被康德的作品取而代之，成了真正色彩鲜明而热闹的维多利亚-哥特样式。与博因维尔完成的工部大学校讲堂（图 6-3）并列，自此，正统的欧洲古典系统和哥特系统终于在日本齐备了。

但仍然有一个谜题未解。为什么康德在来到日本后第一次在众人面前展示的作品，会带有威尼斯和伊斯兰的风格呢？依照维多利亚-哥特样式的外形不能实践他的设计吗？

这并非糊涂或疏忽的做法，只要看看鹿鸣馆（图 6-9）或许就能明白。明治时代的文化史中最闻名的这栋建筑，有着加入了法国风的新文艺复兴的样式基础，但是站在玄关前仰望，最先映入眼帘的阳台的柱子上端，不知为何装饰着茂盛的椰子树叶。再注意看的话，柱子的形状是如同上野博物馆那样的扭曲状，扶手栏杆上则有伊斯兰风的花纹刻画在边缘。由用椰子树叶当作柱头装饰

图 6-9a 鹿鸣馆（1883，康德设计）

图 6-9b 鹿鸣馆阳台的柱子

在当时的英国被认为是印度的标记这件事来思考的话，鹿鸣馆和上野博物馆是同类的印度-伊斯兰样式设计。

为什么年轻的康德会在为了展示日本传统美术而建造的上野博物馆，和展示日本欧化象征的鹿鸣馆里注入印度-伊斯兰样式这样奇妙的风格呢？初期的康德之谜真的很深奥。来到日本之后一直为了工部省大学的教育和政府相关建设的设计奔走工作的康德，在明治十七年（1884）有了新的转机。在这一年之前，康德初期的主要作品已经全部完成，担任工部大学的教授工作也已经任期期满，并将之后的工作让给接替他第一把交椅的弟子辰野金吾接手。身为政府御聘的外国人，满足了政府期待的教育工作以及建筑实务工作，责任终于告一段落。

他当然也想过和其他工部大学的同事一样，将对日本近代史竭尽心力所得到的荣誉和许多钱财当作土产带回到英国。如果回去的话，便能像其他同事一样成为一流的学者，并且足以成为代表伦敦的设计者，但是他放弃了。

从决定定居在日本的明治二十年开始到埋葬在日本土地的大正九年（1920）为止，康德后半生的作品风格可以分为中期（1887—1901）和后期（1902—1920）两个部分。

辞去了政府御聘外国人的工作之后，康德在银座开了设计事务所，中期的康德作品就此展开。虽然政府机关相关工作减少了，但是来自留日的欧美人士和岩崎家的委托业务填补了空缺。其中最重要的是三菱财阀的岩崎一家成了他的后盾庇护地，不断给他设计宅邸或大楼等工作的机会。恐怕可以说，在他决心开设计事务所后无疑一直都受到岩崎家的支援。

中期的工作种类十分多样化，包括各国大使馆，日本东正教

图 6-10 三菱一号馆（1894，康德设计）

图 6-11 岩崎家深川别邸（1888，康德设计）

会复活大圣堂（1891）等基督教相关建筑，以三菱一号馆（1894，图 6-10）为首的丸之内办公大楼群，岩崎家深川别邸（1888，图 6-11）、岩崎久弥邸（1896，图 6-12）等的宅邸。延续着初期对当时的社会相当大的影响力，日本东正教会复活大圣堂是明治时期的东京地标，而身为日本国最初之办公大楼的三菱一号馆的建造，则宣告新的工商社会终于到来。

样式与初期相比则有所改变，哥特色彩显著淡化，取而代之的是折中系统的初登场。由于古典系统仍然持续流行，所以作品风格便由初期的哥特加上古典的体制，走向折中加上古典的体制，向古典靠拢。

在中期第一次出现的折中系统里，由于几乎都是代表作（岩崎家深川别邸、同骏河合邸、岩崎久弥邸、三菱一号馆），由此可以知道康德在这个时期的心力朝向折中系统。例如说如果观望岩崎久弥邸的话，庭院侧边阳台的柱体上有着十分稀有的腰带状装饰，玄关侧面壁面的附柱上则是有如重叠积木箱般的奇异形状，另外随处可见探出头的唐草状的装饰则是呈现出有如小龙缠绕的少见模样（称为 Strap Work）的设计。无论何者都是英国詹姆士一世式（Jacobean Style）的形式特征。

16 世纪中叶开始到 17 世纪间的伊丽莎白女王时代，在传统的哥特样式和来自意大利崭新的文艺复兴样式之间诞生的是伊丽莎白式和詹姆士一世式两兄弟，都是擅长折中的样式。康德的作品便成了这样的复兴版。

到上述的中期为止，康德都站在日本近代建筑史的前线。但进入晚期之后，无论对社会的影响力还是样式的先驱性都逐渐消失。从银座移居到麻布的御宅邸町隐居后成了宅邸设计者，在山手的高台或箱根的深林等不为人知之地，为以岩崎为首的在财政界具有影响力的财阀，诸如三井、岛津、松方等设计本邸或别邸。样式则多为已经存在的样式，如哥特系统有都铎式（Tudor Style）、城郭式、苏格兰哥特式（Scottish Gothic Style）；折中系统则是伊丽莎白式和詹姆士一世式；古典系统则为混合巴洛克的文艺复兴，依据时间和场合替换表现，终于诞生了综合新艺术运动细部设计的宅邸。

由以上可知，康德初期的风格是以维多利亚-哥特样式为主、古典样式为从，接着是詹姆士一世式的复兴样式和新文艺复兴样式并存的中期，最后则是应有尽有的晚期的推移过程。康德作品的定位，可以说是伴随着同时期在英国发展的英国维多利亚时代的风格样式的变迁。

作为宅邸创作者

风格虽然时常改变，但以作品而言，宅邸总能维持高水平，而这个部分也无疑正是建筑家康德整个生涯一贯的重点。如果由他来到日本之前，曾在代表英国建筑界的约翰·索恩（John Soane）奖中以宅邸设计案得奖这件事来看的话，他的代表作似乎可以说是以宅邸开始也以宅邸结束。

他来到日本的原因是为了建设明治新政府的建筑，而他在作为设计者方面的资质，在国家的风格的呈现方面并非不合适，不如说他是由大建筑到小建筑，或由国家的到私人的建筑都会尽全力发挥的那种类型的人物。并且他个人对于权力也毫无野心，比起所谓的艺术或展示在美术馆之类的大型艺术，他更在意的是日常生活周遭的一些生活美感或艺术活动。比起设计宫殿、迎宾馆或高楼，他更是适合以住宅为主要对象的设计者。晚期作为宅邸设计者的时候，虽然呈现一种被建筑界或人世间遗忘的状态，但对于他本人而言却无疑是能够安静地回归自我的一段幸福时期。

康德的宅邸对于日本近代住宅的进步有着相当大的影响力。在这之前，西洋风的住宅多是给港口的外国商人或政府御聘外国人使用，不过那也仅是木造而简便的殖民样式而已。像西乡从道邸（图1-8）一般由日本人自己尝试建造居住的例子虽然也有，但因为是将大型和馆的一部分和用来接待客人用的小型洋馆合并而成，所以也属于简便的殖民样式类型。在康德赴日之前，其实并没有所谓正统的洋式住宅。

由于初期康德的有栖川宫邸（1884，图6-5）和北白川宫邸的建造，日本开始有了真正的欧式住宅和欧式居住方式；之后，洋式住宅又因中期的岩崎家深川别邸和岩崎久弥邸的建造而显得更加充实，亦因晚期的许多作品而更加扩展。虽然说仅是日本社会的一小部分，但是对于洋式生活这样的事情其实最初是在这里扎根的。

一起来看看现存最古老的岩崎久弥邸（1896，图6-12）。

房屋整体的构成（图6-13）最先给人的感觉是它与江户的大名宅邸类似，南侧有宽广的庭园，面对庭园的大平房的和馆呈现雁群的形状展开。在这样传统构成的和馆的基础上，在大门附近的转角处设置与和馆相接的二层楼建的洋馆。

和馆与洋馆并置所构成的这种建筑被称为"和洋并置式宅邸"，我们由平面图（图6-14）来看看实际上岩崎久弥一家是如何在其中生活的。

首先和馆按用途来区分共划分为三个部分。玄关附近建造的

图 6-12a 岩崎久弥邸洋馆（1896，康德设计）

图 6-12b 台球室

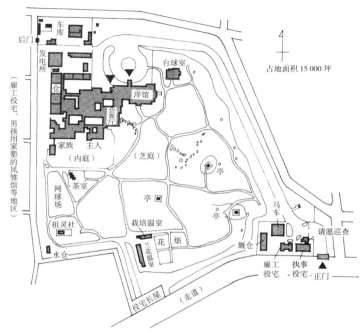

图 6-13 岩崎久弥邸配置图

最为气派，用桥本雅邦的画作为装饰的会客厅是用来接待宾客的华丽场所，只在该家族婚丧喜庆的时候被使用。会客厅深处开始展开的是平时日常生活的地方，共分为南北两侧。南侧以主人房为首、妇人房和儿童房排列一起面对南面庭园，其中特别加强了长男房的独立性。北侧则是女佣房、厨房、办事者聚集所、仓库等后备设施。不论是配置的方法，还是在会客厅内豪华的"书院造"装潢做法，都继承了江户大名的宅邸与其生活的方式。

话说回来，洋馆又是如何被使用的呢？其实平日使用洋馆的只有主人岩崎久弥而已。虽然基本上生活起居都是在和馆，但如果是在家的日子，早晨起床便会到洋馆的书斋写写信或看看喜欢的

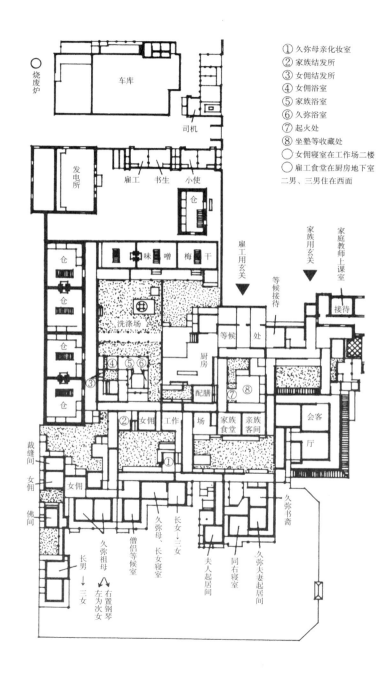

① 久弥母亲化妆室
② 家族结发所
③ 女佣结发所
④ 女佣浴室
⑤ 家族浴室
⑥ 久弥浴室
⑦ 起火处
⑧ 坐垫等收藏处
◯ 女佣寝室在工作场二楼
◯ 雇工食堂在厨房地下室
二男、三男住在西面

烧废炉

车库

司机

发电所

雇工　书生　小使

仓

味　噌　梅　干

雇工用玄关

家族用玄关

家庭教师上课室

等候接待

接待

洗涤场

等候　处

厨房

配膳

场

家族食堂　亲族客间

会客厅

女佣　工作

仓

仓

仓

仓

③

④ ⑤ ⑥

② 女佣

①

⑦ ⑧

裁缝间

女佣

佛间

女佣

长男↓三女

久弥祖母

右置钢琴
左为次女

僧侣等候室

久弥母、长女寝室

长女↓三女

夫人起居间

同右寝室

久弥夫妻起居间

久弥书斋

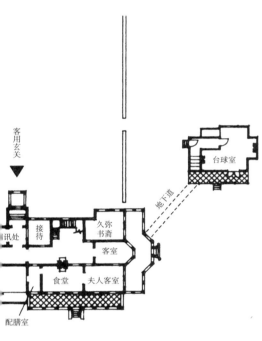

图 6-14 岩崎久弥邸平面图（大正初期用途）

客用玄关 ▼

台球室

地下道

通讯处 | 接待 | 久弥书斋

客室

食堂 | 夫人客室

配膳室

人员一览（大正初期）

（a）家族：7人（久弥母喜势、久弥、夫人宁子、
　　长男彦弥太、长女美喜、次女澄子、三女绫子）

（b）事务方面雇工：5名（通勤）（执事1名，
　　其他4名）

（c）现场作业雇工：27名（住宿或通勤）（厨师2名、
　　料理人1名、司机3名、书童3名、电气技
　　师兼锅炉维修师2名、清洁人员2名、跑腿2名、
　　庭园师3名、盆栽师2名、园丁7名）

（d）女佣：16名（住宿）（女佣头1名、主人帮
　　佣1名、夫人帮佣1名、子女帮佣数名、厨
　　房3名、洗碗数名、裁缝2名、其他）

（a）+（b）+（c）+（d）=55名

上记人员通勤者亦住宿在隔邻宅邸的雇工宿舍。

林学、畜牧相关的洋书，或者招待自己的亲友。久弥日常进出并不使用洋馆的玄关，而是使用和馆的小玄关。一家人只有在家族的恳亲会或迎接贵宾的派对等一年数次的盛会使用洋馆的玄关。

洋馆的隔间有地下的厨房，一楼的餐厅、客室、妇人客室、书斋、事务用客厅以及"分离"的台球场，二楼为家族用寝室。如此各房间的构成承袭了维多利亚时代的乡间别墅（County House，领主之馆）的做法。

在英国的话，晚餐时主人会牵起客人中最高贵的妇人的手，其他的绅士淑女也一起手牵手经过走廊由会客室往餐厅移动。在吃饭时会谨慎地交谈，吃完饭后淑女们会退到妇人客室，绅士则留在餐厅或一起去书斋愉快地聊一些话题，或是在台球室开心地玩游戏。这种维多利亚时代喜欢夸张的社交礼仪，对于男女关系过度在意的情形并非完全重现在这日本的洋馆里面。岩崎邸的洋馆虽然采用乡间别墅的形式，但全部用来作为接待宾客之用。

关于明治的和洋并置式宅邸，虽然将和馆与洋馆以日常用（简朴）与接待宾客用（华丽）区分会比较容易理解，但准确来说，应当是在和馆的待客部分（会客厅）之前又另加了一个洋馆的更大型的待客空间。对于明治的显贵绅士来说，洋馆其实是新时代的"书院造"，一种新型的大会客厅。这种洋馆虽是先从西乡从道邸等开始萌芽，但可以说是因康德的正统洋馆的建造后才被追认确立的。

关于使用方法，还有一个日本的独特现象发生，那就是进入洋馆时必须脱鞋。洋馆本来也可以穿着鞋子进入的，但在岩崎邸实际上又是什么样的情形呢？只有包含久弥在内的家族或日本人在使用时，会在玄关脱鞋并且换上拖鞋，在洋馆吃完饭之后往和馆移动时，和洋馆边界的地方便到处散乱着拖鞋，十分糟糕。但在招待外国人的洋馆派对时，日本人也会像外国人一样穿着鞋子。

在岩崎久弥邸所见之康德的洋馆使用方法，成了日后大宅邸的模板，其影响也持续了很长一段时间。

另外，康德最初宅邸作品中的有栖川宫邸则和岩崎邸不同，并非和洋并置形式，而是纯粹洋风，也开始使用桌子、椅子。当时，因为天皇家与许多贵族家流行不坐榻榻米而开始坐在椅子上，所以在日本只有宫廷开始转变为纯洋式的生活。

岩崎久弥邸洋馆（图 6-12）有一个面对着庭院扩展出去的阳台。如前所述，阳台是在南方殖民地发展起来的殖民风格的设计手法，真正的乡间别墅中其实并没有。日本的阳台殖民样式住宅虽然都做阳台，但是因为它使得冬天的阳光无法照射室内因此逐渐被摒弃了。而一些正式的洋式宅邸，除了少数康德的弟子，都不再使用阳台。但是康德在作为宅邸创作者的生涯中，不只是对岩崎久弥邸，包括从第一件作品有栖川宫、北白川宫两宫邸（1884）开始，到最终作品的成濑邸（1919）都一直非常喜爱使用阳台。这应当是在实用性以外，他对阳台另有特殊的喜好吧。

岩崎久弥邸还有另一个康德的特征。那就是如同平面图所具有的台球室被配置在同洋馆有些许距离的地方。像台球室这样重要的空间被配置在本馆以外，实在是不太像真正的乡村别墅，究竟为什么会尝试这样奇妙的配置方法呢？

线索在于台球室的设计图（图 6-12b），与洋馆本体的詹姆士一世式不同，它是瑞士的山上小屋风格的木造建筑。像日本古代"校仓造"的壁面、雕刻的柱子、屋檐突出较深的大屋顶等，虽说都是属于木造哥特系统的山上小屋的风格，却又重视木材的自然感，强调轻松而富于变化的设计，这点与日本的茶室非常相近。在用途上茶室也和台球室类似。因为明治时期的茶道是属于男性的东西，在由书院造的格式建造的"座敷"吃完饭之后，移动到茶室，焕然一新的气氛使大家一起沉浸在喝茶的快乐之中。而维多利亚时代的台球室也一样，在设计厚重的餐厅遵循饭桌礼仪享用晚餐后，绅士们一起到台球室享受游戏的乐趣。

想想这样的事情，再看看房子全体配置的话，就会发现和馆的会客厅和洋馆的台球室是以雁行形式逐步错开配置，从会客厅看台球室的话会觉得它是位于距离很远的一个小地方。很明显和日本传统宅邸的房间配置有着重复之处。在和风宅邸的传统配置中，"真""行""草"的配置极受重视。颇具规模的会客厅是属于"真"的做法，也就是书院造；而平常的起居间是属于"行"的做法，也就是数寄屋造；另外一些娱乐性质的场所则属于"草"的做法，如茶室等；皆依照使用性质来做区分。真——书院造、行——数寄屋造、草——茶室，这样的关系可以在岩崎久弥邸的会客厅、洋馆、台球室的配置中被感觉到。会客厅是书院造，台球室则是山上小屋风格的洋风茶室。如此，接下来的问题就是洋馆的风格中"行"的部分是否有被运用到呢？如前所述，洋馆是古典主义和哥特主义中间的詹姆士一世式，若格式化的古典样式比为"真"，自由化的哥特式比为"草"的话，那么两者的中间部分便应当是"行"的设计了。

康德在岩崎久弥邸中在洋风的部分将日本传统的真、行、草的雁行配置融入其中，可以说是尝试了谁都没有使用过的技巧。

能了解这点的话，阳台和庭院的配置方法便会正式地受到注目。会客厅有外廊空间"缘侧"，洋馆和台球室有阳台配置，站在庭院看的话，会发现会客厅外廊檐下所产生的阴影在面对着庭院呈现锯齿状的同时，另一边朝洋馆的阳台和台球室的阳台延伸下去，使得在本质上对立的和馆与洋馆的设计借着檐下的阴影而横向相连。

庭园方面虽然是日本庭园没错，但使用的是在明治时代形成的被称为"芝庭"的形式，以种植草皮取代池塘的洋风化做法，与洋馆之间有着亲密的关系。

从建造庭园开始，庭园和建筑的关系、建筑物的配置到各个地方的设计，皆尝试着填补和风与洋风之间那条鸿沟的手法。

乔赛亚·康德之谜

以上，追溯康德的生涯可将之分为三个时期，虽然前面关于宅邸的论述很多，但是其中还是有许多的谜题未解：为何来到日本后会使用印度-伊斯兰样式的奇妙风格？穷其一生拘泥于阳台又是为什么？在岩崎久弥邸中尝试真、行、草的理由何在？之后，为何不回国而埋葬在日本的土地上？

解开此谜题的关键，就隐藏在他来日之前那段被孕育成为建筑家时期的背景之中。

康德1852年出生，是伦敦银行员之子，在艺术气息浓厚的家庭成长的他决心往建筑家的道路迈进，进入南肯辛顿美术学校与伦敦大学学习。他的设计实务则是跟随在伦敦大学担任教授的叔父的罗杰·史密斯（Roger Smith）及威廉·伯吉斯（William Burges）习得的，彩绘玻璃的制作技术是从在伯吉斯事务所负责室内装修的画家沃尔特·隆斯达尔（Walter Lonsdale）之处习得的。在史密斯与伯吉斯之处学习建筑知识这件事，在当时的英国建筑界就等同投身于一个潮流，而伯吉斯对此事有着决定性影响。

伯吉斯是维多利亚-哥特样式最盛时期的代表建筑家，拥有其他代表建筑家所没有的独特倾向。他在丰富的色彩变化之中加入了维多利亚兴盛期的风格，善于使用精致画般的装饰，利用图像衍生出的幻想性和故事性，有时也喜欢使用妖媚的视觉表现形式。维多利亚-哥特样式是从对中世纪基督教世界的单纯向往转化为精神支柱开始的，但比起宗教性或伦理性，他更重视的是中世纪的造型和纯美术方面的领域，这样沉溺在美之中的他对于中世纪的兴趣跨越了基督教的范畴，因而对东方的其他文化产生了好奇心，包括对土耳其、印度、中国、日本等国家的兴趣。他的周围聚集了沉浸于日本美术的威廉·戈德温（William Godwin）等人，组成了维多利亚设计界中表现东方风格和日本风格的前卫团体。青年康德也投身其中，"喜欢日本画，平常最爱相阿弥画的白鹭，探幽笔下的雨中白鹭，收集其他各种古画，闲暇的时候看看这些就能很开心地过日子"就是他的真实写照。

说到东方的事情，其实罗杰·史密斯也不差。他对印度极度关心，甚至在那样炎热的印度建立了一栋欧洲建筑。比起地中海方面，他受到南方及东方的影响更深，他主张建造阳台，并且主张在孟买美术学校的设计中尝试威尼斯哥特的样式。从时间来看，康德有可能接触过这个方案。

康德的老师，一人对印度、中国、日本等伸出了兴趣之手，另一人则为印度通，因此，在该处学习的多愁善感的青年康德会对着遥远的异国日本跳过去，也并非不可思议的事情。康德会来到日本不仅因为明治政府的招聘，还因为他自身对于东方还有日本的艺术文化有很强的憧憬。

如此对东方的憧憬成为解开前述谜团的钥匙。

康德来日初期建造的上野博物馆和鹿鸣馆为什么采用阿拉伯之夜或印度魔术团中可见到的印度-伊斯兰样式？对东方文化怀抱兴趣的康德认为，在日本建造的西洋馆，若采用能够联结日本和西洋的风格会比较合适。为了试图追寻能填埋欧亚大陆、东西两方鸿沟的建筑风格，他注意到了地理位置位于中央的印度-伊斯兰样式。在开拓使物产批发所尝试威尼斯哥特的设计，或许是为了实现史密斯未完成的孟买美术学校所做出的尝试吧。

但是，来到日本之初的这个奇妙的尝试，经过与日本传统建筑研究对照之后，康德发现此路径不通，故放弃了。

岩崎久弥邸中高度的和洋折中是填补和洋之间鸿沟的最后方法，但是这样的方法并没有发挥充分的效果，最后康德放弃联结和洋的努力，改做纯洋式的宅邸。但是其中只有一个残存下来的部分——阳台，不仅因为阳台的东方性格并未与洋风对立，还因为难以舍弃其阴影所塑造出的深层意味。因为来日之前便开始向往东方文化，结果最后他在御聘外国人的任期结束后并没有归国，而是选择留在日本这片土地上。

比起英国，他更喜欢日本的美。如果像其他多数爱好日本美术的外国人一般，只将日本画或佛像的美当作欣赏对象的话，或许就会把在日本收集的美术品带回伦敦，成为日本美术收藏家而已，但他却被日本美术是活在每个日本人的日常生活中这件事所感动。所以，比起佛像或学术性的日本画他更喜欢市街绘师的画风，进而成为有幕府末期、明治时期"北斋"之称的河锅晓斋的弟子，并得到了晓英这个日本名字，习得正式的日本绘画，之后又留下了插花和有关庭园的古典名作，并且每年一次在自家住宅上演素人歌舞伎，甚至之后娶了来自家住宅彩排表演舞蹈的花柳流派的师匠为妻。

伯吉斯或维多利亚时代的哥特主义者们发现了中世纪的价值，并且尝试复苏中世纪的其中一个理由是，中世纪就像近代一样，也是艺术家与工作者、眼睛与手、艺术作品与实用品等一体成形的时代，那时艺术与实用在生活中一并产生。也因为对于两者一体性的憧憬，伯吉斯等人在桌子上或墙壁上得到乐趣，康德则选择也活在这样的乐趣当中。

如同前面所述，康德作为老师在接触学生的时候和博因维尔不同，对于日本人总带着类似敬意般的感情，这也被评论为有用的教育功效。这种敬意不只是针对明治的新时代，无疑也是对江户时代所残存下来的传统所献上的一份敬意。只要是关于建筑这方面，明治时代的日本，都可以说是与江户时代的传统交替而成为近代日本的一个时期。

如此的康德隐身在日本美的花园之中，过着有如伯吉斯遗留下的哥特主义者的美丽生涯，但是，身为设计者，康德并未贯彻哥特这条道路。来到日本后虽然很早就尝试了哥特的路线，但从初期到中期则将重心往古典主义方面移动，到了晚期则就此扩散。

他作为建筑家活着的19世纪后半期，同时是特定建筑样式长期存在的一个年代，也就是历史主义的最后时期，进入20世纪后，历史样式开始被否定，而在这样最后的舞台上活跃的建筑家分为三种。第一种为专门探寻取代历史主义的新空间构成原理的方向；第二种为追寻随着时间改变的一个历史样式；最后第三种则是同时选定好几种历史样式，并依照用途或喜好游走于历史样式的森林之中。

第三种的方向称为选择折中主义（Eclecticism），康德从维多利亚-哥特样式开始，在样式的森林之中来回游走至终。

三、赫尔曼·恩德与威廉·伯克曼的介入

政治的问题

以康德作为最后的招聘人员，政府御聘外国人的时代应该是结束了。委托康德建造装饰国家门面的建筑也好，在教育体制的就绪之下，康德的弟子也一个个独立了。但是，过剩的政治欲望，

又将新的外国籍建筑家召集到东京。

委托康德所建造的鹿鸣馆，在鹿鸣馆时代扮演"成功"角色的井上馨外务卿，为了支援修订不平等条约的对外交涉，与三岛通庸警视总监合作，着手进行将东京市街鹿鸣馆化的《官厅集中计划》（1886）。

银座砖造计划的催生者井上馨以及拥有完成山形县厅前的拟洋风街道实绩的三岛通庸，这两个人对于建筑在世间所带来的政治效果十分了解。建筑具有即使不想看也会看得到的特性，相对于绘画和文学那种深沉复杂而无法被宣扬的性质，建筑取而代之的是"新的"以及"强劲的"这类单纯可广泛流传讯息的最佳表现方式。在单纯讯息的特性之下，建筑和政治结合了。

最初，井上将鹿鸣馆的设计指定交给康德，最后拿到的图纸是有如大学校园般静谧的设计。对康德死心的井上，向英国皇家建筑家协会要求介绍人才，但是没有得到回复。也许是因为当时担任皇家建筑家协会事务局局长的威廉·H. 怀特是日本政府五年前解聘的博因维尔的老师，也许因日本政府对自己协会的两个会员（康德与博因维尔）未予重用，因而对日本政府产生不信任感也说不定。

没有办法的井上，转而与刚在普法战争中获得胜利而意气风发的新兴德国进行交涉，幸运的是，恩德（图6-16）与伯克曼（图6-15）两人接受了邀约。这两个人是当时代表德国建筑界的实力派人物，在柏林共同开设了恩德与伯克曼事务所。此事务所进行了大量的设计活动，不断扩张，同时指导俾斯麦内阁的建筑事业，领导教育及新闻事业。相较之下以在欧洲的实绩为立足点，连一点实际作品也没有就到日本发展的康德与博因维尔，

图6-15 威廉·伯克曼　　图6-16 赫尔曼·恩德

只能说与他们有着云泥般的差别。尽管如此，有实力的人在最初也是以事业繁忙为由拒绝了邀约，最后是日本方面的热诚打动了他们，"并不是为了赚取金钱的欲望，而是为了向其他国家宣扬德国的建筑法则，……留下能够德泽其国的事物，不在意自身名誉，只为了德国的声誉而奋发。"恩德终于承诺到日本来。

明治十九年（1886），由"德国的名誉"和日本的对外意识架起了欧洲及东洋两个新兴国家之间的桥梁，透过这个桥梁，在恩德与伯克曼之后，有柏林都市计划之父称号的詹姆斯·霍布雷希特（James Hobrecht）、往后在世界近代建筑史上留名而在当时年轻的赫尔曼·慕特修斯（Hermann Muthesius）、最后在日本定居的理查德·西尔（Richard Seel）、红砖制造的卡洛斯·齐泽（Carlos Ziese）技师、水泥制造的布里德雷普博士等十二名来自德国的人士到东京来。另一方面，日本为了学会德国建筑，自妻木赖黄、渡边让、河合浩藏这三名建筑师以后，木匠、泥水匠、石匠、屋顶工匠、造砖匠、油漆匠、钣金师、雕刻师、彩绘玻璃匠、水泥技师等总计二十名各种领域的人才被派遣前往柏林。明治政府这种不论何领域皆向海外招募、派遣人才的计划是史无前例的。由此可见政府是认真地想把东京建造成有如巴黎一般的都市。

到达日本的恩德与伯克曼登上了东京的山丘眺望下町 [1]，也从下町的望楼眺望山丘，确认了整体的景观之后，从筑地本愿寺的位置向霞关之丘的方向拉一条线，以这条线作为在心中描绘未来东京鸟瞰景观的中心轴，而拟定《官厅集中计划》伯克曼案（1886，图 6-17）。

中心轴的右手边是"天皇大道"，左手边是"皇后大道"，向着内幸町遗迹的位置会合，会合后叫作"日本大道"，日本大道向着霞关的方向前进，到了山丘上又分成两边，右边往前进是新宫殿，登上左边的山丘可以到达国会，然后从国会沿着"欧洲大道"往下走就可以到达滨离宫。天皇跟皇后两条大道与中央车站所围成的三角地有一个圆形的"日本广场"的设计，"日本大道"左右两侧是世界博览会的展览会场，在这纵横交错大道的重要位置上，配置了新建的国会议事堂和裁判所、各种官厅与旅馆等设施。

天皇和皇后两大道合体形成日本大道，在万国间前进的日本大道，然后是以欧洲和国会为名的大道，这些道路有如巴黎市街般纵、横、斜地将旧时的街道纹理践踏而过，形成了完全将明治新政府的意志描绘出来的东京改造计划。这个伯克曼的"为了天皇陛下而预先完成的首都计划图"，在宫中由井上馨与伯克曼一同献给明治天皇（1886），就像巴黎改造计划时的巴黎奥斯曼市长向拿破仑三世献上计划。

但是，计划开始的翌年（1887），以井上外务大臣为全权代表的修订不平等条约交涉在多次往返后还是决裂。打算将首都如鹿鸣馆那样进行欧化的政治意图最后脆弱地失败了。井上的失势，

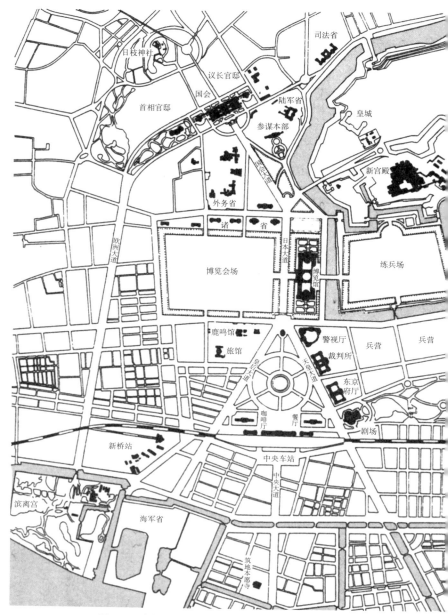

图 6-17 《官厅集中计划》伯克曼案（1886）

让壮丽的鸟瞰图有如白日梦般地消失了。因政治而开始的计划最终也因为政治的关系而终结。

《官厅集中计划》的都市计划如梦般结束了，但仍然残留了建筑的成果，如临时议院（1890）、司法省（1895）、裁判所（1896，图6-18）的实现。仅仅这三栋建筑，仍然展现了当时洋风建筑的宽广与高大，这种充满何等威风感的德国样式，让看惯英国式建筑的日本人十分惊奇。

德国建筑的表现与技术

先不论木造的临时议院，以正式的德国式建筑完成的裁判所与司法省之中，司法省的三层构造——第一层为坚固的基坛风格，第二层大且华丽，第三层小且质朴，以及裁判所像是托斯卡纳式的圆柱、充满力量的圆拱门等属于古典系统。但是与之前的博因维尔的工部大学校讲堂以及康德的有栖川宫邸相比，德国式建筑给人的印象相当不同。最大的不同在于屋顶，之前的古典系统是让人窥视穹隆以及尽量不让人看到屋顶。然而司法省有非常倾斜的大屋顶及被夸示的孟莎式屋顶（腰折的屋顶），裁判所也有孟莎式屋顶及有如光头和尚般的反曲弧形构成的结实圆顶，此圆顶吸引了人们的目光。

由于是古典系统的正统作品，会看见红砖出现也属十分特别，古典系统是白色的石头，哥特系统是红砖，这是从19世纪以来一直约定俗成的规定，本来必须用石头或灰泥（使用西洋白灰涂壁）发出白色的光辉才行。

虽为古典系统却喜好来自草生茂密的哥特时代以来的大屋顶和红砖是德国所特有的，这是德国的新文艺复兴样式。

恩德与伯克曼来到日本的 1890 年前后，柏林的德国文艺复兴再次活跃（新文艺复兴时期）的最兴盛时期已经过了，差不多是巴洛克风格的抬头与再活跃的时期（新巴洛克时期），裁判所跟司法省受到德国风格的新文艺复兴的影响。但是，并非纯粹的德国新文艺复兴，司法省的样式（两层楼高的柱列）以及司法省、裁判所的中央放置了大的量体[1]并且向左右翼延伸，有如大鹏鸟般的整体构成是新巴洛克化的明显特征，亦考虑了是否能够更威风。

德国黑土的韵味塑造了抢眼的屋顶以及红砖墙，巴洛克化使其壮大，但是达不到法国的新巴洛克风格那样华丽，把乡村的味道与装模作样的粗壮骨架留下来。在其面前仰望，虽不能否定其艰苦平实的感觉，但要装饰明治时期的日本还是以此德国风格最为合适。

裁判所仅就外观所见，是被德国式的风格统一；中央大厅的天井宛如日光东照宫充满日式热闹的木头组合饰物。这并非意外的表现，因为从里到外一切都是按照这种样式来执行计划的。

最初来到日本的伯克曼所拟定的《官厅集中计划》之中，国会是新巴洛克，裁判所跟司法省如上所述介于新文艺复兴与新巴洛克之间，被限制为纯洋式房屋。恩德到达日本时，到日光、奈良和京都巡视，结果产生了不变动德国建筑的骨骼、只将表面的意象与和式风格协调统一的方案。将实现的东西（图 6-18）与和风案（图 6-19）相比简直跟戏法一样，有如将"皮"替换掉一般的鲜明惊人。康德弟子中的日本籍建筑师们提出的方案有如粗枝大叶的高傲外国女性穿上和服一般，受到"和风三分洋风七分的

---

1 量体：去掉建筑的装饰、细节，将建筑物以体块的方式呈现，称为量体。——编者注

图 6-18 裁判所（1896，恩德与伯克曼设计）

奇景"这种嘲弄，恩德则是到日本的古刹名寺去参访并大为感动，最终将日本的原味忠实呈现。

作为抹平欧洲与日本传统之间的鸿沟所做的尝试，康德以地理的中间点选了印度-伊斯兰样式，接着和洋折中的方法就出现了。这个方法比康德的地理选择说更易理解，之前已在莱斯卡斯的开成学校案就采用了（1875）。恩德与伯克曼之后也用，德国人铁路技师弗朗兹·巴尔扎的东京车站案（1903 年之前）、纽约的一流建筑师拉尔夫·亚当斯·克拉姆（Ralph Adams Cram）的国会议事堂案（1898）等一直持续下来。身为外国建筑师所尝试的这种日本趣味，当然无法将日本和欧洲之间的鸿沟填平，到头来只是成为"和三洋七"的奇景，说恩德的提案是其中最好的奇景也不为过。

恩德与伯克曼在日本所遗留的东西，除了以上的德式建筑外还有一样，那就是技术传承。

图 6-19 裁判所和风案（1887）

在冒险技师的时代，红砖、石头、铁这些新建造原料导入之后，下一时期超越康德的样式表现开始开花结果，但是对于技术层面并没有很大的改良。伯克曼到日本时，对于砖、石、水泥等材料的生产以及施工技术做了详细的实地调查，做出了有必要进行改良的认定，即刻向日本政府提出改善对策并转为实际行动。首先针对材料生产，从德国将造砖技师卡洛斯·齐泽以及水泥制造技师布里德雷普博士请到日本，布里德雷普博士担任日本水泥公司的指导者，将工程的一部分加入机械化，进而提高产能。水泥的改善告一段落后，当时作为基本建材的砖块的制造便是下一阶段进行大改善的目标。在政府主导下，创立了新日本制砖公司，在齐泽的指导下，引进了德国最先进的机械化系统。沃特斯在银座炼瓦街建设之时所确立的制造过程所制造出来的砖块绝对不是劣质品，但存在着因为人工作业所造成的质量难以掌控、生产数量不足等缺点，这些缺点在机械化之后已被克服。

还有一个大问题，那就是没有室内装潢相关的匠师技术。室内装潢这种微妙的工作需要工匠具有所有的技术经验，是建筑师无法指导的东西，工匠需要自己前往现场，跟随师傅学习技艺。因此恩德与伯克曼开始考虑工匠的留学，但被芬诺洛萨（Fenollosa）反对。芬诺洛萨认为日本的工匠是优秀的，没有特别前往西方的必要。但是这件事最后还是被认可，实现了让泥水匠、油漆匠、装潢师、雕刻师、彩绘玻璃匠等有关室内装潢的工匠前往德国留学。工匠留学后的成果虽然还未十分清楚，但像屋顶工匠留学之后，能制造出台风直接袭击也吹不走的屋顶，另外像彩绘玻璃，在柏林学习的山本辰雄（宇野泽辰雄）在归国之后开始了日本的彩绘玻璃制造。

《官厅集中计划》并非全部都如白日梦一般结束，在建筑方面，"向国外宣扬德国的建筑法"的这部分是成功的。

恩德与伯克曼的赴日效益，简要地说是让御聘建筑家的时代必要地被延长了，当然也留下了撼动人心的三栋建筑。

第七章
日本籍建筑家的诞生
——历史主义的学习

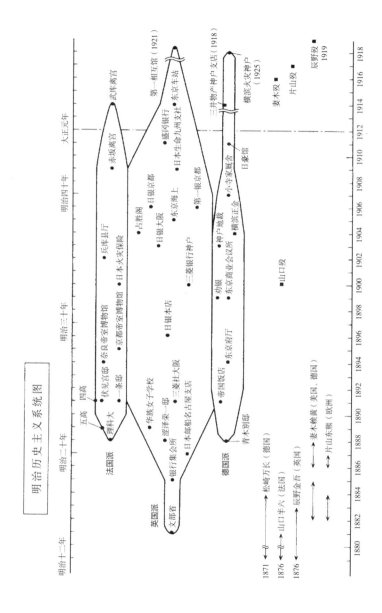

明治历史主义系统图

明治二十三年（1890），恩德与伯克曼的突然撤回，宣告了御聘外国人时代的结束。

而此时，早在数年前毕业于工部大学的学生们已经开始进行自己的设计活动，而且此时的日本作为新兴国家所不可或缺的教育体系也已趋于独立完善。辰野金吾也已取代了康德，就任工部大学教授，具备了培养下一代的能力。然而正当康德的弟子们认为自己终于可以大施才干时，却突然被恩德与伯克曼兴起的"德国热"（出自康德弟子中村达太郎）挡住了自己的光芒。在这股热潮过后，能够使包括政治领袖们在内的所有人，都很清楚地意识到日本籍建筑家时代来临的是，辰野金吾被选为继《官厅集中计划》之后，作为国家型建筑计划一部分的日本银行的设计者（1888）。终于在明治维新后的第二十个年头之后迎来了由日本人自己设计国家纪念性建筑的时代。

由康德培养出来的 21 名工部大学的毕业生，和在欧美学习的 4 名留学生一起，构成了第一代日本籍建筑家，开拓了独立时代。第一代建筑师的作品以明治十四年的文部省（藤本寿吉）为首，明治二十八年左右的东京府厅（妻木赖黄，图 7-17）、京都帝室博物馆（片山东熊，图 7-23）、日本银行本店（辰野金吾，图 7-7）等建筑相继落成，迎来了首次巅峰，之后也一直维持在一个旺盛的态势。赤坂离宫（片山东熊，图 7-24）也是在这期间建成的。直至大正中期，由于这些具有领导地位的建筑师相继过世而宣告了这个时代的结束。与明治同时期的第一代建筑家，他们所肩负的任务就是学习与日本文化、传统毫无渊源的欧洲建筑，如同祖传艺能一般；另外就是使建筑家这个职业，在日本社会落地生根。

一、何谓历史主义

样式和用途

  明治时期日本建筑家们志在学习的 19 世纪欧洲建筑，是站在历史主义的立场，并且以过去的建筑样式为典范的设计。而设计者能够随心所欲地进行设计，是进入 20 世纪之后的事。在这之前建筑家们都是以过去的样式为蓝本进行设计构思，如何在这种框架范围内尽可能地展现出自己的特色，就是建筑家的才华所在。

  欧洲的历史样式之所以具有超越个人创造力的规范性，是因为它和这个国家、地区的文化一起发祥，并经过漫长的历史，不断地演变而来，与同样有着漫长历史的日本寝殿造和书院造的样式和风格截然不同。自古以来日本就有神明造、春日造、唐样、和样、寝殿造、书院造、数寄屋造、城郭、茶室等各种建筑形式，这些形式的建筑都有各自的用途。例如神明造及春日造只用于神社，唐样用于寺庙，而数寄屋仅用于住宅和料亭，而不可能出现春日造的寺院或具茶室风格的城郭。相反，欧洲的样式却超越了建筑物种类的局限，哥特式不仅用于教会也用于城堡或民宅，具有希腊样式的列柱不仅适用于教会也适用于银行。

  欧洲的样式和日本相比具有更强的个性，所以也繁衍出其独特的派性。比方说，维多利亚-哥特样式的建筑家讨厌古典样式派，而古典样式派又拼命排挤哥特式。虽然这样的派性在 19 世纪后期逐渐转弱，但是基本上不会在同一个作品中有几种样式并存的情况发生，也不会存在前半部分是希腊风而后半部分是哥特风的豪宅建筑。但是在日本，绝不会出现专长为书院造的匠师排挤数寄屋，或是不认同神明造的事情。大致都是书院、数寄屋、茶室这三种形式并存，康德在岩崎久弥邸的洋馆部分同时设计安排了英国詹姆士一世式的本馆与瑞士山中小屋风格的台球室，这是沿袭了日本的传统设计。

欧洲样式之强韧性还表现在时间上。希腊、罗马的古典样式经过漫长的中世纪后逐渐被遗忘，然而14、15世纪文艺复兴时期得到复苏。进入19世纪后，又兴起复兴先前各种样式的浪潮，出现各种所谓"某某复兴式"或"新某某样式"的样式。类似这样的复兴能力是日本的"某某造"所不具备的，基本上不太可能发生一度被人们遗忘，又在几百年后复苏的事。因为日本建筑的样式从属于其用途，所以自古流传下来的神明造和春日造，只要神社尚且存在，就可以永远传承下去。而近代的城郭在明治以后，因为逐渐失去其用途所以也就慢慢地消失了。因此可以这样认定，欧洲的建筑是以样式为基础，而日本的建筑则是以用途。

我们在研究日本第一代建筑家努力学习的欧洲建筑时，首先必须知道什么是样式。

欧洲的历史样式主要分为古典样式和哥特样式两大类。

古典样式由象征古希腊神殿的希腊样式发展而来，经过罗马样式，在中世纪基督教时代一度被遗忘，之后作为文艺复兴样式再度复活，最后发展成巴洛克样式。之后在法国又继续发展出了洛可可式、路易十六式、帝政式（希腊复兴式）、第二帝政式（新巴洛克）等，一直延续到19世纪末。而在英国则稍有差异，发展出文艺复兴式（伊丽莎白式、詹姆士一世式）、巴洛克式、帕拉迪奥主义、新古典主义、希腊复兴式、新文艺复兴式等，同样也延续到 19 世纪末。

哥特样式则是从中世纪基督教会的仿罗马样式发展而来，之后在文艺复兴时期，被古典样式取代。特别是在法国就此被古典主义夺去了光芒，从此一蹶不振。但在英国，如同上文谈到康德之处所描述的，在进入 19 世纪中叶后，维多利亚-哥特样式重新展露昔日光芒。

如果这些样式的发展过程为全欧洲所共通的话就比较好理解了，可是事实却并非如此。

首先是时差的问题。比方说源于意大利的文艺复兴，传至阿尔卑斯山北部及多佛尔海峡都需要一定的时间，而且还会与当地的哥特样式混合，形成折中型的伊丽莎白式、詹姆士一世式以及德国的文艺复兴式。而正统的设计规范却是在这之后才会传入。除了有时差，还有在各自的作品中都找不到与对方的共通性的案例，如法国的洛可可样式与英国的维多利亚-哥特样式。

另外无论样式如何变化，始终保持不变的就是那个国家特有的屋顶做法和喜好的建材。例如英国、荷兰及德国通常会使用红砖，而法国、意大利则喜欢用石材。国民性的喜好，最明显的还是反映在屋顶上。例如古典系统中的英国和意大利，不喜欢露出屋顶。而法国及德国却喜欢大型的屋顶，因此大多使用有折线的孟莎式屋顶；然而即便是孟莎式也各有不同。法国喜好肩部带有缓和曲线转角的，德国喜欢肩部直线形的。从日本籍建筑家的作品来看，京都帝室博物馆（片山东熊，图 7-23）属于法国式的，而帝国饭店（渡边让，图 7-13）属于德国孟莎式屋顶。就这样由无数的部分组合成这个国家的风格。同样是古典样式却衍生出朴素的英国式、华丽的法国式、威武的德国式等各种不同的风格。

如果将欧洲共通的设计趋势作为纵轴，各国的喜好及误解作为横轴的话，就可以找到某个国家在某时期的主流样式了。

从希腊样式到巴洛克样式虽然有时差，但各国都按相同的顺序发展。另外基本上是一个时代有一种样式，到了巴洛克样式之后逐渐有了多样化的发展，进入 19 世纪后更为错综复杂。依照各国的喜好确立起国民样式的呼声也开始出现。另一方面，随着历史学、考古学的发展，埃及、希腊以及从前的样式都被发掘出来进行再评价，有许多的新某某样式在一个很短的期间内出现又消失，仿佛是将各国从古至今所有的样式一股脑地丢在世人面前。

日本开国之时正好面对欧美这个多变的时期，不知是幸运还是不幸。

定型化的设计

欧洲的建筑基本被定型于上述这些样式中，而这些定型化的设计也有一定的规则。

比如三井银行大阪支店室内（1936，曾祢中条建筑事务所，图 7-1）的柱式。首先可以注意到，与日本普通木柱由下到上只采用一整根柱子的做法不同，这些列柱是由柱础、柱身、柱头三大部分相叠而成，这种将各个组成部分整合在一起的设计其实就是欧洲样式的基本所在。

这些部分也都包含了形、组合、比例三大原则。

仍旧以三井银行大阪支店室内为例，最关键的柱头饰采用了毛茛叶饰为其"形"，柱身有挖直立沟槽，柱础有两层环状。柱头、柱身与柱础的外形组成了一个固定的"组合"。而且柱头、柱身与

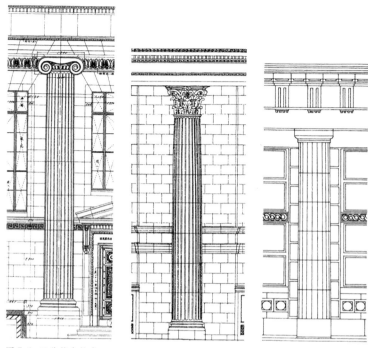

图 7-1 三种基本柱式
左：爱奥尼亚柱式（三井银行名古屋支店，1936，曾祢中条建筑事务所）
中：科林斯柱式（三井银行大阪支店室内，同上）
右：多立克柱式（横滨正金银行东京支店，1927，长野宇平治）

柱础的尺寸与柱身的直径也保持固定的"比例"。像这样以毛茛
叶作为柱头装饰的各种固定规范所建成的柱式称为科林斯柱式。
而按照这种立柱的做法尺寸所建成的，包括从柱础到出檐的固定
形式称为柱式。希腊样式中有多立克柱式、爱奥尼亚柱式与科林
斯柱式三种基本柱式。希腊建筑虽然有其固定的规范为基础，但
形式、比例、组合在不同的时代、不同的国家或是不同的建筑家手
中还是有所变化，所以衍生出了罗马式、文艺复兴式、巴洛克式、
洛可可式，或是意大利文艺复兴建筑家的帕拉迪奥主义等各种古

图 7-2 柱头的比较
左：日本银行本店（1896，辰野金吾）
中：日本银行冈山支店（1922，长野宇平治）
右：明治生命馆（1934，冈田信一郎）

典样式。

哥特样式对于柱式的规范虽不像古典样式那样讲究，但是对于柱头装饰、细长的柱身以及尖拱、扶壁、陡坡度的斜屋顶等，从基座到屋顶，都有着与古典样式不同的"形"和"组合"。并且在"比例"方面与古典样式相比，更强调垂直性。

那么在样式的各种规范下，设计师如何发挥出自己的个性呢？

以古典系的科林斯柱式的柱头装饰为例，来看一下日本建筑家是如何处理的（图 7-2）。

将辰野金吾的日本银行本店与长野宇平治的日本银行冈山支店以及冈田信一郎的明治生命馆相比就不难发现，三者都有着少许的差异。辰野在毛茛叶上既没有切口也省略叶脉，而长野与冈田对毛茛叶处理却比较细致，叶脉也雕刻得很细致。长野与冈田之间当然也有少许差异，冈田的设计较为接近真实的毛茛叶，而长野设计的毛茛叶纤细浓密比较接近茼蒿花。在柱身上也有所不同，辰野的没有直立沟槽，而长野与冈田则有。

尽管都是科林斯柱式，但形、组合与比例三要素的差异，使得它们各自呈现出朴素、豪华、简洁等形象。同时可以分辨出作品的好坏。将第一代辰野设计的立柱，与第二代长野、冈田的相比，就会发现谁的比较生硬谁的比较浑然天成。仅是科林斯柱式的立柱就可以有不同的印象，区分出功力高低。所以尽管样式有着各种的规定，但并不会因此就扼杀了建筑家的个性。

将建筑想象成文章的话或许比较容易理解。欧洲建筑就如同文章一样，文章中的"单词"相当于建筑的"形"，而"组合"就相当于文章中的"文法"。在建筑中虽然必须遵循"柱式"这一规则，结果却会由于设计者的不同而有很大差异。就好像文章会具有作者所特有的文笔的风格，在建筑上同样会产生各种不同的作品风格。

在对样式没有如此严格限制的日本建筑文化传统中培养出来的明治时期第一代建筑家，整个明治时期都在孜孜不倦地学习着欧洲建筑。

当时世界的建筑界，英、法、德三国占据主导地位，美国虽然奋力打拼但尚有一段距离。这种情形同样反映在日本的建筑界。第一代建筑家由于各自所处的立场与各种巧合，就如同预先约定好了一样各自分别打造出了欧洲主流三国的样式。所以明治时期的建筑界，形成了英国派、法国派、德国派三派鼎立的局面。接下来，依各派形成过程及成果之顺序来谈谈吧。

二、英国派

建筑界的创立

英国派的核心人物当然要数康德门下的弟子们了。康德在工部大学任教期间，共培养出了21位毕业生，但其中片山东熊、渡边让、河合浩藏三位在毕业后，转变成为法国派及德国派，而作为英国派活跃

图 7-3 辰野金吾

图 7-4 曾祢达藏

于建筑界的有辰野金吾（图 7-3）、曾祢达藏（图 7-4）、佐立七次郎、藤本寿吉、新家孝正、泷大吉、久留正道等，其中表现尤为突出的是辰野和曾祢两人。除了这些康德的弟子外，还包括明治二十一年（1888）来日时年仅 31 岁并在神户开设事务所的英国建筑家亚历山大·N. 汉塞尔，也就是由这些人一同构成了康德之后的第一代英国派。从人数上看，英国派相对于法国派及德国派有压倒性的优势。

　　这些建筑家即便在工部大学毕业后，也和在学校时一样，靠着伦敦寄来的建筑杂志及书籍来学习研究英国的建筑，但这不包括对于古典书籍进行深入的研究，因为掌握那个时代的最新动向已是很困难的了。但是，仅仅靠纸上介绍就想要理解立体的建筑毕竟有所局限，还需要留学和实地观察。辰野和曾祢两人年轻时就有了如此机会，尤其是辰野的伦敦留学可以算是非常全面性的。明治十二年（1879）刚毕业的辰野就被康德提名为自己在大学的后继者。并且被工部省派到英国留学，就读于伦敦大学罗杰·史密斯教授门下。同时在威廉·伯吉斯事务所工作获取实际经验。伦敦大学、史密斯和威廉·伯吉斯，辰野的学习历程似乎完全在

追溯着十年前康德老师的足迹。

在英国学习了三年后，辰野也和当时英国贵族的子弟一样，环游了欧洲大陆，并花费一年游历法国及意大利，造访诸多名作，并对其细部及平面以素描进行了记录。于明治十六年（1883），辰野在历经了整整四年的欧洲留学后归国。等到康德契约期满退休后，立即接替他成为工部大学造家学科的教授（1884）。之后，直至明治三十五年为止的十八年内，一直担任工部大学及后来的工科大学的教授，坚持致力于后进的教育。在任中培养出的毕业生多达56名。在担任工科大学教授的同时，为培养中坚技师，率先和其他学科教授联手设立了工手学校（1888），即现在的工学院大学。在学界中产生了指导性的影响力。

当时辰野一手掌握中等、高等建筑教育，所有有志于建筑之士，都必须在课堂里接受以康德、史密斯的讲义笔记为模板的课程，并在制图桌上画出以英国建筑为蓝本的设计，也就是充分地以自己的大脑和双手体验过什么是英国式以后，才可在社会上立足。这样的教育体系，让在议院建筑问题上与辰野水火不容的德国派领导妻木赖黄以及独自走法国路线的片山东熊，在其各自派别的人才供应上，也不得不倚赖英国派。

和教育一样，成为辰野最大动力来源的是学会。

明治二十年在辰野的倡导下，以第一代建筑家为中心，模仿英国皇家建筑家协会组成了日本建筑学会，并发行了名为《建筑杂志》的机关刊物。建筑学会创立当初和英国一样，仅仅是一个建筑设计师的团体，但是逐渐地也有建筑商和学者加入并成为重要成员。在欧美，由于设计者和建筑商处于对立立场，所以分别隶属不同的团体，而且学者也有自己的团体，但日本的建筑学会却逐渐成长为可以代表全体建筑界且具有决策性的头脑的组织。就这样作为工科大学建筑学科唯一的教授，同时是建筑学会的永久会长，辰野建立起教育界、学术界、新闻界这些建筑界最重要的部分以及信息的基地。

在"头脑"部分建成之后，接着就需要建立实际工作的"身体"部分，也就是设计事务所。在这方面，以辰野为首的英国派的活动也是非常显著的。

江户时代的日本社会，尚不存在建筑家这种职业，也没有设计事务所这种组织，木匠负责从设计到施工的全面事务。开国后，尽管冒险来日的技师及康德开设了民间事务所，但业主也仅限于生活在居留地的外国人或是通晓西洋文化的一小部分日本人。对于习惯了统包设计、施工的木匠制度的日本人来说，另外支付接近总工程费十分之一的设计费用，等于是额外多出来的支出，所以无法接受。如果无法突破这个难题的话，建筑师这个职业就形同虚设，来挑战这一难题的也只有辰野了。当工部大学由于工部省的废除而转变成由文部省主导的工科大学时，辰野起先并未跟着一起移转，而是将制图桌摆到了朋友开设的装裱店二楼的榻榻米上，开设了日本最早的设计事务所。但是在明治十九年（1886）的那个年代，并没有多少设计委托案可以支撑事务所的运营，虽然接到几个案子，却都不成功。比他晚两年在大阪开事务所的学弟泷大吉说道："开事务所一年了，想想这一年都接到了些怎样的案子，顶多也就是换换仓库的遮雨棚，报酬也就两圆五十钱。"

辰野在六十大寿的祝贺会中回忆当时的状况时说道：

"建筑界的前途和建筑家的将来都还是很遥远的事，

创业期充满了无序和不安，而当时作为白面书生的我们，只能在黑暗中摸索。"

在黑暗中摸索失败之后，辰野又回到大学，成为工科大学建筑学科教授，从事教育和官厅设计。之后终于晋升为工科大学校长，不仅在建筑方面，还成了日本的工学研究和技术教育指导者。但是在明治三十五年（1902）辰野突然离开这一要职，于次年再次开设了建筑事务所。这一年刚好是他 50 岁，或许是辰野认为 50 岁是人生的转折点而采取的行动，幸运的是此时时机成熟，显赫的地位对他也有帮助，事务所运营顺利。终于在明治三十六年，日本也有了正规的设计事务所。

在这之后曾祢达藏、河合浩藏等先后开设了自己的事务所，使得建筑家这一职业融入了日本社会中。在这一过程中，曾祢达藏起了相当大的作用。当时在工部大学毕业后必须在官厅义务工作七年，曾祢在服务期限一结束后就迫不及待地辞去官职进入三菱，和康德一起着手丸之内的办公大楼的设计，之后又和辰野的弟子中条精一郎一起开设曾祢中条建筑事务所（1908）。事务所以民间的委托案为主，留下众多名作。另外，在大正至昭和期间展开的建立建筑家职业运动中（日本建筑士会运动），以中条为首的第二代建筑家还成了精神支柱。

作为英国派领导和副领导的辰野和曾祢，为何要辞官呢？对他们而言为何要坚持在民间进行设计创作呢？

英国工业革命的技术使得街巷的冶铁匠打造出世界最初的钢骨构造，而矿山伙夫的儿子让蒸汽火车趴趴走，拥有发明天赋和企业心的民间技师领导着时代的发展，但是这种由民众主导，重视现场技师的精神理念，却透过工部大学的教育让日本的学生受其感化，逐渐成了工部大学的校魂。但毕业生的目标与政府设立大学的目的背道而驰，居然不想成为技术官员，认为如果有机会的话，想到民间发展，不隶属于某个组织，而是作为独立的技师。最能展现工部大学校校魂的是学化学出身、发明高峰淀粉酶，并让这项发明企业化的高峰让吉。辰野也好，曾祢也好，因为同样都是第一届的学生，所以也都抱着同样的理念。

辰野和曾祢在开拓建筑家自立的道路时，也努力使建筑家这一职业融入财阀、民间的建设公司当中，例如曾祢设立了财阀中最初的设计组织（现在的三菱地所建筑部），而辰野作为住友的顾问也建立了住友临时建筑部（现在的日建设计），并安排自己的弟子任职其中；另外，作为拟洋风派鼻祖的清水喜助也建立了"清水方"（现在的清水建设），坂本复经、中村达太郎、渡边让等工部大学的学弟及工科大学的弟子们陆续任职其中。首次在设计、施工尚未分工的日本建设界中建立起了设计部门。

英国派虽然在民间层级上对建立建筑家的职业有很大的贡献，但在政府层级就有点略显不足了。只掌握了日银、递信省、海军省、陆军省，而建筑活动最频繁的大藏省、内务省、宫内省、文部省却让给了德国派和法国派。

在官厅方面的势力虽然不是很强，不过以辰野与曾祢为中心的英国派的白面书生们，在毕业后经过三十年的黑暗中摸索，终于在明治四十年（1907）左右，成功地建立了由学术界、建筑师、建筑商三者组成的近代日本建筑界体制。将在欧美绝不会走在一起的这三股势力结合在一起形成三方合一的体制，进而演变成今天的日本建筑体制，这在全世界的建筑界中也是很少见的。

辰野金吾的设计

在建立建筑界体制的过程中留下大功劳的英国派，在设计方面也凌驾于法国派和德国派之上，成为第一代中的多数派。英国派的作品继藤本寿吉设计的文部省（1881）之后，直至大正中期为止的四十年中，以辰野为首的第一代建筑家的作品层出不穷。在此期间不仅导入了维多利亚时代的各种样式，还成功地加上自己的风格。大致上可以将其分为古典与哥特并存的初期、古典优先的中期和折中式的后期。

接下来就按照顺序来看一看。

英国派中最先跃上历史舞台的是工部大学第二届毕业生，早熟儿——藤本寿吉，在创作了一系列大作（文部省，1881；明治会堂，1887；箱根离宫，1886）后不久因病英年早逝。之后从伦敦留学回国的辰野成了中心人物，以众多的作品展现了留学的成果（银行集会所，1885，图7-5；涩泽荣一邸，1888；工科大学，1888，图7-6）。另外，曾祢达藏（三菱社大阪支店，1891）、佐立七次郎（日本邮船名古屋支店，1887；水平原点标库，1891）、新家孝正（华族女子学校，1889）等人陆续创作了令人印象深刻的作品。

这些初期英国派的作品，主要分为古典和哥特两大流派。以数量来看古典样式的较多，但从质的角度来看却是刚好相反。古典样式主要采用的是涂有油漆的木造或是红砖构造，原本是主流的石造却寥寥无几，而且样式上又是以帕拉迪奥主义（银行集会所，图7-5；三菱社大阪支店）及新古典主义（英法学校，辰野）等这些已经在英国流行过了的样式为样本设计的，所以在设计的成熟度及构成上都有一定的缺陷，而且作品的表现力大多也不

图 7-5 银行集会所（1885，辰野金吾）

图 7-6 工科大学（1888，辰野金吾）

理想（三菱社大阪支店；横滨裁判所，辰野）。而采用哥特样式中维多利亚-哥特样式的工科大学（图7-6）、华族女子学校，以及威尼斯哥特样式的涩泽荣一邸，不但在样式上没有走样，设计上也组合得很好。

再从康德老师的影响上看，弟子们的作品风格很明显地偏重康德初期作品（上野博物馆、开拓使物产批发所）中的维多利亚-哥特样式。这些英国派的弟子虽然没有试着以印度-伊斯兰样式的风格来融合东西方的样式，但同时采用哥特和古典的手法是来自康德。另外之所以会觉得哥特样式比古典样式的作品更完美，是因为康德在课堂里虽然都有教授这两套系统，但是在制图桌上的教育却是以哥特样式为中心。

能代表英国派初期的设计师无疑是被誉为康德继承者的辰野金吾了，他不仅完全掌握了老师所偏爱的维多利亚-哥特样式，有时还试着将拱形融入维多利亚-哥特样式中（银行集会所，图7-5；铁道局），或是在帕拉迪奥主义建筑正面的三角形山墙中绘以凤凰图案（银行集会所），或采用类似法国风格有着硕大身体的新巴洛克样式（横滨裁判所），甚至设计出了国籍不明、有童话般塔楼的古典样式作品（明治生命）。

令人不敢相信的是，一名设计师在同一时期竟能设计出如此广泛的样式、欠缺一贯性，就如同是将先前的学识与思想一起迸发出来的结果。虽然作品看似初学者心有余而力不足，从规模上看也没有御聘外国人作品那样有气势，但还是可以看出作者在磨炼成熟后绝非等闲之辈。

于是英国派中出现了以量取胜的古典系统和以质取胜的哥特系统，这两个系统相互角逐，最后古典系统逐渐占了上风，在进

图 7-7a 日本银行本店（1896，辰野金吾）

入英国派的中期后，同时出现了几个十分不错的作品（日本银行本店，1896，辰野；日本银行大阪支店，1901；三菱银行神户支店，1900，曾祢达藏；日本邮船小樽支店，1906，佐立）。

其中，日本银行本店（图 7-7）的表现尤为突出，这是日本第一代建筑家取代御聘外国人，以自己的实力来表现国家力量的见证。明治

图 7-7b 日本银行的车入口

二十九年（1896）这一大作完成时，即便是极普通的日本人，在它前面经过时也会感受到不一样的气氛。从它那厚实的墙壁中透

出庄严肃穆之感，一扫明治时期西洋建筑给人带来的文明开化的活泼热闹气氛。

这是因为墙面上使用了御影石（花岗岩）。古典样式通常以希腊白大理石的神殿作为设计创作的源泉，给人理性、秩序、永远的联想，所以材料通常会使用白色石材。另一方面，哥特样式被视为欧洲的地域型建筑，往往会采用当地产的粗石和红砖。因为有这样的条件限制，所以在建造日本银行之前就需要寻找出适合古典样式的日本产石材。虽然濑户内的御影石作为建材来说非常优秀，不过由于材质太硬，关东的石工无法对其进行加工，而且成本过高，所以一直都无法被采用。因此在这种情况下，才会在日本银行本店首次采用御影石，为的是给人古典样式所特有的坚实庄严的印象。

不仅是建材，在设计上也避开了文明开化带来的活泼热闹氛围，改而采用坚实的感觉。

在设计过程中，辰野对欧美各国的中央银行进行了研究调查，在功能和平面规划上从比利时银行（1874）及其设计师亨利·贝耶尔特（Henry Beyaert）那里获益匪浅。另外辰野还在伦敦与伯吉斯事务所中的老朋友约翰·斯塔林·查普尔（John Starling Chapple）进行了非常细致深入的讨论，结果决定采用与比利时银行一样的设计，即中央较轻、强调左右两侧的方式。对于各个部分的设计则未采用比利时银行的路易十六样式，而是采用英格兰银行（1835，约翰·索恩）的帕拉迪奥主义样式。从没有采用法国古典样式而采用英国建筑师索恩的风格及英国的帕拉迪奥主义样式这一举动上可以看出，此次的设计是立足于英国 18 世纪的新古典主义的延长线上。

英国的新古典主义和法国的相比，较缺乏雕塑性和装饰性，和德国的相比又较欠缺力度感，也就是说较为朴素与坚实，然而就是这样的特征再加上质地坚硬的御影石，却造就了明治时期的大作——日本银行本店，被誉为"无言的纪念碑"。了解辰野初期作风的友人看了之后说："就像两位相扑力士站在土俵上准备开战一样"，还给它取了一个"辰野坚固"的绰号。

尽管如此，掌握了英国最新潮流的辰野，为何没有选择作为当时新潮流的新文艺复兴或是新巴洛克样式，而选择复古的样式呢？不得不说这就是辰野与沃特斯不同之处，辰野太自信了。我们必须回头来看 19 世纪 90 年代初期。此时，过热的文明开化逐渐冷却，而日本的政治、经济、文化就如同一台重型机械处于慢慢地走向上坡的路段，所以这个时期的时代氛围难以与维多利亚样式相融。尽管在文明开化的初期，大英帝国鼎盛期的设计被任意地滥用，但这种设计风格并不适合 19 世纪 90 年代迈向成长期的日本。如果在英国探寻类似的发展时期的话，就会发现维多利亚时代之前的乔治时代，也就是 18 世纪末 19 世纪初，装饰大英帝国的建筑采用的正是质实刚健的新古典主义。如果说维多利亚样式象征着消费与娱乐的话，新古典样式则象征着生产与进取。

正因为辰野看准了日本近代的历史定位，才选定将这种样式用于日本银行本店。

落成之后，建筑物与设计者个人的气质一样，有点过于严肃；尽管如此，辰野还是被认为是明治时期建筑家的代表。

日本银行本店的落成，意味着英国派进入了以古典样式为主的中期阶段，这期间陆续出现了不少以石材为主要表现手法的建筑作品。但在十年之后，热情洋溢的红砖造建筑再次出现在人们面前，首先是曾祢达藏设计的位于丸之内的三菱四号至七号馆（1904、1905），之后辰野又紧接着完成了东京火灾保险（1905）等大量红砖造建筑，其中的代表作是东京车站（1914，图7-11）。

红砖所特有的表现力被巧妙地用于这些英国派晚期的代表作品，这与初期的哥特派系相同，但采用的样式却有所不同。从远处眺望辰野设计的东京火灾保险（图7-8）及日本生命九州支社（1909，图7-9）就会发现，红砖墙上带状的白色石材纵横交错；屋顶不是覆以圆顶就是盖以塔楼，如同皇冠一般。走近后又会发现，在哥特样式的设计（红砖、山墙、扶壁式附柱）中又隐约残留一些古典样式（入口处的立柱、门窗周围的设计）也被称为安妮女王式（Queen Anne Style）。1870年后的英国，古典样式与哥特样式的折中——安妮女王式，继维多利亚时期哥特样式之后，又风靡了二十年，成了维多利亚时期最后的辉煌。辰野留学伦敦的时候注意到这些情况，认为这比较适合日本，但即便是回国之后的初期创业阶段也好，日本银行本店的设计中也好，都未曾使用过这一样式。但是在二十年之后，当这种设计在英国已经趋于尾声之际，却在日本得到了大规模的运用。采用安妮女王式的理由是，辞官之后的辰野开始奉行"自由的建筑家"主义，设计物件也从国家纪念碑性质的建筑转为公司、车站等位于热闹地段的民间建筑。

英国的安妮女王式是以连续性的街道两边的民间建筑为对象进行设计，所以面对街道的正面需要采用热情轻快的设计。毫无疑问，辰野就是看中了安妮女王式的街道性，但并不是直接套用。拿安妮女王式的代表人物理查德·诺曼·肖（Richard Norman Shaw）的ALLIANCE保险（1883，图7-10）与辰野的日本生命

图 7-8 东京火灾保险（1905，辰野金吾）

图 7-9 日本生命九州支社（福冈，1909，辰野金吾）

图 7-10 ALLIANCE 保险（伦敦，1883，理查德·诺曼·肖）

图 7-11 东京车站（1914，辰野金吾）

九州支社（1909，图 7-9）相比较就会发现，前者尽管位于显眼的街角地，顶部的塔楼也只是小小的，不具有纪念性，仅仅给人以两堵墙在此处会合的感觉，整体较为重视它的街道性。相对于此，后者并没有采用作为街角象征的山墙，而是采用了具有纪念性的塔楼，这种像王冠一样的塔楼、圆顶设计成了辰野的安妮女王式的特征，同时代的人们将此称为"辰野式"。

辞官后的辰野在将设计重心转向街道性的同时并没有完全舍弃纪念性。同样，安妮女王式在以曾祢为主导的三菱建筑中，就可以看出两者对于国家、时代的不同理解。

英国派最后的代表作——东京车站（图7-11），从皇宫的位置上看的话，就如扎着大银杏髻正步入土俵的横纲相扑力士，毫无疑问，它就是明治时期的国家纪念碑。从它前面走过，就如漫步在一个全长445米的街道之中。

三、德国派

国会议事堂

英国派自幕府末期以来，有沃特斯、博因维尔、康德等长时间的人力资源上的累积，再加上以辰野为首的工部大学毕业生，不仅建筑家的人数众多，而且具有相当深厚的人脉关系。相对于此，德国派的起步就显得非常唐突，这一直影响着这一流派的未来。

日本之所以会出现德国派，很大一部分原因是出于偶然。

第一代建筑家中德国派的代表人物松崎万长，传说是孝明天皇的私生子。明治四年（1871），年仅13岁就加入遣欧使节团，被留在柏林工科大学学习建筑，虽然于明治十七年回国，或许是因为身为有钱有势男爵的关系，回国后并未马上开始设计工作，所以德国派的发展要等到《官厅集中计划》执行才能算是正式开始。如上文所述，在《官厅集中计划》执行之初，主导者井上馨最先向英国的皇家建筑家协会请求人力上的协助，但是遭到冷遇，不得已再向德国求援，恩德与伯克曼因此接受邀请来日，松崎作为日本头号技师也一起参与计划，德国派由此跨出了第一步。

恩德与伯克曼高举"德国的声誉高于个人的名誉"的口号，努力想改变原先以英国样式为模板的设计风格，抱持着力图使所有日本人都全面感受到"德意志建筑法"所带来的"恩惠"的野心。为了让日本建筑能够德国化，恩德与伯克曼决定从教育着手，推动日本籍建筑家及工匠到柏林接受再教育的计划。在建筑家中，从工部大学退学，后又赴美国康奈尔大学留学归国的妻木赖黄与工部大学毕业的河合浩藏、渡边让三人被选上，工匠方面则有木匠枪田作藏、佐佐木林藏、清水米吉、砖工斋藤仙辅，左官村上治郎吉、钣金工吉泽银次郎、山田信介，涂装工市河龟吉、石板瓦工篠崎源次郎，画工斋藤新平，门窗五金加藤正太郎，镶嵌玻璃工宇野泽辰雄，建筑雕刻的内藤阳三，浅野水泥公司的坂田冬藏、浅野喜三郎，日本炼瓦会社的大高庄卫门等有 20 人被选上，共计 23 人于明治十九年（1886）前往柏林。这三名建筑家在柏林大学学习德国建筑的同时，也在恩德与伯克曼事务所担任绘图员以磨炼自己的实务能力，工匠们则被分配到各个工厂及施工现场，白天工作，晚上学习。可是官厅计划突然受挫，恩德与伯克曼被逐出，留学生们也被召回日本。

但是在回国后，这些学生并未丢弃这一年半时间内辛辛苦苦从柏林学到的"德意志建筑法"。首先，从工匠归国后的情况来看，比如木匠枪田作藏作为基层建筑技师，隶属于妻木赖黄团队，在官厅建筑相关工程中发挥着自己的才干。石板瓦工篠崎源次郎组织石板瓦商会，从事石板瓦的生产销售及推广普及。而镶嵌玻璃的宇野泽辰雄成为日本镶嵌玻璃业的鼻祖，水泥工坂田冬藏尝试着推广先进的混凝土调合法及试验法，烧砖的大高庄卫门领导了以后日本的制砖业。以上这些专业技术都具有国际共通性，不像设计那样具有国家特色，并且由于石板瓦的钉法耐强风而使德国式得以普及，而在镶嵌玻璃的世界中以宇野泽辰雄为首的德国派至今仍然雄风不减，现今建材主流的烧砖及水泥的各种规格也都参照德国标准。

然后我们再来看一看建筑师们归国后的情况吧。德国派头号建筑师松崎由于恩德与伯克曼被逐也主动辞官，成为民间建筑师。曾多次参与设计德国建筑，据说"由于去了德国十几年，最后连日语也说不流利，字也不会写了。也正因为这样，屡次遭营造商和其他人欺骗"（河合浩藏）。之后退还爵位告离了日本，1907 年去台湾任职于铁道部门，兴建车站及铁道旅馆，于 1921 年辞世。

恩德与伯克曼被逐之后，在第一代日本人建筑师中德国派只剩下妻木、河合、渡边三人。尽管当时《官厅集中计划》已被中止，但已经开工的裁判所和司法省这两大德国建筑必须完成，于是任职于临时建筑局的德国派迁移到了内务省，勉强保住了在中央官厅的位置。之后德国派以此为据点，完成集中计划的收尾工作，并将势力逐渐渗透到司法省（河合）、海军省（渡边）、大藏省（妻木）。

德国派向中央官厅渗透作战的中心人物是妻木赖黄。作为德国派核心指导者，承揽了内务省下属的各级府县厅及监狱（当时隶属于内务省）的设计建造业务。同时，还囊括了大藏省下属的税关、专卖相关的建筑。还顺便担任内务及大藏省两省的领导技师之职（1899）。德国派实质上已掌控了作为明治政府中枢的内务、大藏两省，形成了英国派包揽民间业务、德国派掌控官方建筑的局面。

但是，这并不能认为德国派就真正地掌控了官方。

中央官厅拥有法制权，德国派的妻木作为技术官员能掌控的，也就是内务省所辖的都市计划及建筑法制的部分。由内务省制定的日本最初的都市计划制度——"市区改善"，其中的一环是要将相当于现今的建筑基准法的"建筑条例"予以立法。但是市区改善主要是以土木工程为主的技术人员为中心，建筑家被排挤在外。另外，虽然建筑条例是由妻木起草的，但并没有执行。作为内务省技师的妻木，并没有在法制层面进行参与，而是参与了内务省所辖的每一项建筑工程。

作为大藏省技师的妻木，虽然与法制无缘，但有着与内务省无法与之相提并论的建筑工程在等着他，这就是国会议事堂的建设。

在恩德与伯克曼被逐之后，凑合着建起了木造的临时国会议院，但历经十年此案仍不见端倪，这也成了英国派和德国派之间激战的开始。

甲午战争后，要求尽快建起国会议事堂的呼声日益高涨，由此内务省在省内设置了调查委员会（1897），当然这是按照妻木的意见做出的规划。首先，由妻木、辰野及临时议院设计者吉井茂则三人提出了各自的平面规划，然后由妻木参照这三案定夺最终的平面规划，外观设计准备采用公开竞标方式决定，随后三位建筑家进入了准备阶段，妻木在下属的小林金平的陪伴下视察了美、德、法、澳的议会（唯独没有去英国），同时辰野也在大学内进行调查，但没想到由于竞标的预算没有得到议会的通过，最后以流产告终。

与此同时，内务省妻木以下的官员与大藏省进行了互调，德国派的据点也就移到了大藏省的临时建筑部。日俄战争后，建造议会的呼声再度掀起，因此大藏省进入了准备阶段。但与上次不同，妻木所使用的是临时建筑部的下属来推动自己的设计。以妻木为首的德国派在调动了内务、大藏两省的人事后，步步为营力图获得此案。

但英国派也非等闲之辈。在官厅计划时被突然兴起的"德意志浪潮"挤到一边的以辰野为首的英国派决定奋起反击。他们以学会为据点，鼓动评论家对此计划进行抨击，并展开广泛的社会讨论。最后大藏省和妻木迫于民众的舆论，不得不再次终止妻木的计划。另外成立调查委员会，新增了以辰野为首的片山东熊、中村达太郎、冢本靖、伊东忠太等反德国派委员。辰野在调查会上，与主张竞标的大藏省官员进行了激烈的争辩，但关键之处却有点操之过急，说出如果决定采用竞标方式的话，辰野就自己作为主审来招募评审委员。辅佐辰野一生的曾祢达藏认为这是"不像他生平那样、奇怪的言辞"而表示惋惜，但不管辰野是否流露出本意，结果都是一样，因为调查委员大多是大藏省的人员，最后少数服从多数，竞标方案还是被否决了。这或许可以认为是官僚建筑家妻木的胜利，但伊东却痛批道："那群由官界扶植起来的势力，已经成了极端的官僚主义。"

之后，妻木准备将在大藏省临时建筑部内完成的图纸付诸行动，但因财政问题一延再延，在此期间不幸患病而辞官（1913），结束了长达二十八年的官僚建筑家生涯，在度过了一段庸碌的时光后辞世（1916）。

就好像命运在等待这一刻的到来，国会计划终于开始真正地运作起来。因为妻木，一再阻挠竞标的大藏省，这回交由辰野掌舵召开竞标。辰野决定从募集者中挑选出较为满意的作品，再进行加工修改，使之成为自己的作品。召开竞标时，虽然参加人数众多，但由于辰野的弟子们已经尝过多次苦头，所以这些工科大学的学生都没有参加，不得已，辰野最后只能选用无名建筑家的设计。但就在准备对此作品进行修改时，辰野也不幸病逝（1919）。曾祢在辰野临终时到了病床前，辰野在弥留之际还叮嘱道："要使作品从纵向看和横向看都有很好的视觉效果。"

现在的国会议事堂就是以当初竞标的当选案为基础，再由辰野弟子们（矢桥贤吉、大熊喜邦、吉武东里）经过了大幅度的修改而实现的。

以《官厅集中计划》开始的德国派，最终也没有建起得偿夙愿的国会议事堂，随着妻木辞官而走向衰落。先前受《官厅集中计划》中"德意志建筑法"教育的中坚技术人员，之后因为任职于年轻英国派建筑家手下，而难以得到发展，最终导致德国派的灭亡。德国派从官厅机构中消失后，只剩在神户开设计事务所的河合浩藏一个人独守门户，在整个大正期间坚持设计。

妻木赖黄的设计

我们再来看看德国派作品的发展。

首先是松崎万长的青木周藏别邸（1888，图7-12），虽然属于德国木造哥特式小型作品，但很适合以德国贵族山林大地主自居的青木，耸立于那须山麓广阔的森林地带的形象至今仍令人记忆犹新。德国派真正兴盛，是从帝国饭店（1891，图7-13）开始的。渡边从恩德与伯克曼那里接手后，将其设计成标准德国风格——有着孟莎式屋顶的文艺复兴样式。接着以妻木（图7-16）为中心，完成了东京府厅（1894，图7-17）、东京商业会议所（1899，

图 7-12 青木周藏别邸（那须高原，1888，松崎万长）

图 7-18）、日本劝业银行（1899，图 7-19）、横滨正金银行（1904，图 7-15）等大作，向世人展现了德国派的实力。但可笑的是妻木业余设计的作品，与作为内务、大藏省技师设计的港湾设施、海关以及专卖相关的建筑相比，数量更多。同时期，河合也完成了大阪控诉院（1900）及神户地方裁判所（1903）。明治二十七年（1894）开始的十年间，是德国派最旺盛的时期。之后由于妻木与辰野争斗的表面化，没有留下什么令人注目的作品。德国派最后的作品是河合的爱国生命（1912，图 7-14）等，这是德国派留给世人最后的记忆了。

从上述这些作品中可以看出，德国派并没有像英国派那样分成初期、中期、晚期。妻木深知在 19 世纪出现的各种样式是有其规则的，所以会配合建筑的格式而采用不同建筑的样式。横滨正金银行（图 7-15）采用德国巴洛克样式，东京府厅（图 7-17）、东京商业会议所（图 7-18）、神户地方裁判所采用德国文艺复兴和

图 7-13 帝国饭店（1891，渡边让）

图 7-14 爱国生命（1912，河合浩藏）

图 7-15 横滨正金银行（1904，妻木赖黄）

巴洛克中间样式，帝国饭店（图 7-13）则采用文艺复兴样式，青木周藏别邸（图 7-12）及妻木赖黄邸（1909，小林金平）、小寺家厩舍（1907，河合）由于是住宅的关系，采用德国的木造哥特样式，以此展现轻快感。

妻木作品的另一个特征是加上了和风。帝国旅馆的室内部分是日本籍建筑家最初实现和洋折中设计的地方，以此为分界，日本劝业银行（图 7-19）是全面性的和风，而妻木邸是在日式木构中混合以哥特风格的木构建筑。另外河合晚年表现出的癖好，是混入唐破风等和风屋顶的形体。

图 7-16 妻木赖黄

图 7-17 东京府厅（1894，妻木赖黄）

图 7-18 东京商业会议所（1899，妻木赖黄）

图 7-19 日本劝业银行（1899，妻木赖黄）

不管是根据建筑的形式来选择样式也好，还是对于和洋折中的关心也好，或是有着特异曲线的唐破风的设计，这些都是因为受到恩德与伯克曼的影响。康德和英国派之间产生的断层，在恩德与伯克曼和德国派之间是没有的。或许是因为无法通过教育途径找到再生之路。只有一代的德国派，以恩德与伯克曼的教导为原点，除了努力学习别无他法吧！

这样的命运和个人的资质使妻木赖黄的设计能力在第一代中凌驾于英国派及法国派之上，虽然处女作东京府厅有点不自然，但是第二个作品东京商业会议所和日本劝业银行就让人看到了他的才能。商业会议所建筑整体散发出强烈的德国风格，在红砖墙面上随处有白石的映衬。这就使得无论从正面向左右延展的水平面还是从土台向大屋顶延展的垂直面，都充满着一流设计才有的顺畅动感。另外，尽管劝业银行采用了和风的设计，却没露出破绽，展现了妻木的应变能力。与恩德与伯克曼和三洋七的奇图相比，他下了很大功夫。例如中央没设置硕大且具有坚硬感的量体，使视线可以沿水平方向流动。和墙壁相比，屋顶的设计更为活泼，也就是将重点放在屋顶。墙壁分上下两层，强调水平性，这样的设计如同外国妇人穿和服时将腰线降低。尽管骨架采用了洋式，却还是保持了作为日本建筑的生命的屋顶和水平性。

欧洲建筑就如同之前所描述的，是各个独立部分的集合，每个部分很容易形成散乱的格局，为了克服这个弱点，各部分的大小、雕刻的深度以及彼此间的韵律、比例都必须调整才能产生出整体顺畅的感觉，这样的整合能力是辰野所欠缺的，但是妻木却具有这样的能力。

四、法国派

英国派和德国派都是因工部大学和《官厅集中计划》发祥形成了一个有组织的流派，都有着雄厚的人脉，官民之间有着广泛的势力范围，甚至可以看到界线的轮廓。和这两派相比，法国派较为弱势，只有片山东熊和山口半六两人。片山在宫内省、山口在文部省，山口因胸病辞官在民间开设事务所，但和主导民间的英国派无法相比，片山和山口之间并无任何关系，两人分别在不同的领域设计不同系统的法国建筑。

片山东熊和赤坂离宫

片山东熊（图7-20）最初并不属于法国派，他是工部大学康德的第一届学生，毕业后参与了有栖川宫邸的建设，也就是在那时获得的经验决定了他后来一生的作风。

明治十五年九月，在俄国首都彼得格勒（圣彼得堡）举行皇太子亚历山大三世的加冕仪式，片山东熊也有幸出席。身为有栖川宫代表，率领日本使节团的山县有朋，让刚大学毕业的年轻建筑家随团参加，这应该可以视为山县对片山的未来有特别的期望吧！

图7-20 片山东熊

亚历山大三世的加冕仪式不仅对于趋近没落的俄罗斯罗曼诺夫王朝，对于欧洲各国的王室而言也是在表现最后的荣耀，来自各国的王族及使节团好像形成了一幅多彩的图画，片山仅仅是其中最不起眼的角色，但此次出访使片山切身感受到这是法国路易王朝经过三个世纪打造起来的欧洲宫廷的礼仪和文化，身体被巴洛克建筑的豪华空间所包围，连眼睛、耳朵、肌肤都可以感受到这样的空间。如果片山错过了这最初也是最后的机会的话，或许以后就不会以此为蓝本，设计出日本的宫廷建筑吧。

片山首次了解法国建筑的实际情形是在有栖川宫邸（1884，图6-5），作为康德的助手帮忙画图，为了购买家具及参加俄国的加冕仪式才远渡欧洲，参访包括了俄国、意大利、法国、奥地利、德国、比利时、西班牙、葡萄牙、英国等国家的皇宫，又另花了一年时间，在法、英进行家具采买及宫廷建筑研究，但并没有像英国派的辰野及德国派的妻木那样，在大学留学的同时有在事务所学习、磨炼手艺的机会。在这之后，共计5次，同样利用差不多五年可以视察欧美的大好机会，从实地参观及建筑书中进行了自学，从而学到了法国建筑的精髓。

图 7-21 细川侯爵邸（1893，片山东熊）

从欧洲回国的片山将家具放到有栖川宫邸内后，设计了处女作北京公使馆（1886），之后进入宫内厅成为正式的宫廷建筑家，宫内省聚集了很多江户时代京都御所大木匠师的流派的木造建筑专家，而片山处在这个组织的顶端。江户时代的两大集团江户幕府和京都皇室这两个技师的系谱，形成于 19 世纪 90 年代初，前者隶属于妻木组织，后者隶属于片山组织。

进入宫内省的片山，最先着手的是皇族与华族[1]的宅邸（伏见宫邸，1891；一条公爵邸，1891；细川侯爵邸，1893，图 7-21；闲院宫，1896 等），片山初期的设计都有一些共通性，大多采用箱形设计，并突出车寄[2]部分，正面中央屋檐上方加上附有装饰

1　皇族与华族：与天皇有血缘关系的贵族称为皇族，没有血缘关系的称为华族。
2　车寄："車寄せ"，为方便车上乘客上下，于建筑玄关前设置的门廊。——编者注

的小山墙或干脆省略，绝对不会采用大型山墙。这样的特征是延续了康德以法国文艺复兴为基调的有栖川宫邸的设计。从这里也就可以看出，片山经过三年半有栖川宫邸的建设工作后所留下的余韵。

片山摆脱了老师的影响，将自己的风格融入法式建筑。但身为宫廷建筑家不得不向法国学习的理由，是因为欧洲的宫廷文化是以路易王朝为中心发展起来的。17世纪以后卢浮宫和凡尔赛宫被作为欧洲王宫的典范，造就这两栋建筑的法国建筑，被视为最适合表现国王及贵族的威严。之所以英国人博因维尔设计的皇居山里谒见所的精彩之处会采用法国风的巴洛克样式，以及康德设计的有栖川宫邸会采用法国文艺复兴样式，都是因袭了这样的传统。

法国建筑的华丽之处不是坚实的文艺复兴而是壮丽的巴洛克。片山身为宫廷建筑家，首次展现他对于巴洛克建筑研究成果的是奈良帝室博物馆（1894，图7-22）和京都帝室博物馆（1895，图7-23）。在这两个设计案中，代表文艺复兴的箱形结构消失了，墙壁像伸出的翅膀，逐渐向两边扩展开来。中央大大的入口向外伸出，上面覆有很大的山墙，屋顶采用孟莎式，犹如小山丘一般。赋予了墙面动感的大型附柱，取代了排列有序的文艺复兴样式的整列窗户。另一方面，在转角处采用一段段的垒砌方式使得整体形象更为紧凑。在重要地方加上大圆形浮雕则赋予墙面更多活力。断面为半月形的孟莎式屋顶、墙壁转角的砌石、大圆形浮雕装饰等都是法国建筑的得意之处。夸张的表现与华丽之感可谓法国巴洛克样式所特有，如果再严格加以区分的话，还可以分为两种，也就是17世纪的巴洛克和19世纪中叶的新巴洛克。17世纪的法国巴洛克在太阳王路易十四治理下，以卢浮宫和凡尔赛宫为舞台闻

图 7-22 奈良帝室博物馆（1894，片山东熊）

图 7-23 京都帝室博物馆（1895，片山东熊）

名于世,也被称为路易十四样式,之后也成了欧洲宫廷建筑的模板。所以片山首次正式设计的天皇家族建筑(帝室博物馆),采用这种样式是最为合适的。

在此基础上,片山开始拟订设计赤坂离宫的计划(1896)。约十年前才完成的明治天皇的明治宫殿(1888),采用京都御所流派的大木匠师木子清敬等人着手兴建的和洋折中木造建筑。但皇太子(之后的大正天皇)的赤坂离宫与欧洲宫殿相比毫不逊色。

俄国皇太子加冕仪式时,仅仅是明治政府中权势者之一的山县有朋,现已成了最高掌权者,掌控着宫内省。片山东熊、高山幸次郎、足立鸠吉等宫内省的下级官员由于支持法国派也都得到了升迁。片山带着高山和足立到欧美进行调查,花了一年时间游历了美国、法国、比利时、荷兰、德国、奥地利、希腊、意大利,对宫殿建筑进行了详细调查。有趣的是英国竟然不包括在内,妻木在调查国会建筑时也不曾到访英国。其实英国的维多利亚时代宫廷,在欧洲的实力也是数一数二,英国国会更是世界各国国会建筑的模板,但是片山和妻木就是一点拜访的意思也没有。这或许是因为非英国派的思想在作祟。

在花了两年半调查及设计,施工用了十年的时间之后,终于在明治四十二年(1909)建成了赤坂离宫。

片山在鼎盛时期,麾下有 55 名的技术人员,在室内装潢上还另外聘请了黑田清辉、冈田三郎助(装饰参考图)、浅井忠(油画)、今泉雄作(雕刻图案)、渡边省亭(珐琅图案)、并河靖之(珐琅)等外来的美术家。赤坂离宫可以说是集幕府末年从欧洲学到的建筑设计、技术及关联美术的大成。

让我们具体来瞧瞧吧(图 7-24)!

图 7-24a 赤坂离宫（1909，片山东熊）

图 7-24b 赤坂离宫大楼梯间

整体配置的特征是，左右张开伸出翼部向前大大弯曲。如果从正面经过时，会留下犹如包覆羽毛的凤凰一般的深刻印象。而立面的构成却意外沉稳，屋顶没有做成圆顶或是孟莎式。屋檐线偶尔饰以地球仪和甲胄。墙壁上由于饰以三角楣饰和排列整齐的柱列（正面是附柱，里面是列柱），更显稳固庄重。

　　这样的配置与壁面结构是片山在参照了其他法国巴洛克建筑（卢浮宫东面、法国海军部、法国学士院、维也纳新王宫）的结果。但是真正的创作源泉，是来自路易十四时期建成法国巴洛克建筑的宫廷建筑家佩罗及勒沃的作品风格，尤其是勒沃的。

　　片山在帝室博物馆及之后的赤坂离宫的设计中，均采用了巴洛克（路易十四式）样式，而没有采用新巴洛克（第二帝政式）样式。而法国的宫廷建筑从巴洛克（路易十四式）开始，历经了路易十五（洛可可式）、路易十六、帝政式（希腊复兴式），于19世纪中叶出现了极富雕塑性的第二帝政式（新巴洛克式），而片山的设计却没有受到那个时代的第二帝政式的影响。

　　与欧洲各国的宫廷建筑家一样，片山也对路易十四式进行了反思，希望从原点来进行学习设计。另外，此时法国、德国的宫廷早已被推翻，曾出席加冕仪式的俄罗斯王朝被革命力量所推翻也是迟早的事。在欧洲的这种大趋势下，或许片山认为自己所设计的将会是世界宫廷建筑中的最后一座，所以才会去追溯法国宫廷建筑的设计原点，而事实上赤坂离宫也真是世界上最后一座欧洲风格的宫廷建筑。

　　当这座最后的宫廷建筑完成时，片山参访明治宫殿，并用照片向明治天皇报告。明治天皇看后仅留下一句："够奢华。"这句话让以片山为首的相关人员的心都凉了。连施工中每周到工地的皇太子也无法搬住于其中，由于所受打击太大，片山卧病在床很长一段时间，即便是康复后工作也都交给下属，每天在家里的温室种种兰花而已。片山于大正四年（1915）辞去官职，两年后过世。

　　片山过世之后，宫内厅的建筑技术阵营虽然维持了一段时间，但逐渐没落，最终了无声息。

山口半六与学校建筑

山口半六（图7-25）设计的法国建筑与片山相反，与宫廷建筑相差最远。

山口在大学南校毕业（1876）后，留学法国，就读于巴黎中央理工学院（L'Ecole Centrale des Arts et Manufactures），此大学旨在培养帮助市民而非国家或宫廷的技师。教育、法律、行政、经济等自治行政

图7-25 山口半六

相关的课程占了大半，剩下的才是土木与建筑系，但土木系也只开设了水道、道路、水路等与市民生活密切相关领域的课程。所以山口是第一代建筑家中唯一接受了行政色彩与市民色彩浓厚的建筑教育的人。

归国后，山口曾进入三菱公司，在莱斯卡斯手下任职，之后转任文部省（1885），直至因病辞官（1892）为止，一直在文部省掌管建筑事务。

虽然只有短短七年时间，但山口还是先后建成了第一高等中学校（1890）、第五高等中学校（1889）、第四高等中学校（1891）及其他国立学校（帝国大学理科大学，1888；东京音乐学校，1890），以此建立起了日本高等教育设施的硬件基础。这或许是山口在巴黎接受了市民色彩与行政色彩浓厚的教育才有的结果。如果能够继续这样顺利发展下去的话，山口一定可以将文部省建

成一个和宫内省规模相当的法国派据点，可惜，由于胸部的疾病不得不辞去官职。山口在神户须磨疗养的同时，以关西为中心开始了设计活动，参与设计了不少民间建筑，在兵库县厅（1900）施工中途不幸逝世。

虽然其建筑家生涯的时间仅仅二十年，可是他的作品却光鲜亮丽，尽管没有像其他第一代建筑家那样参与设计国家纪念性的建筑，但在学校、公司、地方厅舍中留下了他的众多作品。在样式的选择上尽管也都采用了法国风格的样式，但每个案子却各有千秋。比如，第四高等中学校（图7-26）采用了较为小型的哥特式设计。而古典系统的作品中日本火灾保险（1900，图7-27）的设计游刃有余。然而，山口始终没有采用过柱式设计，尤其是作为柱式象征的列柱。

这些特征用山口的法国建筑代表作——兵库县厅（图7-28）与大小相仿的片山的京都帝室博物馆（图7-23）相对照就可以很明显地看出来。另外，虽然两者在法国系统的断面为半月形的孟莎式屋顶与左右翼向外扩展的配置上较为相似，但山口并没有在重要的壁面上安排大型立柱，拒绝巴洛克化而以简洁的文艺复兴风格来处理。

法国建筑以宫廷建筑为主轴发展壮大。在此过程中，如何巧妙地运用柱式的严密性一直是法国的骄傲，所以片山的作品比同一代的建筑家都更具有柱式的感觉，但山口的作品风格好似偏离了法国的主流风格，似乎缺少生气与活力感。但同时，也不会让人有生硬感，而是使人感到温馨柔和。这是片山、辰野、妻木都不具备的，山口也是在第一代建筑家中与曾祢达藏一样没有在作品上明显打上明治时代烙印的建筑家。

图 7-26 第四高等中学校（金泽，1891，山口半六）

图 7-27 日本火灾保险（1900，山口半六）

图 7-28 兵库县厅（1902，山口半六）

由于山口的加入，从宫廷到学校等众多种类的法国建筑被法国派带到日本。

五、国家与建筑

日本最初的建筑家们将欧洲各国的样式融入自己的作品，使自己的作品也都具有学习对象国家的风格，我们把这样一段时期称为"学习的时代"，现在我们就来看一看它所取得的成果及其特性。

首先我们来看一下学习成果。

除了美国，日本的建筑家们还向 19 世纪处于领先地位的英、德、法等国学习；不仅是 19 世纪，辰野的日本银行本店及片山的赤坂离宫还融入了17、18世纪的风格；法国派的片山与山口按"物以类聚"原则划分建筑，辰野式将建筑分成高、低、官、民等不同类型。日本的建筑家就是从这三个方面进行了广泛的学习。他们不仅学习范围广泛，且学习的质量也很好。从赤坂离宫就可以看出日本的建筑家也已经正确地掌握了欧洲历史主义的三要素——造型、比例、关系，展现出完美无缺的设计风采。但不可否认的是，日本建筑家们彼此之间还存在着一定的差异。其中最优秀的是妻木赖黄与山口半六，位于中间的是片山东熊，而辰野金吾则在其后。

尽管第一代建筑家的主要任务，相对于创造而言更为注重学习，但并不意味着停止思考与判断而一味进行模仿，他们只是牢记以学习为主的思想。比方说，片山摒弃了法国的流行，转而追求古典风格，设计出赤坂离宫。而辰野按自己的判断，在建日本银行时选择新古典主义样式，而民间建筑则选择了安妮女王式。

在各种各样的样式中选择其中的某一种或是两种，再加上自己的风格进行润饰，便称为折中主义，这是19世纪在欧洲出现的一种新趋势。这种趋势随着时间的推移越来越兴盛，也成为20世纪历史主义最后的荣耀。这虽然是19世纪的特征，但是欧洲建筑家们在选择折中样式的同时，他们的作品也在不断变化，当然这也在合理的范围之内。但是康德和日本建筑家们却有所不同，采取了将哥特系统和古典系统并行、同时采用多项选择的方式。辰野只有在初期作品中采用多项选择的方式，之后在设计日本银行时就采用了哥特样式，而后期作品又改为安妮女王式，一个时期一种样式。但是各时期作品设计之间没有内在的连续性。与其说是在不断发展，倒不如说是不断变化。而朝法国古典主义一边倒的片山,和偏好 19 世纪德国古典系统的妻木倒是比较特殊的两位。

伊东忠太的记忆中保留着 19 世纪 90 年代的一些陈年往事。在如何面对日本建筑之未来的会议上,"有些人认为必须是哥特样式,有些人则认为是文艺复兴样式,相互争论不已,最后议长决定采取举手表决,请赞成文艺复兴样式的举手。由于举手的人数比哥特样式的多,所以从这日起,日本建筑今后的发展被定为了文艺复兴样式"。这种对建筑样式轻率的处理方法是欧洲所没有的。

欧洲的建筑家们则认为,样式是当时时代精神的展现。哥特样式代表了基督教,希腊复兴样式代表了希腊文化,而德、英的红瓦则代表了非意大利式的地方文化。所以在英国维多利亚时代的基督教精神复兴运动中,出现了哥特复兴样式。在美国,作为民主主义的象征,希腊复兴样式受到大众的喜爱。而在德国,国家统一的国粹文化运动中,红砖的表现出色。

英国与日本一样也发生了"样式之争"的事件。围绕外交部的样式的争论中,议会的开明派支持意大利的文艺复兴式,而保守派则坚持本国中世纪的哥特式。结果,著名的哥特式建筑家乔治·吉尔伯特·斯科特(George Gilbert Scott)意外地选择了文艺复兴式;博因维尔和康德就是在这种英国的古典派系和哥特派系逐渐走向没落的时期开始了他们自身的发展。

随着时间的消逝样式之争也逐渐淡化,欧洲 19 世纪的样式也随着各国的历史文化背景而发展,但是对于从小接受了四书五经教育的第一代日本建筑家来说,不太可能理解这些样式背后所蕴含的时代精神、宗教感情及文化肌理。

首先在样式的选择上,还是按照日本建筑家的基准来进行的。

可是，在没有理解样式所包含的文化背景的情况下，又是如何对于基准进行判断的呢？

他们必须学会两点，第一点是用途与样式的关系。比方说大学的起源是中世纪的修道院，所以选用中世纪哥特样式会比较适合；宫殿的发源地在法国，所以采用法国式比较好。而对于某些用途的建筑来说有着特定的样式，记住这种特定关系应该是不错的选择。另外一点是，样式所带来的视觉效果。比方说按照由希腊神殿发展而来对于柱式的规定，设计出的古典样式建筑比较适合于展现威严、秩序、永恒、理性等，而且在古典主义中巴洛克样式较文艺复兴样式更显威武。另外，由中世纪教会开始的红砖及石造哥特系统的建筑适合于表现轻巧、自由、优美、感性等，这些可以从外形上加以理解。

所以第一代建筑家就是靠着用途与样式的关系以及外观的视觉印象来选择样式。

因为不注重样式背后所蕴含的文化性和传统，只单单地依靠用途与视觉印象来选择样式，以至于明治时期的代表作都带有相同的气息。明治时期的代表作以国家纪念碑性的建筑如宫殿、官厅为主，对于这些建筑的要求往往会是威严、秩序、永恒等。所以在样式的选用上也就限定在了古典样式，也就是巴洛克样式了。辰野初期的作品风格具有多样化，在日本银行时改以古典系，辞官后的风格多采用以红砖为主要材料的安妮女王式，东京车站的设计的整体结构也改为巴洛克样式，并在壁面上加立柱以强调古典风格。妻木、山口、河合也都按照国家性、纪念碑性强调古典风格的巴洛克样式。第一代建筑家之所以在明治时期的任务与大正时期的完全不同，也微妙地与同时期的欧洲有所不同，是由于他们的作品风格所带有的浓厚国家性。

因为第一代建筑家将明治时期的国家视为"后台老板"，作品风格带有浓厚的国家纪念碑性也就无可非议了。但除了这些外在的条件，他们和"明治"之间还有一些不为后人及外国人所能理解的整体感，或是说无法逃脱的关系。

以曾祢达藏来看。

他出生于唐津藩[1]的江户诘[2]上级武士家庭。由于曾在出使国外的小笠原长行主君下任家童，所以有机会在与法国驻日公使朗·诺士（Lon Roches）及派克斯（Parkes）的外交交涉场合中作陪。维新战争时期，小笠原作为拥幕派的核心人物，他也随彰义队[3]一同撤出江户退守会津地区。之后奉命离开会津因而得以逃生，而其他人却全部战死沙场。在维新之后他曾想当一名历史学家，但迫于生计进入工部大学，毕业后他没有跻身官场而在民间谋求发展，于第二次世界大战前成立了最好的建筑事务所——曾祢中条建筑事务所。

再来看片山东熊。

他出生于长州下级武士家庭。由于体格好，在维新战争时隐瞒真实年龄和兄长一起参加了奇兵队[4]成了少年枪手，曾参加过会津战役。兄长深受奇兵队军监山县有朋的信任，维新战争结束后在掌管陆军的山县手下任职，明治四年（1871）在山城事件中被认定渎职，以切腹自尽保全了山县。弟弟东熊在维新战争之后加

---

1 唐津藩：江户时代的地名，位于现在的佐贺县唐津市。

2 江户诘：江户充任。根据"参勤交代"制度，大名和其家臣到江户藩邸值勤务。

3 彰义队：拥护征夷大将军德川庆喜的武装队伍，上野战争中败于新政府军而解散。

4 奇兵队：江户后期长州藩结成的部队。

入陆军，之后又突发奇想，为了学习英语而进入横滨的英国商馆当起了服务生，也就是在那段时间发生了山城事件。之后又进入工部大学，毕业后，得到山县的强大支持，成为宫廷建筑家，开始步上了他的荣华之道。

再来看妻木赖黄。

虽然出生幕府旗本的家庭，但自幼丧父，在贫困中度过了幕府时代。维新后，17岁时西渡纽约到商店里打工，碰巧被纽约领事富田铁之助看见他时常在擦玻璃，劝勉他要继续求学，于是回国进入工部大学。但他中途退学后又进入美国康奈尔大学，回国后成为一名官僚建筑家，成为他后援的是以胜海舟为中心的旧幕府开明派——富田铁之助、目贺田种太郎等，横滨正金银行等民间的案子就是由这些人委托的。

再来看辰野金吾。

与曾祢达藏同样出生于唐津藩家庭，曾说过"以我的身份如果给我一支枪的话，是非常荣耀的事"。他生长在最下层的士族阶层，经过一番刻苦努力后，在终于成为私塾的塾长时迎来了明治维新。维新后唐津藩为了不落后于时代的步伐而开办了英语学校，辰野就是在那时入学，拜读于从东京被贬的高桥是清门下，这可以认为是辰野进入新时代的一个转折点。当高桥被新政府召回时辰野也尾随上京，在外国人住宅当服务生，在学会了英语之后进入工部大学。毕业后成为一名建筑家，在背后支持他的政界人士为高桥是清，财政界的是涩泽荣一，尤其是涩泽荣一，辰野初期与后期所接的民间案子均是透过涩泽的关系。

以上所介绍的第一代建筑家，他们都亲身体验了一个国家的新生。对他们来说更是切身地感受到明治维新为自己的人生带来的变化，除了一直抱有自杀想法的曾祢，想用枪炮赶走旧政府的片山也好，希望透过自己的努力成为明治建筑界王者的辰野也好，与胜海舟一样忍辱负重最后成为新政府的技术官员的妻木也好，都感受到用建筑来装饰国家和时代是自己的职责。当英国派与德国派围绕国会议事堂争论之时，康德在学术研讨会议上对第一代的每位建筑家说道："诸位是国家造就的建筑家，设计出一个雄伟壮观的国会议事堂是诸位对于国家的回报。"

虽然最后国会议事堂还是没有顺利完工，但是从欧洲学成归国，用建筑装饰明治时期的这个国家，并激励了这个时代的角度来看，第一代建筑家还是非常优秀的。

第八章
从明治到大正
——自我觉悟世代的表现

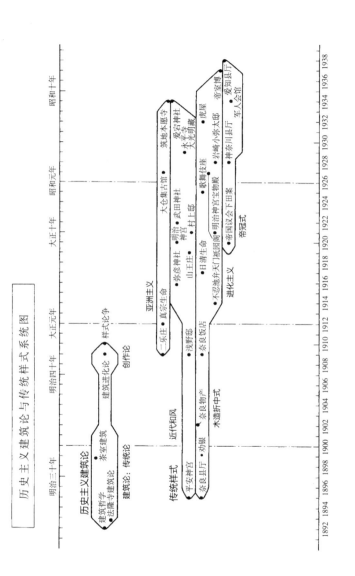

历史主义建筑论与传统样式系统图

历史主义建筑论

建筑哲学
法隆寺建筑论
建筑论；传统论
茶室建筑
传统论
茶室建筑
建筑进化论
样式论争
创作论

传统样式
近代和风
木造折中式
平安神官
奈良县厅·劝银
奈良物产
二乐庄·真宗生命
弥彦神社·明治神官
山王庄·村上邸
日清生命
大仓集古馆·武田神社
筑地本愿寺
爱宕神社
太平寺·大光明藏
虎屋
歌舞伎座
亚洲主义

不忍池弁天门机凡阁·明治神官宝物殿
帝国议会下田案
岩崎小弥太邸
神奈川县厅·帝室博
小弥太邸
帝室博·爱知县厅
神奈川县厅·军人会馆
帝冠式
进化主义

明治三十年　明治四十年　大正元年　大正十年　昭和元年　昭和十年

1892 1894 1896 1898 1900 1902 1904 1906 1908 1910 1912 1914 1916 1918 1920 1922 1924 1926 1928 1930 1932 1934 1936 1938

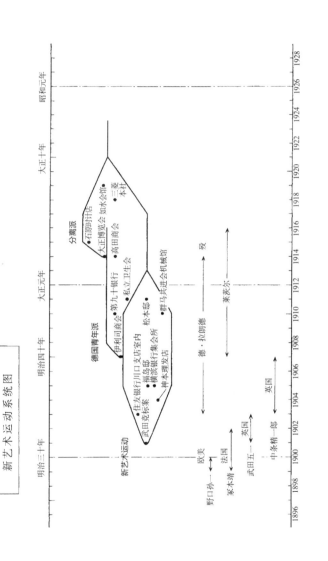

新艺术运动系统图

明治四十一年（1908），赤坂离宫除了中庭，其他部分已接近完工的时候，伊东忠太说道："现今我国的建筑界可以说处于非常混乱、无政府的状况中……也可以说处于黑暗时代。"辰野金吾的得意门生、建筑史学家的伊东认为，赤坂离宫是老师这个世代的"最后总清算"，接下来的建筑界毫无希望，完全坠入了黑暗世界。赤坂离宫的落成对于以辰野为首的明治时期的第一代日本建筑家来说的确是步上了鼎盛时期，而对年轻一代来说却是落日的来临。而且落日来临很快，不到十年时间，妻木、片山、辰野先后辞世，其间虽然有东京车站这样的大作问世，可是总体来看，设计的密度与气势均不如以往：很明显忽视细部设计，墙面缺乏表现力、粗糙无光。无论是哪个时代哪种式样，都在告诉人们：第一代建筑家已经到了不可救药的"末期"。

　　之后，第一代建筑家和明治天皇一起退出了历史。从明治末的1910年开始，新一代建筑家将日本的历史主义推向了一个新的局面。他们是横河民辅、长野宇平治、伊东忠太、武田五一、中条精一郎、野口孙市、樱井小太郎。他们也都是帝国大学（现今的东京大学）辰野的学生，通常被称为第二代建筑家，也正是他们构筑了大正时期的建筑。进入昭和时期后出现的年轻一代被称为第三代建筑家，其中田边淳吉、佐藤功一、安井武雄、大江新太郎、渡边节、冈田信一郎、长谷部锐吉、渡边仁、威廉·梅里尔·沃里斯（William Merrell Vories）等成了领导人物，由这些建筑家兴起的历史主义一直持续到了第二次世界大战的开始。

　　明治末年至第二次世界大战之前，由众多建筑家留下的各种不同风格的历史主义优秀作品，在自幕府时期到昭和二十年（1945）日本战败为止，近八十年的日本近代建筑史中，无论从质还是量上，都是比例最大的"一块"。构成这"一块"后半部分的是第二代建筑家的作品，他们所具有的新理念、新思想、新手法是明治时期第一代建筑家望尘莫及的。第一代建筑家的任务是学习欧洲建筑，分别对英国、德国、法国进行了学习，虽然各自都取得了辉煌的成就，可是都没有超越学习对象，在思想、设计上完全都依照这三个国家的基准，这或许可说是学习期的宿命吧。但是到了第二代，他们开始回顾先人所留下的足迹，重新思考"建筑是什么"，从而引发了"社会和建筑""技术和表现""美国的实用性"等新的课题。另外也开始实践新的感性——新艺术运动，而且对从上一代手中继承下来的欧洲建筑思想进行更新，第二代可说是自我觉悟的一代，第三代继续扩展了各种领域。接下来我们就对这块质与量都占最大比重的部分进行分析。

一、对于理论的觉悟

建筑论的诞生

第二代建筑家因对理论的觉悟，而脱离了他们老师那一代所带来的影响。

直到康德大师赴日为止，日本一直缺乏"建筑不只是把它当作物品建造起来就可以了，还需要对它进行理论上的探讨"这样的一种思维理念。康德大师到达日本不久，就对辰野金吾等工部大学学生进行"建筑是何物？"的演讲，并给予了相关的宣传手册。

其内容强调了建筑的本质不在于实用性，而在于建筑的"美"。但是这些弟子，将设计制作作为人生的首要目标，而对于理论方面的探讨漠不关心。由于模板出自欧洲，所以只要是自己的设计与国家的方向一致的话，理论是没有必要的。

图 8-1 伊东忠太

当自问"为什么是欧洲?""除了国家的表现外还有没有其他的表现原理?"等这些最基本的问题时，也就开始了自发性的理论探讨。最先开始的是伊东忠太（图 8-1）。伊东在他的毕业论文《建筑哲学》（1892）中，对作为模板的欧洲建筑之本质进行了研究。其结论虽和康德一样，但是对于"美"的理解更为深刻，例如：

> 美不断变换其形，随着形状改变而潜藏在各种物体中。称为美的东西是唯一的，美绝对不会变成两种，但是发挥出美的方式却非常多样。

这里论述的"美"只有一种，透过各式各样的方法可以在各种各样的物体中被表现出来的思考方式，无疑和起源于希腊哲学的欧洲美学之根本原理是相同的。

传统的日本人在对佛像或神社参拜时，会感到"无形"之美；在眺望山川草木时，会感到"壮丽"之美；在欣赏书法及绘画时，会感到"幽玄"之美；在拿到精美茶具时，会感到"枯寂"之美，在各种景象面前，人们会自然涌现出各种不同的视觉印象。虽然均为美，但佛像、山、川、茶碗、浮世绘是不可能被看作同一种东西的。当然，建筑也不可能以和对于山川或绘画同样的心情来观赏。即便是建筑，这一个领域中也分为城、寺、茶室、住宅，也是以不同的判断基准来看待的。正因如此，日本人不会像欧洲那样将建筑和绘画、雕刻放在同一审美角度，也不会将自己设计的不同用途的建筑作为同一类型来看待。

为了真正理解欧洲建筑，伊东对美的本质进行了论述。

除美的本质论，在《建筑哲学》中伊东还论道，"美"存在于过去的样式中。

这两个理论赋予了欧洲历史主义建筑的理论基础。

伊东因《建筑哲学》而开始的建筑论愈发不可收拾，接下来又朝着日本的历史主义发起论战。

进入研究生院的伊东，把目光投向之前没人注意的日本建筑史，再次走访了学生时代曾给他留下古板印象的奈良法隆寺，确认这是现存世界上最为古老的木造建筑群，并在建筑杂志中发表了《法隆寺建筑论》（1893）。之所以会发现它有如此高的价值，是由于先前辰野老师被威廉·伯吉斯问到日本建筑时无言以对，而觉得无地自容，因而辰野老师强烈建议他对此进行研究，以及受到了友人冈仓天心和费诺罗萨的激励。另外还要再加上伊东在《建筑哲学》的研究中提出的两个理论："美会跨越大海，存在于各处的各种物体中；美存在于过去的样式中。"

对于伊东来说，法隆寺存在着日本之美的确切证据。带着这样的思想，伊东对法隆寺开始了仔细的考察，却意外地发现法隆寺中门中央部分的木列柱与石造希腊神殿有着微妙的相似之处，从而推断出日本之美的起点源自横跨欧亚大陆的希腊，和欧洲之

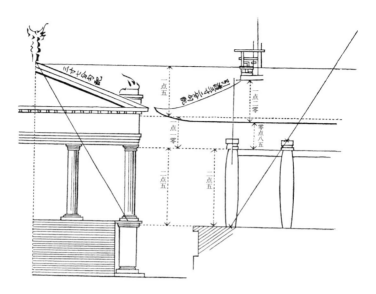

图 8-2 法隆寺与希腊神殿比较图（1893，伊东忠太）

美是同源同宗（图 8-2）。当时的建筑家普遍认为，由于被大海隔离，日本传统建筑的源头不同于欧洲的低劣文化。这样的误传被伊东的"世界最古老""和希腊相连接"给完全粉碎了。

　　对于传统文化的发现，除了伊东外，武田五一的贡献也很大。与伊东的《法隆寺建筑论》之发刊相对应，武田在明治三十二年（1899）发表了《茶室建筑》。这是日本最初的对从千利休到小堀远州的各种茶室流派，进行实测后制成的，是在众多图纸及详细报告的基础上，编辑撰写的以茶室为主题的论文。[1]在今天看来，对传统有兴趣的设计者着迷于茶室也无可非议，但是当时正值辰野的日本银行本店、妻木的东京府厅、片山的奈良及京

1　千利休、小堀远州均为江户前期的茶人、造园家，他们都有各自的茶文化及茶室。

都的帝室博物馆大举落成之时，也就是众人纷纷着眼于国家纪念性建筑的时期，武田在这时候却着眼于茶室这样一个小小的空间，似乎有点反常。这时候的茶室设计通常都是由宗匠一手包揽，属于建筑家以外的特殊世界。事实上，辰野不喜欢茶室及数寄屋般的建筑，觉得太花哨，他认为以法隆寺为首的社寺建筑才符合真正的日本传统。

着眼于茶室的举动或许也可以被认为是一种发现。

到目前为止，提及日本建筑，一般就会想到恩德与伯克曼，或是康德那样的御聘外国技师，以及日光或京都等江户时期建造的社寺和城堡。即便是日本建筑家，也最多只会想起较晚出现的第一代建筑家久留正道设计的芝加哥世界博览会日本馆（凤凰馆）那样的奈良、镰仓时代的建筑。而第二代的伊东和武田将此观念一下子推向了法隆寺和茶室，茶室的出现可以被视为源于法隆寺的日本建筑发展到一个巅峰时期。如果从这个角度考虑，就意味着他们两个同时发现了日本建筑的起点和终点。

对于日本固有历史样式的发现，第二代建筑家由此建立起能与欧洲建筑相抗衡的理论依据。

从建筑论到创作论

在伊东开创了建筑论之后，加上伊东和武田开展的历史论，扩大了日本建筑界理论上的领域，接下来就进入了创作论的阶段。

但是伊东在建立创作论前有一件事不得不做：假设法隆寺和希腊神殿之间虽隔了遥远的欧亚大陆却仍旧有"血缘关系"，就必须证实这个理论。当时的亚洲建筑史研究是由欧洲学者进行的，所以是由西往东进行的调查，最远也只是经印度传到中国。如果想要彻底了解日本和希腊的关系，就必须亲自横跨欧亚大陆，从东往西进行实际调查，于是伊东忠太带着素描簿、骑着驴子踏上了旅程。

伊东于明治三十五年（1902）盛夏从北京出发，在发现云冈石窟寺院后继续西行进入西安及成都，在驴背上摇晃了一百二十六天后到达贵阳。再经云南到缅甸，接着到印度。在花了一年时间探访了印度全境内的佛教遗迹后，乘船到地中海，进入土耳其、希腊、埃及、耶路撒冷，最后经小亚细亚从土耳其回国。从中国到土耳其，整整花了伊东三年的时间，全世界这样做的建筑家除了他大概别无他人了。

回国后的伊东发表了《从建筑进化原则看我国建筑的前途》（1909）。这是一篇关于如何设计建筑的论述，文中首先指出了当时存在的"欧化主义"和"折中主义"这两个倾向。伊东批评维新后的欧化主义是日本国民的自杀行为；另外和风与洋风的混合——折中主义，也只能作为过渡时期的手段。取而代之地提出了"进化主义"的论调，提倡将日本的木造建筑进化到石造建筑。

伊东在对法隆寺的研究中得知，日本和欧洲的建筑间的差距并非像爬虫类和哺乳类那样有着天壤之别，而是属于同一种类。但是日本的木造建筑具有易燃易朽等弱点，如果不设法克服的话，法隆寺的发现就无法从历史论发展到创作论了。幸运的是在三年的实地调查中，获得了一些线索和资料。欧亚大陆各地的建筑，有泥造的、木造的、石造的，各种材料都有，在东西文明的交流过程中产生出各种新的样式。追溯这个变迁过程，就会发现其中有一个法则——中国、印度、波斯、埃及以及希腊，不管是何地，原先是用泥、木、草盖成的建筑最后都进化成石造的了。希腊的石造建筑也是由木造进化而来，在木造时代的造型基础上最后演变成希腊建筑样式这样的学说是伊东在学生时代就已经知道的，而这样的论点在欧亚大陆无论哪里也都成立。

如果是这样的话，"日本的木造建筑也有足够的改变材料、改变形式的进化空间。和希腊的木造建筑进化的条件相同，日本的木造也可以进化成日本的石造"。从具体的可能性来看，"现在日本有大斗、大斗肘木、三跳斗拱等几种斗拱的形制，如果将斗拱适当地变形成为一个整体，以石材来建造的话，或许会出现一种新式的柱头图案吧"。（伊东忠太《从建筑进化原则看我国建筑的前途》）

"以架在木柱上面的斗拱为基础，有可能建造出日本固有的石造柱式。"这样的想法，在十五年前当伊东由法隆寺中门前看到希腊神殿的影子时，就已经注定要出现。虽然现在来看是很奇怪的想法，但这种进化论却是日本建筑家迈向创作论的第一步。

伊东大胆的假设刺激了第二代建筑家的思考，他们开始重新审视自己对于设计的做法。明治四十三年（1910）召开的题目为"日本将来的建筑样式该如何发展？"的讨论会，虽然是辰野金吾为了国会议事堂竞标而召集的会议，但是在这个以第二代建筑家为中心又加入了第一代和第三代建筑家参加的会议，推出了酝酿已久的理论。大致分为三个方向：

日本固有样式派

伊东忠太："我曾经……提出进化主义的理论，……现在还是坚持这个理论。"

关野贞："以到目前为止的日本建筑所表现的趣味精神

作为基础，再参考西洋式、回教式、印度式或中国式，……经过消化，塑造出一种清新的国民样式。"

三桥四郎："采用日本及西洋的长处造就一个折中样式如何？"

大江新太郎："以日本自古以来的建筑样式为主体，学习古今海外的建筑样式，努力创造出'细部'。"

欧化派

长野宇平治："日本是在赶往和世界接轨的道路上，没空闲去尝试创造什么新样式……现在的日本……我认为真的是一个应该好好运用欧洲建筑的时代。"

脱历史主义派

横河民辅："所谓样式这种东西，并没有一定要如何的道理……希望撤回'我国将来的建筑样式该如何发展？'的问题。"

佐野利器："建筑之美的本质，仅仅是重量和支撑的明确力学表现。……提出一个最正直、简明重量和支撑的力学来表现样式吧。"

从维新以来一直走欧洲建筑样式路线的长野宇平治，追求只有日本才有的创新样式的伊东、关野贞、大江新太郎以及提出"建筑除了样式就没有别的原理吗？"的横河民辅和佐野利器，不管哪一派，都没有采取类似文艺复兴的多数认可制来决定。和欧美同时代的建筑思想相比，追求除了样式外原理的理论还处于弱势，但是从方向和种类上看，在 20 世纪初这些都是不可或缺的思考。

在这里登场的第二代建筑家，以后各自实践了自己的创作理论，第三代也继承了这一传统，这个足迹从明治末一直延续到第二次世界大战之前，形成了质与量比重最大的一块。

二、与传统的抗争

在伊东进行法隆寺调查时，奈良及京都落成了两栋日本建筑家此前尚未挑战过的建筑。一栋是长野宇平治的奈良县厅（1895），另一栋是伊东的平安神宫（1895）。前者是和洋折中，既不同于日本大木匠师的拟西洋风格，又不同于御聘外国技师的"三分和式七分洋式"的做法，首次将和洋完美地结合为一体；后者则是纯粹的传统样式。

在这两部作品之后，日本建筑家们开始尝试融入和风，并加入明治末期流行的亚洲主义样式。经过大正时期、昭和时期直到第二次世界大战前，建筑界出现了有别于欧洲的日本固有样式流派。和洋折中、近代和风、亚洲主义这三个流派皆与上文叙述过的理论活动有着紧密的关系，接下来我们就依顺序分别来看看。

木造折中样式

在奈良县厅之前，以恩德与伯克曼为首的御聘外国技师已经在尝试使用折中方法。之后也有几栋外国人设计的建筑落成，但都被日本籍建筑家批评为"三分和式七分洋式"或是"红毛的岛田发髻"之类，他们对于外国人将日本的传统建筑设计成玩具一般的样式这种做法，非常不满。

但是长野宇平治（图8-3）设计的奈良县厅（图8-4）完全不同。首先，避免在石造及砖造结构体外使用和风外皮。结构采用木造的芯壁造，所谓芯壁造就是在柱和柱之间隔成墙壁，柱子外露于墙壁（柱子也包进墙壁里去的称为大壁造），因为日本和欧洲木造（半木构造）有部分的共通性，

图 8-3 长野宇平治

所以最适合作为和洋折中的构造。在墙壁上所开设的窗户，不是日式横向移动式的，而是欧洲半木构造式的上下移动的窗。然后在这样的墙壁上加日本式屋顶，但考虑到如果屋顶给人的印象过于强烈，就会感到日本味太浓，因此采用了倾斜度较缓、出檐较浅的设计，目的是取得墙壁和屋顶在视觉上的平衡。此设计在精确地找出了欧洲和日本建筑的共通点和差异点的基础上巧妙地采用了折中式。

设计者长野之所以会在洋风中融入和风的设计，是因为之前片山东熊在奈良公园中的帝室博物馆破坏了古都景观而受到县议会的强烈批判。而他自己也想试试没人挑战过且轻松愉快新奇的设计。长野宇平治曾写道："当时辰野教授不允许我们以哥特式来进行设计。……古典式的严格约束性并不那么使人感到愉快，但是哥特式中新奇奔放的感觉却令人向往。对于教授的禁令真是令人非常遗憾。"

奈良县厅的落成和伊东在法隆寺的发现，及武田在日本茶室的发现大约是在同一个时期，所以也都带有同时代的气息。伊东

图 8-4 奈良县厅（1895，长野宇平治）

在法隆寺的发现，使得长野能够鼓起勇气选用传统设计，同时奈良县厅的设计中也融入了武田的茶室风格。

　　木造芯壁造的和洋折中的新手法对建筑界产生了很大影响。首先，在妻木赖黄的指挥下，武田设计建成了东京日本劝业银行（1899）。另外，建筑师们在奈良公园中将此设计予以模式化，先后建成了奈良县物产陈列所（1902，关野贞）、奈良县战捷纪念图书馆（1908，桥本卯兵卫）、奈良饭店（1909，辰野金吾）等大作。

进化主义

　　由于对芯壁造的认同，使得日本式的传统风格可以融入新式建筑中，但仅局限于木造建筑，还不适用于石造或砖造建筑。如何将木造传统设计融入厚墙壁的承重墙结构以及之后的钢筋混凝土结构中去，直至今日仍是一个未解的难题。这也成了继木造芯壁的和洋折中样式出现后的另一个课题，而最先挑战这一课题的是伊东的建筑进化论。

如同希腊建筑是由木造进化而来的一样，日本的木造建筑也可以进化到石造建筑。伊东以真宗信徒生命保险（1912，图8-5）将此想法付诸实践，但只是部分性的尝试，整体样式以维多利亚-哥特样式为主再加上少许的印度风格，并且用石材取代了部分传

图8-5 真宗信徒生命保险（1912，伊东忠太）

统木柱和木斗拱。这展示了他在建筑进化论中阐述过的，日本建筑可以用石造来替换木造的可能性。

所谓由木造进化成石造，具体来看就是以石造技术做出木造的样式。这样的尝试除了伊东外还有不少人也在进行，大正、昭和时期之后，他们形成了一个颇为有趣的流派。当初只是部分性的尝试，到了大正中期却陆续出现了像日清生命（1917，佐藤功一）、明治神宫宝物殿（1921，图8-6，大江新太郎）等大作。尤其大江所做的尝试，具有划时代性。为了使神宫宝物殿达到不易燃烧的目的，大江大胆地采用石造的校仓造结构。校仓造是传统木造中唯一类似承重墙系统的构造，校仓造究竟能否和石造相融合呢？从结果上看，这个判断是正确的，用石材依校仓造的方式垒砌而成的墙面，将坚固的石材和轻巧的木材巧妙地融合在一起。另外，对于柱子部分，和伊东同样，大江也成功地加入了自创的柱式。在克服了木材和石材之间差异性的基础上，建成了一座具有协调

图 8-6 明治神宫宝物殿（1921，大江新太郎）

图 8-7 东京帝室博物馆（1937，渡边仁）

性的建筑。

从此这种外形和技术均采用和洋折中的样式得到了市民的广泛认同。大正及昭和期间，伊东（祇园阁，1927；震灾纪念堂，1930）、大江（宝生能乐堂，1928）、冈田信一郎（歌舞伎座，1925；虎屋，1932）以及渡边仁（东京帝室博物馆，1937）等进行了多样的尝试。其中渡边仁的东京帝室博物馆（图8-7）是自明治神宫宝物殿之后最具完美性的一栋，成为这一流派中的杰出作品。

伊东的建筑进化论透过第三代名手的努力结出了丰硕的果实，但是第三代建筑家并没有像伊东一样，对于传统有着特别的情感。大江、冈田、渡边同时都在着手设计欧洲样式，而且冈田、渡边还是欧洲样式的名手。对他们来说，就如同设计建造与文艺复兴及希腊样式一样的石造和式建筑而已，认为只是在他们的样式百宝箱中又多了一种样式罢了。

就这样，进化主义从伊东传到下一代建筑家手中。对于传统意识也逐渐薄弱，但到了最后却生出一个四不像来，就是帝冠式。

昭和十年（1935）前后，突然出现了一批和进化主义作品不同的建筑。以神奈川县厅（1928，小尾嘉郎）为首，名古屋市役所（1933，同市建筑科）、京都市立美术馆（1933，前田健二郎）、军人会馆（1934，川元良一）、爱知县厅（1938，图8-8，同县营缮课）等这一批建筑，并没有像进化主义那样，用和风样式与砌体结构巧妙地将墙面同屋顶结合起来，而是采用在欧洲风格的墙壁上加以日本式的瓦屋顶这样一种张冠李戴的设计。这样做法的起源是下田菊太郎的帝国议会案（1920，图8-9），此设计是在罗马神殿风格的墙身上加上日本城及天皇御所的紫宸殿风格的屋顶，称为"帝冠并合式"，之后简称为帝冠式，是一种象征着日本凌驾于欧洲之上的国粹主义样式。

从设计角度看此作品较为拙劣，但是反过来说这样的不协调之感，和那些进化主义系的名作不同的是，特别地强调传统风格，使得即便是一般人也可以强烈地感受到国粹主义

图 8-8 爱知县厅（1938，同县营缮课）

印象。从这个角度看，这是一种极端的政治性表现手法，可以从昭和十年（1935）落成的军人会馆中看出。但这种设计并非日本

图 8-9 帝国议会下田菊太郎案（1920）

军国主义或是政府所推动的，仅仅是技术挑战的一部分而已。或许可以认为渡边仁的东京帝室博物馆是帝冠式的代表作，但此作品不仅是屋顶，连壁体也巧妙地融合了传统风格，并没有利用传统风格来强调其政治立场，所以应该被分类到进化主义才对。

近代和风

与在奈良完成的木造芯壁的和洋折中样式建筑相呼应，京都也兴建了重现传统风格的平安神宫（1895）。设计者为正在调查法隆寺的伊东忠太，而目的是从古图中复原出平安京太极殿的缩小版，因此该建筑注重的是历史学研究，而非设计。此项设计的整体形式基本上依照史料的记录，而细部则是依照天皇御所大木匠师出身的木子清敬之经验来制作。对于伊东而言，此次任务虽然没有施展才华的空间，却可以获得实际工作的宝贵经验。这也是受过大学教育的建筑家，第一次进入师徒代代相传的传统施工现场。继平安神宫之后，透过这样的学习在传统样式的领域中结出新的果实，是伊东和武田在亚洲调查和自英国留学回国后的事。伊东以传统样式兴建了浅野总一郎邸（1909，图8-10），还取得了神社（弥彦神社，1916；明治神宫，1920）方面的成就。武田在回国后，先是沉浸在新艺术运动中，在进入大正时期后，则又开始关心传统样式，创作了寺院（清水寺，1917）及住宅（山王庄，1919）等大作。

受到这两人的激励，第二代的龟冈末吉、安藤时藏、保冈胜也、木子幸三郎以及第三代的大江新太郎、冈田信一郎也纷纷在自己的作品中融入了传统风格。大正、昭和时期除了大木匠师及茶道宗匠外，由建筑家主导的和风流派逐渐形成，但并不包括公共建

图 8-10 浅野总一郎邸（1909，伊东忠太）

筑及一般建筑，仅限于神社（函馆八幡宫，1918，安藤；武田神社，1922，大江）、寺院（东本愿寺敕使门，1911，龟冈；永平寺大光明藏，1929，武田）及豪宅（村上喜代次邸，1921，冈田；铃木三郎助邸，1932，木子；岩崎小弥太邸，1928，大江）。

　　这些系统逐渐成为传统样式中的保守主流，但是历史对于这些建筑家的评价非常严格，这是由于其被指责与江户时代流传下来的木匠、宗匠的传统风格差异甚大。与以十年为单位不断变换样式的洋风建筑相比，日本传统建筑样式的变化本来就很少，也不允许设计者进行自由发挥。除了武田、木子、冈田这几位和风建筑家，即便是带有鲜明时代感和个性化的建筑家也都如此。但是不同的设计者之间，也有所差异。例如被定型化的神社，伊东忠太的弥彦神社（1916）或大江新太郎的武田神社（1922）整体和部分的比例存在着明显的骨架意识，这是研究欧洲建筑所学到的感觉。

如果再说得明白一点，就是伊东和武田代表近代建筑家的传统样式，有着注重骨架以及部分和整体关系这两种思路。这两种思路无疑都是石造建筑的特征。

在这些隐隐约约的感觉之外，建筑家们采用的方法是复兴传统样式。在兴建明治神宫（1920）的过程中，传统论一时之间成为人们广泛讨论的话题，之后在神社和住宅建筑中，大家都开始自发性地尝试采用复兴样式。比如冈田信一郎就选用了桃山复兴式兴建了村上喜代次邸（1921）。

如果没有对建筑进行历史研究就绝不会有传统文化的复兴，以大木匠师依据自身的经验或是前人的传承是无法完成其设计的，这也只有18、19世纪欧洲建筑界的历史研究者和了解传统文化复兴的人才能设计出来的吧！

由于第二、三代建筑家将一部分欧洲建筑的精华注入了传统建筑，从而使和风建筑得以复兴。

亚洲主义

明治末年进化主义和近代和风全面启动时，也开始出现了另一个亚洲主义，亚洲主义也以伊东为代表。为了找出法隆寺的源流，伊东忠太从中国到印度进行了参观，在坐在驴子背上摇摇晃晃的旅途中，他和西本愿寺法主大谷光瑞派遣的大谷探险队相遇，因此得到光瑞的知遇，成为大谷家别墅二乐庄（1909，图8-12，鹈饲长三郎）的建筑顾问，着手设计了真宗信徒生命保险（1912），之后又设计了筑地本愿寺（1934，图8-11）这一大作。伊东生平的代表作以日本建筑史上前所未闻的印度佛教建筑样式为主。

印度样式的第一个作品二乐庄，拜访者要以专用缆车爬上六甲山的斜坡，到达后豁然出现在眼前的是印度-伊斯兰样式的塔楼，墙壁以彩绘装饰，有如在极乐净土才存在的世外桃源。

西本愿寺的门前兴建的是真宗信徒生命保险（图8-5），以印度风为基调，折中维多利亚时代风格的红砖样式，再加上千鸟破风、斗拱、蛙股等日本的形式，希望设计一个日本、印度、欧洲三位一体的作品。

这样在明治末期打造出印度样式的伊东，在大正、昭和时期，又尝试了中国风（不忍池弁天门，1914；大仓集古馆，1927）及泰式（三会寺佛堂，1922），试着将亚洲样式导入日本近代建筑，进入昭和时代后，他最大的成果是印度样式的筑地本愿寺。由伊东引领开启的亚洲样式，尽管数量较少，但也成为一波潮流，诞下了不少作品。即使现在站在这些作品前面，还是会给人以不可思议的印象和时代错觉。对于伊东，这是自己的思想诚实归结的结果，他从发现法隆寺，将日本的传统推到中国、印度到希腊的关系，由此拒绝了局限于日本及以欧洲为模板的欧化主义，取而代之，推行从日本到印度相通的亚洲样式。这种姿态的背景是，自研究法隆寺时代开始，他即从日本美术研究的先驱冈仓天心处学到了许多，虽说天心的影响很大，但也与设计上的伙伴大谷光瑞的大亚洲主义关系匪浅。

如上所述，觉悟的第二、第三代在明治末期以后形成了进化主义、近代和风、亚洲主义三个流派。

虽然这三个流派都深切地关心着传统，但到底着迷于哪些传统，又有哪些期待，大家的意见却又是不同的。伊东忠太以探索日本建筑文化之自明性着手，而武田五一是发现和风传统中的轻巧、自由这类设计中的趣味；这两个不同的思路成为两条轴线，

图 8-11 筑地本愿寺（1934，伊东忠太）

图 8-12 二乐庄（1909，鹈饲长三郎）

有时分开，有时合在一起。从明治末期到昭和第二次世界大战前，编织出进化主义、近代和风、亚洲主义各式作品，自明性相对于欧洲意识虽然是日本固有传统，但一不小心，往右踏入一步的话，就和国粹主义连在了一起。

将这分界线变模糊的是伊东忠太。他为了确立自明性，将样式分为进化主义、近代和风以及亚洲主义。将进化主义用于公共建筑和一般建筑，近代和风用于神社和住宅，亚洲主义用于寺院。这样的使用分类法的目的无疑是使作为日本精神核心的神社采用传统复兴的和风，一般建筑采用进化主义的和风，亚洲共通的佛教寺院则用印度样式。这样的构思是希望以日本为核心，连同印度作为亚洲的一体，和欧洲势力相对决这样的大亚洲主义。以大亚洲主义的领导者光瑞为伙伴，试图以亚洲佛教对抗欧洲的基督教。赋予光瑞在具体形体——建筑上表现的正是伊东。

客观上来说确实如此，但伊东本人好像对自己的工作整体情况并无自觉性，和光瑞合作后，热心研究亚洲主义和神社是明治末到大正初期的事情了。在昭和年代第一个十年和光瑞分道扬镳，开始批判帝冠式的建筑。但他并不是建筑界的国粹主义理论家，和作为美术史研究的大师天心一样，最终是从文化上、精神上来寻求日本的存在性，但也并没有再做进一步的努力。

自传统中觉悟的第二、第三代建筑家，在享受和风设计趣味的同时，也有了相当的成果；对于探索自明性的部分，不能否认的确有一些不足。

三、新艺术运动

在明治中期，由于长野宇平治设计的奈良县厅、武田五一（图 8-13）对茶室的发现，建筑家们知道了日本传统中除了法隆寺还隐藏着另一种设计的可能，就是轻巧、清晰、变化这样的感觉。

这种感觉在明治末年以后，成为形成传统样式系谱的一个原因。不仅如此，其还意外地与世纪末以功能设计闻名遐迩的新艺术运动相会。

图 8-13 武田五一

透过茶室对于日本传统觉悟的武田五一于明治三十三年（1900）留学欧洲，在伦敦接触到了新艺术运动。为了探寻这个新设计的起源，武田五一到格拉斯哥、布鲁塞尔、巴黎、维也纳各地旅行，走访了格拉斯哥的美术学校，对新艺术运动旗手们的作品进行了参观，自己也做了几个建筑图案的设计。其中明治三十四年所画的建筑图案成了日本人在新艺术运动中的第一号作品。

武田看出在新艺术运动中，有着和茶室同样的轻巧、清晰、变化的特质，意识到自己感性的倾向，而到欧美探寻自己所喜好的东西，这是第一代建筑师所没有的自悟世代的特色。

刚好同时期在巴黎留学的冢本靖也注意到了新艺术运动，另一位野口孙市在到欧洲视察时也被新动向所吸引。

武田、冢本、野口三人在 1900 年可说是亲身体验了新艺术运动巅峰期后，回国开始尝试新的设计（渡边和太郎别邸，1903，冢本；住友银行川口支店室内，1903，野口；福岛行信邸，1905，武田），这是日本的新艺术运动的开端。

受到注目的是福岛行信邸（1905，图8-14，武田五一），武田以新兴贸易商行为舞台，从以蜘蛛为形的铁门开始，大胆采用红紫色外墙，会客厅装饰白色天花皮，镶嵌玻璃且安装带有花绘图案的窗帘，家具使用纯白维也纳风格的柜子，花台的脚有如流水起伏，和室的门上嵌以蒲公英为形体制作的拉门五金等，连细部也实现了高纯度的新艺术。在金属工艺、染织、陶艺、家具等工艺领域都采用了崭新的设计，这是当时在京都高等工艺学校任职教授的武田和浅井忠所推动的。

武田、冢本、野口之后，第二代的日高胖（神本理发店，1904）、远藤于菟（横滨银行集会所，1905，图8-15）继续推动新艺术运动，另外第一代的辰野金吾及曾祢达藏事务所（辰野片冈事务所、辰野葛西事务所、曾祢中条建筑事务所）也赞同片冈安及中条精一郎的想法，留下了松本健次郎邸（1911，辰野片冈，图8-16）及群马县主办联合共进会机械馆（1910，曾祢中条建筑事务所，图8-17）等大作。

进入大正时期后新艺术运动逐渐销声匿迹了，但是同类的设计继续发展，德国的青春样式设计以德国建筑家乔治·德·拉朗德（伊利司商会，1907，图8-18；汤姆士邸，1909）为首，还包括捷克人简·莱茨尔（大日本私立卫生会，1911）及横滨勉（第九十银行，1910，图8-19）等人。分离派（受新艺术运动影响直线性很强）的作品有大正博览会（1914，曾祢中条建筑事务所，图8-20）、如水会馆（1919，曾祢中条建筑事务所）、石原时

图 8-14a 福岛行信邸（1905，武田五一）

图 8-14b 福岛行信邸（1905，武田五一）

计店（1915，三桥四郎）等知名建筑。

自明治到大正的新艺术运动，其设计对于日本的近代建筑史具有何种意义呢？

欧洲如下文第十一章所详述的，随着19世纪末新艺术运动的登场，到此为止的历史主义样式流派大受打击。以后，否定历史主义的设计抬头并成为主流。日本的新艺术运动，若不改变建筑表现之根本就无法开展，进入大正时期后，武田和冢本又迅速回归历史主义。而野口在继续新艺术运动的同时留下了正统的历史主义的名作。日本的新艺术运

图 8-15 横滨银行集会所（1905，远藤于菟）

图 8-16 松本健次郎邸（1911，辰野片冈）

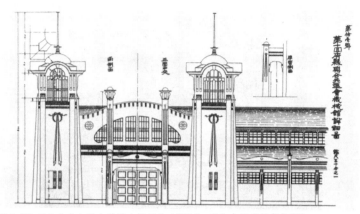

图 8-17 群马县主办联合共进会机械馆（1910，曾祢中条建筑事务所）

图 8-18 伊利司商会（1907，乔治·德·拉朗德）

动未和明治的欧洲历史主义流派做切割，最后变成历史主义当中一个新的装饰性的样式。

但也并非完全无法和明治做切割，作为主角的第二代建筑家进行的尝试只是将新艺术运动的用途限制在住宅、商店、博览会等休憩及消费的空间，而且住宅也并非由财团当家或有爵位的人使用，而是提供给新一轮的中产阶级使用。第一代建筑家的工作是要和国家及纪念性有关，第二代建筑家的新艺术则要和前述的明治的特色做一个切割，以这样的切割作为契机，第二代建筑家从体验维新、确立国家及同西洋面对面的沉重气氛中脱离出来，进入个性化的大正时代。

四、发现实用的美洲大陆

自幕府末期开港以来，美国建筑的光芒一直被欧洲建筑所遮蔽。殖民地建筑时期由西面英国传来的阳台殖民样式，称霸于长崎、横滨、神户等开港地；由东面将雨淋板殖民样式传到北海道，接着是拟洋风时期，雨淋板系比灰泥系晚了一步。在御聘外国人时期没有知名美国建筑师来日，所以日本籍建筑家尽管在美国国内表现优异，从美国留学回国的小岛宪之却无法得以施展手脚，这是因为妻木早就安排德国派的人接班。如此在明治时期象征美国存在的赤坂离宫，所能看到的是法国风的装饰，但是在石、砖的厚墙中有着卡内基公司制作的钢骨做强化，地下室也有美国制的空调机器。

第一代建筑家非常清楚一个事实，就是美国的钢骨构造技

图 8-19 第九十银行（1910，横滨勉）

图 8-20 大正博览会（1914，曾祢中条建筑事务所）

术、空调、给排水、电梯等设备技术远比欧洲强，但是外观表现还是以欧洲为主，美国则被深藏在墙壁内或地下室深处。

横河民辅

在这样的趋势中，作为日本籍建筑家使美国受到注目的是第二代的横河民辅（图8-21）和下田菊太郎。下田有着强烈的个性，被称为建筑界的黑羊，横河则展现出美国的全部，并将之扎根于日本。

图8-21 横河民辅

横河的经历曲折，最初是辰野的学生，明治二十三年（1890）毕业于工科大学，当时的毕业设计和论文题目是《东京之町屋》（*Tokyo City-Building*），以下町的商家及长屋[1]为例，拟订改善商人和职员的生活，以及建筑物之耐震、耐火性的课题方案。进入昭和时代后，住宅改良才被建筑界所重视，可见他有着先驱性的、特殊的见解。离开辰野出了学校后，横河独立开设计事务所却没有委托案，在这个时候，他将时间投入研发，研究下町的两层楼造之土藏造及红砖造，思考如何用简便的方式达到耐震效果，整理成《地震》（1891），然而各界对此都没反应。在这时候被三井找去规划三井本馆，决定采用日本建筑家未曾用过的钢骨构造，为了采购钢骨和研究钢骨构造，甚至到美国视察（1896），这时他在芝加哥、纽约卡内基公司看到的东西，

---

1 长屋：江户时代的长条形建筑，租金低廉。

成为他回国后的生存利器。

回国后，横河完成三井本馆后就离开了三井，开设了从事设计和施工的横河工务所（1903），由于擅长钢骨构造，委托案量一直增加，因此和横河桥梁制作所分开独立（1907），以后又继续开设了关于建筑技术改良、发明以及实用化的企业。其中包括开发以家具用人造皮革为目标的横河化学研究所（1914），开发、制造电梯及空调机械的横河电机研究所（1915）及东亚铁工所（1916）。最后根据自己的兴趣创办了将太长而不方便搬运的琴改良成为可折叠式的倭乐研究所（1937）。横河不仅着手参与从发明到制造的过程，也注重理论研究，并且首次在日本介绍了《科学的经营法原理》，这是因福特汽车运用了这一理论才使得大量生产成为可能，由此被奉为产业界的圣经。直至今日人们都不敢相信，在各自的领域都取得丰硕成果的横河电机、横河桥梁、横河总合计划这三企业的创业者之本行居然是建筑家。

正如前述，召开"日本将来的建筑样式该如何发展？"的讨论会时，横河的回答是："所谓样式这种东西，并没有一定要如何的道理……希望撤回'日本将来的建筑样式该如何发展？'的问题。"如此，对设问本身浇了冷水，但对横河来说是再自然不过的了。因为他最为看重的仅实用性而已。

美国式办公楼

自美国归来的横河在三井中的任务有两个，一个是创建三井本馆，另一个是向美国的百货公司学习，将越后屋吴服店改建为百货公司。日本最初的百货公司是横河从美国带回来的礼物，当时的美国在经济和技术方面都领先于欧洲，都市的商业及消费空间急速增长，因此办公楼的高层化及百货公司的大型化，这两个趋势都没逃过横河的眼睛。

以横河为首，许多第二、第三代建筑家都关注着美国建筑的技术和样式，办公楼和百货公司都是新的建筑类型，理所当然地被带到日本，在这里将针对美国建筑的实用面以及有先进技术为后盾的合理化办公楼进行叙述。

日本最初的办公室是由康德和曾祢达藏设计完成的位于丸之内的"一丁伦敦"——以三菱一号馆（1894，康德，图6-10）为首的红砖造大楼。如同长屋般由下往上直立式的区划单元，各个区划单元都有着玄关、大厅、楼梯、厕所、茶水间等，不输于独立形式的本社建筑。

美国系的办公室是横河的三井本馆（1902，图8-22），这也是首次使用钢骨构造建办公楼，内部设有电梯，但是和直立式区划单元的形式以及拥有众多装饰的"一丁伦敦"并无太大差异。大楼的三楼以下由于是低层无太大变化，但是四楼以上的高层，就需以电梯取代楼梯或是采用直立式的分割单元方式，各区划中必须各加入电梯和消防楼梯，这样就会占用大量宝贵的各楼层的楼板面积。避免浪费的方法只有一个，就是取消直立式的分割，将电梯、楼梯、厕所、茶水间变成共用，合并在同一个地方，玄关、大厅、走廊也都共用。于是，尽可能地以楼板面积为单位将其出租出去。

不仅是平面规划，构造也在高层化中改变，砖、石造结构之大楼，其壁体部分占建筑面积的比例高。以三层楼的"一丁伦敦"为例，墙厚占了25%—30%，如果高层化的话，下方楼层的墙壁就要跟着增厚，最有利用价值的一楼可以使用的面积将会

图 8-22 三井本馆（1902，横河民辅）

随之减少。若要解决这样的矛盾，就不能采用承重墙系统，而改用强度较强的钢骨或钢筋混凝土。两相比较，需要花时间凝固、强度也较弱的钢筋混凝土就比较不利，而钢骨可以缩短工期，柱子的尺寸也较小，是高层化办公楼最适合的构造。

世界上首先将办公楼高层化的是19世纪的美国，特别是芝加哥。合理的平面规划、钢骨构造、发达的设备，组成了经济实用的形式，并被称为美国式办公大楼。横河为此赴美考察，虽在芝加哥及纽约看到了这类建筑，但是回国后的三井本馆却因为被期待设计成具有纪念碑性的建筑，而没使用这样的形式。

日本建成美国式办公大楼是日俄战争之后的事。明治末年由于都市急速发展，才开始出现办公室的高层化。横河的三井出租事务所（1912，图8-23、8-24）及远藤于菟的三井物产横滨支店（1911，图8-25），几乎同时成为高层化的模板。两者虽然都还有改良平面规划的空间，但已将电梯及其他功能集中在一处，共享玄关、走廊，前者用钢骨构造，后者用钢筋混凝土构造。以后日本的办公大楼多采用钢骨或钢筋混凝土，办公室的建设促使着这两种技术急速发展，形成了相互促进的局面。

图8-23 三井出租事务所（1912，横河民辅）

首先从钢筋混凝土的办公室来看，钢筋混凝土原本被用于工厂和仓库，最先被用于普通建筑的是三井物产横滨支店（图8-25），这是远藤于菟在自美国回来的酒井祐之助的协助下完成的。接着保冈胜也引入丸之内办公室群（三菱14—20号馆，1913），之后有几栋大楼是以钢筋混凝土建造的，但也并非就此领导着全部的办公室建筑。大正时期，大规模的办公楼几乎都是以钢骨为主要构造。在震

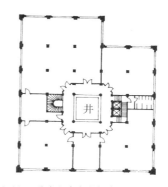

图8-24 三井出租事务所标准层平面图

灾后进入昭和时期之前，钢筋混凝土一直躲在钢骨的阴影下。但是钢骨不具备某种有趣的性格，这性格就是"技术和表现"，这是当时日本建筑界从未思考过的新课题。钢筋混凝土可以成为像

图 8-25 三井物产横滨支店（1911，远藤于菟）

砖或石般的厚墙构造。也可以成为钢骨或木造的柱梁构造。在装修方面，贴石材就成了石造、贴砖就成了砖造建筑，只以钢筋混凝土完成的话，根据模板的组合方式可以是平面的，也可以有凹凸，和其他材料一样，配合材料原本的构法和装修，就可以自由变换材料，这是 20 世纪建筑界的一大课题，日本首先解决这个难题的是远藤于菟。

　　"通常认为建筑材料支配着建筑的形式，但事实上倒不如认为是适应建筑材料的特性所设计出来的构造装饰自然地改变了建筑的样式。然而材料与样式非常互搭的情况是存在的，只是有时这件事情会被忘记而已。"

——远藤于菟《大地震前
钢筋混凝土结构的经历》（1934）

他认为钢筋混凝土的材料和样式非常互搭，也应该有这样的设计才对，在不断重复地尝试错误后，第一个成功作品是三井物产横滨支店。在平坦墙面上贴白色瓷砖，这表明已经脱离了过去砖和石的历史主义，接下来的作品（东京高等商业学校专门部，1916；东京日日新闻，1917）用钢筋混凝土最为经济，直接外露柱梁构造的柱和梁，只涂上灰浆以表现出混凝土风味，不借由历史样式及装饰，而是追求钢筋混凝土这近代技术最合适的表现。但是令人感觉到皮肤和血肉都不见了，只剩下骸骨般的寒冷。

他自己也发现了这股寒气，为了使作品给人以活泼之感，便加上一些小细节，但是还没发现取代历史样式和装饰的新的表现原理。新的原理要到十年后，约 20 世纪 20 年代后半期，由柯布西耶等欧洲的年轻建筑师发现才能建立。退休后的远藤看了之后，感叹道："这样的建筑连想都没想过！"

接着，再来看一下钢骨造的办公室。

美国式办公大楼的基础是钢骨造，第一号建筑是横河的三井出租事务所（1912，图 8-23、8-24），以采光天井为中心，电梯、楼梯、走楼集中在中央核心处，开有横条窗户，外墙是简略化的古典系样式，这是向 19 世纪末在芝加哥建成的高层大楼学习的成果。这之后，大正时期钢骨造之美国办公大楼成为主流，三菱二一号馆（1914，保冈胜也）、东京海上大楼（1918，曾祢中条建筑事务所，图 8-26）等大型大楼陆续完工。在这样的经验之下，邮船大楼（1923，曾祢中条建筑事务所，图 8-27）及丸之内大楼（1923，樱井小太郎，图 8-28）也接着登场，这两栋连施工都交由美国的建设公司。

三井出租事务所及东京海上大楼的设计是以美国为模板，但

图 8-26 东京海上大楼（1918，曾称中条建筑事务所）

图 8-27 邮船大楼（1923，曾称中条建筑事务所）

图 8-28 丸之内大楼（1923，樱井小太郎）

是工程和砌砖、石造建筑相同，是用人工组立钢骨，东京海上大楼最后花了四年半时间。如果用同样方法，丸之内大楼将要花上十八年完成。两栋楼的决策层和设计群是从纽约找来的富勒公司（George A. Fuller Company of New Jersey）。这间公司是和芝加哥、纽约的高层大楼一起发展起来的美国建设公司，当时也考虑要进驻亚洲，与日方合作在东京成立合资公司。有超过 30 人来自美国长驻东京，彻底地实施美国式的工程。材料的搬运由牛车换为大型卡车，打桩工程也改为使用蒸汽锤，吊钢骨的工作也由人工换为吊车，鹰架由圆木杉换为钢骨鹰架，可说是直接引进纽约的工法。机械化后的工程和工程管理之威力惊人，两年就完成了丸之内大楼和邮船大楼。

　　但是，这两栋大楼完工后的七个月，就发生了关东大地震。美国所自夸的实用性并不能直接适用于日本，丸之内的三菱一号馆的砖造和十四号馆的钢筋混凝土墙并无裂痕，但是丸之内大楼和邮船大楼却从外墙开始龟裂。尽管日本的设计群有考虑耐震性设计，但是美国公司对此项目却视若无睹，只以纽约的风力来计算结构。

由此，震灾重建时开始不采用钢骨，在昭和第二次世界大战前一直以钢筋混凝土为主流。以钢筋混凝土建造了许多办公大楼，但是在技术及平面规划上并没有新的发展。其中，平面规划有很大进步的是大阪大楼东京分馆第一号馆（1927，图 8-29、8-30），设计者渡边节学习纽约超高层大楼的核心系统，以电梯为轴心，将厕所、茶水间、走廊集中到平面中央，既经济也容易整理，和三井出租事务所相比，美国式办公大楼的平面规划总算有了进步。

图 8-29 大阪大楼东京分馆第一号馆（1927，渡边节）

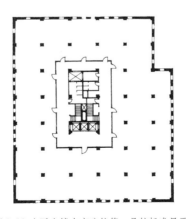

图 8-30 大阪大楼东京分馆第一号馆标准层平面图

第九章
新世纪的历史建筑
——美国派的兴盛

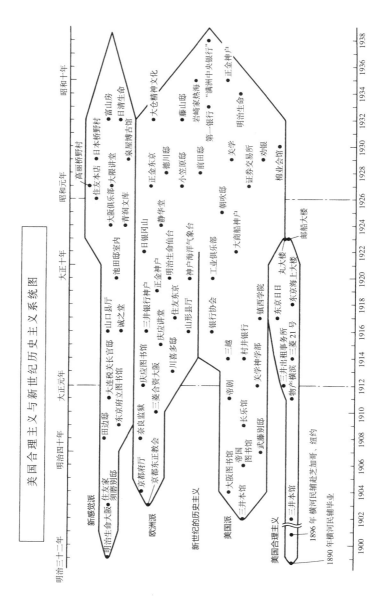

美国合理主义与新世纪历史主义系统图

图 9-1 三井物产神户支店（1918，河合浩藏）

　　如上文所述，从明治末期到第二次世界大战前的昭和时期，第二、第三代建筑家提出了"理论""传统""新艺术运动""实用的美国"等新的思想，并且具有自近代和风到美式办公大楼等新的成果。然而这些并未形成该时期的主流，重要的建筑物皆与此新潮流保持距离，仍在明治时期的延长线上沿袭着历史主义的路线。

　　我们在追溯这种可以称得上是保守主流的风潮之前，先来看看第一代的历史样式已经发展到了什么地步。这从河合浩藏进入大正时期的第三个代表作三井物产神户支店（1918，图9-1）中就可以很清楚地看到。建筑已经不再明显表现出土台、立柱、屋檐、窗户等各个部分，并且各部分原有的形体也消失了，自下到上都充斥着几何线条的凹凸。历史主义中最基本的三要素——造型、关系、比例都已土崩瓦解，只是随意地在壁面上撒了些石子作为它的装饰。整体给人的感觉是，处于原先的风格理念已经瓦解，但新的风格理念还没有形成。从整个世界范围来看，将原先的艺术理念逼到如此处境的原因，毫无疑问是 20 世纪初出现的反历史、反装饰的现代主义风潮。第二、第三代建筑家在经历了这股风潮之后，切身感受到必须在历史主义的延长线上继续开拓新的艺术生命。

于是从先前的历史主义演变出三个不同方向的流派，其中一支是从美国强有力的历史主义样式那里获得新鲜血液以改变现状。另外一支是加深对于欧洲历史主义的理解，以提高表现手法的质量。第三支是吸取现代主义的精华，开创新方向。

对于这三种选择，我们通常称它们为新世纪历史主义的美国派、欧洲派、新感觉派。

一、美国派的兴盛

美国的建筑，如上文提及的，不仅从技术方面及办公楼的平面形式等实用面上对日本近代建筑的发展产生了影响，而且对于建筑样式产生的影响也非常大。

在这之前日本国内的美式建筑，在开国之初盛行雨淋板殖民地样式及木骨石造殖民地样式，当进入历史主义时期之后渐渐被欧洲风格取代了往日的光辉，在这种失去光彩的时代中仍保持旺盛生命力的建筑，就是在美国基督教布道团基地内建造起来的学校［筑地立教女学院，1882，詹姆斯·麦克唐纳·加德纳（James McDonald Gardiner）；明治学院，1890，亨利·莫尔·兰迪斯（Henry

Mohr Landis）；同志社彰荣馆，1884，丹尼尔·克罗斯比·格林（Daniel Crosby Greene）]。这些设计者均为传教士，其中唯有加德纳曾经自学过正统的建筑学，并开设有设计事务所。

这些建筑采用美国维多利亚式，加德纳与格林的作品为红砖的维多利亚-哥特样式。而明治学院采用的是美国哥特式木构式。这是美国独创的样式，以木材在墙面上的纵横斜三向度上进行组合，给人以轻快丰富的表现的感觉。

就这样，美国样式以传教士为中心细水长流地持续出现，但在日本建筑界正式首次亮相，是明治三十五年（1902）横河设计的三井本馆，从此揭开了明治末期美国派走上兴盛时期的序幕。

以横河为首众多的日、美建筑家在明治末期昭和初期频繁地穿梭往来于太平洋之上。长期居住在美国具有留学和工作经验的日本建筑家当中，有曾在芝加哥丹尼尔·伯纳姆（Daniel Burnham）事务所工作过的下田菊太郎（1889—1898年在职），还有留学宾州大学的酒井祐之助（1906年毕业）与吉武长一（1887—1908年留学），以及移民加州，着眼于小型住宅的桥口信助（1900或1901—1909）。更有对时代气息敏感的学生，他们把留学地点从原先的欧洲也改成了美国。这些学生是阿部美树志（伊利诺伊州立大学研究所毕业，1914）、伊藤文四郎（加州大学毕业，1914年左右）、松之井觉治（1919—1932年留学）、松田军平（康奈尔大学毕业，1923）、横河时介（康奈尔大学毕业，1922）等，他们除了学习外也具有实务经验。仅仅从人数上看，留美的第二、第三代建筑家已经超过了留英、德、法的第一代。不仅如此，还有赴美进行短期考察，归国后在书籍杂志中继续受到美国影响的建筑家，这些人有三井派遣的横河民辅（1896）、住友派遣的野口孙市（1899）、三菱派遣的樱井小太郎（1920），以及为设计帝国图书馆而出国考察的真水英夫（1898）、考察办公大楼的渡边节（1920，图9-9）、长野宇平治（1918）等。另外与之相对应的访日美国建筑家以拥有传教士兼建筑家身份的加德纳（1880—1881年访日，于日本逝世）为首，有同样身份的威廉·梅里尔·沃里斯（1905—1964年访日，归化日本并于日本逝世）、美国富勒公司派来的杰伊·希尔·摩根（Jay Hill Morgan，1920—1937年访日，于日本逝世）以及从纽约赶来参与大型工程（第二代三井本馆，1929）的 TROWBRIDGE & LIVINGSTON 事务所。

大正至昭和的这段时间，虽然从政治、经济、文化等各种层面上看都有必要架起一座"太平洋之桥"，然而只有在建筑这个方面才真正架起了一座坚实的桥梁。

接下来就来看看，这座桥梁给我们带来了什么样的美国样式。

明治末期最早出现的那些建筑，有含法国风格孟莎式屋顶的三井本馆（图8-22），有美国布杂风格的大阪图书馆（图9-3），有哥特复兴美国田园版的含红砖尖顶的圣约翰教堂（1907，加德纳），有呈现出英国理查森（Richardson）风格的罗马样式的由粗石叠砌的东京贮藏银行（1907，横河）。从住宅建筑上看，箱形的长乐馆（1909，加德纳）有着文艺复兴的气息，外表热情的住友家须磨别邸（图9-27）是美国版的维多利亚样式。藤仓氏租屋（图9-16）是小木屋样式。尽管尚处在初期但已经有如此数量众多的样式。美国建筑也和日本一样由于受到了各国的影响逐渐趋向多样化，随后这多样化的建筑又来到了日本。

但是从大体上看，在日本国内的美国派建筑，以布杂为主轴，还吸收了其他样式的精华。

美国布杂

这是美国的建筑家们接受了法国的布杂（国立美术学校）的熏陶之后，将其美国化而形成的样式，也被称为美国文艺复兴样式。19 世纪末期后，美国布杂逐渐取代了英国传来的维多利亚式成为主流，直至 20 世纪 20 年代末一直保持着旺盛的发展势头。其代表建筑家有查尔斯·福林·麦金（Charles Follen McKim）、威廉·拉瑟福德·米德（William Rutherford Mead）、斯坦福·怀特（Stanford White）三人。他们共同开创的事务所麦金、米德与怀特事务所（McKim & Mead & White）拥有的建筑家人数为当时全世界首屈一指，业务范围涵盖了以纽约为中心的整个东部地区。设计样式尽管参考了布杂法国古典主义风格，但每栋建筑都给人不同的印象。美国布杂不仅块头硕大，而且设计风格不拘小节，说好听一点的话可以说是使人容易分辨，说得难听一点的话就是缺乏艺术深度。另外对于装饰的部分过于豪华，简直就像暴发户。

最先接触到这种样式的日本建筑家是横河民辅，那时正值他的鼎盛时期。但不知是不是由于横河对设计没有兴趣，归国后设计的三井本馆居然采用了红砖及孟莎式屋顶。与美国法系建筑家相同，采用了前一个时代的风格。

明治末期在众多美式建筑中，首次将清新明快的美国布杂风格展现在世人面前的是野口孙市（图 9-2）设计的大阪图书馆（1904，图 9-3）。野口在设计这座由住友家族赠送大阪市的图书馆之前，曾前往美国进行考察（1899），当时正逢美国大批图书馆落成，如波士顿图书馆、哥伦比亚图书馆等，还包括接近完工

图9-2 野口孙市

的纽约大学图书馆（1901，图9-4）。这些图书馆均为麦金、米德与怀特事务所设计，在美国布杂建筑中享有较高的名声。不清楚究竟是哪一栋吸引了野口，但从他归国后的设计来看，可以断定是纽约大学图书馆。因为这座图书馆是参考了美国国父杰弗逊设计的弗吉尼亚大学图书馆。

在野口赴美之时，有着两种不同的考虑。一种可以说是住友家族的考虑：一扫自明治维新以来的衰败景象；相对政治中心的东京，建立起商业中心大阪的表现手法。另一种是基于设计师立场的考虑：避免与坐落在对面（当时），由自己老师辰野（当时任住友家族的建筑顾问，监管野口的设计）设计的日本银行大阪支店的风格产生对立，以中之岛地区统一性的都市景观为考虑的同时，又能够超越老师成为第二代建筑家骄傲的风格设计。

参考纽约大学图书馆设计的选择相当正确。因为作为设计蓝图的杰弗逊图书馆无疑是独立市民文化的象征，帕拉迪奥风格也与日本银行大阪支店的风格相吻合，而且比日本银行大阪支店所不具有的扁平设计更具力度感。野口的设计果然大获成功，令市民骄傲的大阪图书馆成了中之岛的重要都市景观，当然它的设计也在日本银行大阪支店之上。

之后，明治末期至大正初期陆续建成了帝国图书馆（1906，真水英夫）、帝国剧场（1911，横河民辅，图9-5）、村井银行（1913，吉武长一，图9-6）、三越百货店（1914，横河民辅）等大作。再

图 9-3 大阪图书馆（1904，野口孙市）

图 9-4 纽约大学图书馆（1901，麦金、米德与怀特事务所）

图 9-5 帝国剧场（1911，横河民辅）

图 9-6 村井银行（1913，吉武长一）

加上大正末期至昭和初期由于民间大型建筑的大量涌现，这可以说是日本的美国布杂样式的黄金时代。在银行界、保险界中，有第二代三井本馆（1929，TROWBRIDGE & LIVINGSTON 事务所）、明治生命馆（1934，冈田信一郎，图9-7），在办公大楼方面，有大阪商船神户支店（1922，渡边节设计、村野藤吾制图，图9-10）、日本兴业银行（1923，渡边节，图9-11）、大阪大楼（1925，渡边节）、日本劝业银行（1929，渡边节，图9-12），以及东京证券交易所（1927，横河民辅，图9-8）、服部时计店（1932，渡边仁）、Hotel New Grand（1927，渡边仁）、棉业会馆（1931，渡边节）等一系列大作出现在大都会道路两旁。

其中尤其值得一提的是，横河民辅与渡边节。

横河民辅靠着自己在经济界、工商界的人脉关系，获得了大量的委托，但由于他对于设计方面不是很注重，只会偶尔出现在制图室一下，其余的均由下面的职员自由发挥，因而造就出松井贵太郎、中村传治以及留美归国的儿子横河时介等优秀职员，使得他们不仅在技术范畴而且在设计范畴也达到很高的水平。

横河工务所的水平从兜町的证券交易所就可以看出来。

在腹地非常狭小、呈倒三角形的土地上，这些设计师巧妙地利用了这些不利的地形条件，将证券交易所设计成如同岬角上的灯塔一般的圆筒形建筑。玄关部分占据了整个正面，在其后面安置了交易大厅等功能性空间；圆筒分成上下两层，下层用起源于希腊的多立克型立柱支撑，上层的壁面呈花瓣状向外鼓出。此建筑的关键在于圆筒与花瓣状壁体的结合，如果用普通方法处理圆筒形的话，就会出现一个瓦斯桶一般的建筑，而他运用花瓣状向外鼓起壁体的做法就使整个建筑呈现出力度感。外形具有这种视觉效果的美国式

图 9-7 明治生命馆（1934，冈田信一郎）

图 9-8 东京证券交易所（1927，横河民辅）

大楼，就连美国本土也不曾出现过。

图9-9 渡边节

大正末期到昭和初期的美国派鼎盛时期，与横河一样充分地大展才华的还有渡边节（图9-9）。

但渡边节起先并不是美国派的，大学毕业（1908）之后为近代设计的魅力所吸引，以成名作京都车站（1914）展现了分离派的风格。当他自己独立创业在大阪开了事务所后，由于学生时代建立的良好人脉关系，不断地接到志趣相仿的船场当家们的委请，建造中等规模的办公大楼。这些设计都是以历史主义为主轴，然而在细部的处理上却采用了几何线条。这与河合的晚年作品类似，明显地处于历史主义与现代主义的夹缝中间。

在这种时代背景下，为考察大型建筑而东渡美国的渡边节找到了摆脱这种局面的方法，归国后立即派遣村野藤吾赴美（1921），并且自己也再次出访美国（1922）。最吸引他们的是麦金、米德与怀特事务所所设计的案子，村野请早稻田的同学松之井觉治（当时在纽约事务所任职）带他们进行参观，并将全部共计四卷的作品集都带回了日本。

渡边在取得了这些研究成果回到日本后，第一个问世的作品是大阪商船神户支店（1922，图9-10），接着又相继设计出一系列的大作（日本兴业银行，1923，图9-11；大阪大楼，1925；大阪大楼东京分馆第一号馆，1927，图8-29、8-30；日本劝业银行，1929，图9-12；棉业会馆，1931）。

这些设计与访美之前的有着很大的区别，从细部至整体结构

图 9-10 大阪商船神户支店（1922，渡边节设计、村野藤吾制图）

图 9-11 日本兴业银行（1923，渡边节）

都充满着历史主义的气息，还具有美国才有的硕大、悠闲的情趣。加之表现细腻的细部处理，形成了与横河的美式建筑设计完全不同的设计。当然这些设计很大程度上也受到了麦金、米德与怀特事务所的影响，但他到底有着大阪人的精明，没有直接生搬硬套，而是将其消化吸收，像是

图9-12 日本劝业银行（1929，渡边节）

对于窗框、立柱、拱门的处理以及对于局部的处理仅仅使人能够联想到而已。

　　布杂以外的美国派样式还有与教会、传教团相关的哥特系列（日光真光教会，1915，加德纳；大阪教会，1922，沃里斯）。明治至第二次世界大战前的那段时间从大体上看，在住宅方面美国的样式对日本的大型豪宅及中小住宅都产生了影响。

　　接下来我们就分别从大型豪宅及中小住宅来看看美国带来的影响。

西班牙式豪宅

　　最初的影响是表现在大型豪宅中。

横河与野口从美国考察归来之后最先设计出的某邸（1906，横河）、武藤山治别邸（1907，横河）与住友家须磨别邸（1903，野口孙市，图 9-27）都采用了欧洲设计中所没有的独创样式。在很陡的屋顶上配以山墙、在边角上配以塔楼、在平直的壁面上配以凹凸，再加上弧形的阳台。在美国将这样有着明快变化、有阳台的样式称为维多利亚样式。横河与野口之所以采用这种样式，无疑是希望以更潇洒的样式来取代康德及片山东熊的英法风格。但是这种带有美国哥特式特征的大型豪宅并没有在日本流传开，不久就销声匿迹了。

美国对日本的大型豪宅真正产生影响，那是在西班牙样式亮相之后的事了。

大正十一年（1922），在大阪近郊的樱之丘由日本建筑协会主办的住宅博览会的一角，大林组[1] 推出了一组新奇的住宅。没有任何的装饰、随意涂抹的白色墙壁的简洁造型，相对于欧系浓妆艳抹的洋楼，反而更使人感到新鲜，这就是日本的西班牙样式的开始。

刚开始还只是用于中小住宅，不久大型豪宅也马上跟进。兴建了朝吹常吉邸（1925，沃里斯，图 9-13）与小笠原长干邸（1927，曾祢中条建筑事务所，图 9-14）。

尤其是小笠原长干邸，设有喷水池的天井（patio）、奶黄色的墙壁、西班牙式的屋瓦以及伊斯兰风格的室内设计都呈现出标准的西班牙风格。

至第二次世界大战前的昭和时期为止，西班牙风格逐渐形成

1　大林组：日本的五大综合性建设公司之一。

图 9-13 朝吹常吉邸（1925，沃里斯）

图 9-14 小笠原长干邸天井
（1927，曾祢中条建筑事务所）

气候，小寺敬一邸（1929，沃里斯）、下村升之助邸（1934，同前）、蜂须贺家族热海别邸（1929，同前）、三井高修下田别邸（1934，松田军平）、大林义雄邸（1932，安井武雄、大林组）、石桥德次郎邸（1933，松田昌平）等相继落成。同时扩展到了住宅以外的建筑，如川奈旅馆（1936，高桥贞太郎）、河鹿庄（1936，大林组）等，除旅馆以外还完成了关西学院（1936，沃里斯）、神户女学院（1933，同前）等传教士的校园；而且包括丰桥公会堂（1933，中村与资平）、静冈市役所（1934，同前）等公共建筑。就这样采用西班牙风格的建筑种类愈来愈广泛，其中传教士系统是由沃里斯设计的，公共建筑相对比较特殊，其余占据较大比重的就是豪宅。

以豪宅为舞台掀起这股风潮的源头当然是西班牙。那里有着强烈日照和干燥气候，所以形成了有着天井、窄小的开口部、白色墙壁的向内性设计，再加上受伊斯兰长期统治的历史背景，室内装潢都采用了伊斯兰风格。然而当时的日本与西班牙没有特别的接触，日本的西班牙风格是从美国流传而来，而美国的西班牙风格又是继承了加利福尼亚州、新墨西哥州等先前为西班牙殖民地那里的样式，并经过一段时间的发展演变后，才逐渐形成的一种地方风土建筑。这种地方建筑却在 20 世纪 20 年代开始流行，遍及整个美国的住宅、旅馆饭店、俱乐部。但最受影响的还是以佛罗里达州的度假中心等南、西部干燥温暖地区为主。尽管 20 世纪 20 年代在美国突然形成的这股西班牙浪潮，之后也流传到了大西洋彼岸的英国及太平洋彼岸的日本；然而它在英国却没有形成气候，只有在日本与美国一样流行。

那究竟是什么原因，使昭和初期的日本民众接受了这个陌生的文化样式呢？

其中的一个理由是，田园特色的建筑吸引日本人。大正初期，生活在大都会中的人们逐渐开始追求朴素、没有过多装饰的建筑风格，而西班牙风格的设计正好与之相符，另外一个理由是由于现代主义的影响。进入昭和时期后，出现了在白色箱形建筑上简单地开有窗户的现代主义设计，这种功能主义、合理主义的思想逐渐主导了人们对于建筑的理解，而样式主义中西班牙风格又是最接近于现代主义设计的；在这种微妙的结合下，西班牙风格才能逐渐借由豪宅为人们所接受。

平房与起居间式住宅

以上介绍了以维多利亚样式、西班牙样式为中心的豪宅，接下来我们再来看看对日本小型住宅产生根深蒂固影响的美国小住宅。

为了能从这小小的建筑中看出深奥的道理，我们再回头看看明治时期和洋并置式豪宅。我们在第六章曾向大家介绍了康德和片山东熊设计的豪宅，汲取了大名宅邸的精髓，采用洋馆（洋式房间）与和馆（和室房间）并置的方法，将其中的两个房间设计为洋室以及具有和馆会客厅功能的和室，作为接待客人及表现礼仪的房间，和馆的其余空间则作为生活空间使用，像这样的设计方法之后也逐渐为普通民宅所使用。到了明治末期，在玄关处设置洋式会客室的设计已经为大众所接受，成了一种固定的样式，通常称之为"中走廊式住宅"（图9-15），一般会在玄关的南面设置一间洋式会客室，外墙涂灰浆或以涂有油漆的雨淋板装修，有时会加上尖屋顶，室内放有椅子、桌子，书架旁挂有窗帘、电灯，地板上铺有地毯。虽然会客厅以外的内外空间仍旧采用和式，但

图 9-15 中走廊式住宅 冈田邸（1931，山田醇）

隔间已与传统有所不同。在屋子中央设有走道，走道南边为接待客人的和室以及供家族成员使用的起居室、卧室。走道北面则设有厕所、浴室、储藏室、厨房、用人房。这样，屋子中间的走道将起居间和其他生活空间分成了南北两个部分，由此将这种样式称为"中走廊式"。这种样式带来的历史意义是：（1）将日照良好的空间留给了家族成员使用的起居房间。（2）生活起居都不必经过其他房间，各房间都享有各自的私密性。（3）洋式房间进入了普通住宅。这种住宅形式不仅弥补了自江户时代以来传统住宅的缺点，还由于平面设计中考虑到了家族的起居及私密性，所以成为一种新颖的住宅并逐渐得到人们的认可。

但并不能因此就认为这是一种新的住宅形式。

明治时期和洋并置式的代表是康德的岩崎久弥邸，如果拿来与中走廊式的平面设计做比较的话就会发现，靠近玄关的地方同样设有洋馆，和馆同样地被分成南北两个部分，朝南边庭院的是会客厅（接待客人用的和室）和家族使用的起居间，北面同样设有用人房及厨房等空间。另外，接待客人、举办各类仪式时，会使用洋馆与和馆之会客厅。豪宅用中庭和走道将和馆划分为南北两块，若将此缩小就成为中央走廊，和洋并置式和中走廊式没有

图 9-16 藤仓氏租屋（1910，美国制）

太大差异，所以不能将之视为一种新的住宅形式，只能将其视为豪宅的平民版。

在明治末期出现的上班族阶层逐渐开始接受这种样式，大正中期时已经成为被大众接受的代表性样式。到了昭和时期，这种样式广泛地成了中学老师、公司、公务员阶层的住宅样式。

由和洋并置式逐渐演变成的中走廊式，为明治末期中小住宅的普及奠定了基础，然而真正给日本带来新式住宅的应该是"美国屋"。

所谓"美国屋"，是一个叫作桥口助信的建筑界外行人，于明治四十二年（1909）创建的日本最早的住宅建设公司推出的一项被称为"美国式住宅别墅建筑设计施工"的服务。早年移民西雅图的桥口助信，受到排日运动的影响被迫归国，但他在归国的同时带回了六件式的组合式小住宅，兴建起了藤仓氏租屋（1910，图 9-16）及望月小太郎邸（1911）。

所谓小住宅原本是指，位于美国南方经由欧美移民者加工过附有阳台的简便殖民地样式住宅，但是桥口带回来的却是 20 世纪初出现在美国的小型住宅。这是一种美国中产阶级在不雇用人的前提下，以家族成员为中心，由家庭主妇打理日常琐事的简朴生活方式为理念的住宅。这种住宅平面的特征是，将原先主要的会客空间让位给了以家族成员团聚为主的空间，也就是起居间。

桥口不仅带回了美国的小木屋，也为日本带来了以家族成员为中心的生活理念。之后桥口致力于普及这一种住宅形式，组织了"住宅改良会"，并参照美国的 *House and Garden*，出版了会刊兼宣传刊物的《住宅》杂志（1916）。住宅改良会之后成了官民举办住宅改善运动的先驱者，并且《住宅》杂志也成了第一份的住宅杂志。

在背后支持桥口，建立起美国屋理论并实际进行设计的是建筑家山本拙郎，山本非常巧妙地向梦想拥有中小住宅的市民们怂恿道：

> "自己来规划设计自己的住宅是一件多么有趣的事啊！想想看是要有一间书房并在书架放上曾经在银座看到的那个娃娃吗？还是在夏日傍晚，将藤椅搬到阳台上铺上一块干净的白布，两个人一起喝杯红茶呢？……这之后用不上几天你们就会跑到电器行，打听西屋电气公司的微波炉是什么价钱了，买不买都没有关系啦，问题是自己的家要盖在什么地方呢？很简单啦，在郊外散步的时候看到的也可以，坐火车时看到的也可以，找一块日照良好的山坡地如何呢？"

——山本拙郎《空想的住宅》（1924）

对于大正时期刚刚开始在郊外居住的市民来说，读了这篇文章后一定会对郊外住宅生活有一个想象的方向吧。

山本在向市民灌输梦想的同时，也向建筑界提出了新的住宅设计理论，这就是与远藤新之间的"拙新论争"。弗兰克·劳埃德·赖特（Frank Lloyd Wright）的得意门生远藤新认为："作为一个正直的建筑家，即便是在设计中小住宅时，也要把包括家具设计等各个细节都考虑在内，要使住家能够体会到这个小宇宙中每一个细小的乐趣。"对于这种论调，山本批判道：

> "我相信，住宅会随着屋主而不断地成长变化，是处于一个逐渐完美的过程之中。或许将朋友送来的台灯放到起居间作为装饰，或许将叔父遗爱的太妃椅放到书斋里当作宝贝，住宅本身不也是随着生活一起变得丰富多彩起来的吗？"
>
> —— 山本拙郎《住宅建筑与大奖 远藤新个展观后感》（1925）

住宅到底是在建筑家们设计出来之后就是一个过程的结束呢，还是像山本说的那样，这个时候才是真正的开始呢？建筑到底是艺术品，还是实用的器具呢？对于这个问题，日本建筑家中能够清楚地回答"是生活容器"的人，山本是第一位。

山本在设计方面的功劳也非常大。他配合日本土地狭小的国情，将之前引进的美式平房改为两层楼式，新增的回旋梯通到屋顶的露台，洋式的窗户改为传统的推拉式，并且搭配铺有榻榻米的和室。这些都是为了适合当时日本人生活的实际情况和满足

图 9-17 起居间式住宅 美国屋的样品（1922）

大家的喜好而采取的折中手法。但是尽管如此还是保留着轻快朴素的洋风外观以及将合为一室的起居间与饭厅作为空间重心的格局，坚持了美式小住宅的精神。

所以通常把由山本引进并照日本需求改良后的这种以起居室为重心的住宅称为"起居间式住宅"（图 9-17）。

起居间式与中走廊式相比，更注重家庭成员的生活，作为一种新的形式在年轻一代建筑家及知识分子中得到了广泛支持。但是由于根深蒂固的待客礼仪观念，大正到第二次世界大战前的昭和时期其数量远远不及中走廊式；源于美国的起居间式取代了中走廊式，成为中小住宅的主流，那已是第二次世界大战后的事了。

明治末期跨过太平洋之桥来到日本的这些美国建筑中，有的像布杂那样占据了都会的大马路两侧，有的像西班牙式建筑遍布日本的高级住宅区，也有的像小住宅那样蓄势待发，从整体上看这些给大正及第二次世界大战前的昭和时期的历史主义带来了不可想象的影响。

那么，让我们再来想想看，为什么偏偏是美国样式呢？

进入 20 世纪后美国与欧洲的建筑样式出现了逆转。欧洲的历史主义被 19 世纪新艺术运动中出现的近代设计逐渐取代，之后发展演变出来的那些新样式也由于 20 世纪的惯性而停止不前。然而相反的，美国这个时候在经济上、技术上都超过了欧洲成为世界之最，迅速地进入了消费大国的行列，迎来了人人讴歌的黄金时代。

在建筑界也是同样，钢骨及设备方面的技术领先世界，都会的大马路两旁高楼林立，大型百货公司更是如同锦上添花，因此，从19世纪末至20世纪20年代，美国一跃成了世界最有建筑活力的国家，却没有像欧洲那样朝着现代设计发展，其中的大部分建筑集中到了历史主义的那一边。数量的增加带动了质量的提升，美国的历史主义终于走上了自己的黄金时代，其中的主流样式是美国布杂，骨干当然是麦金、米德与怀特。另外，20世纪20年代出现的西班牙式也展现出无穷的活力。

这些美国建筑对日本建筑家而言，在两个层面上有着很大的魅力。其一是以横河民辅为首的实用主义。先进的构造、设备、施工技术以及高层的办公楼及百货公司等新兴的样式值得学习。其二是以渡边节为首的样式主义，日本的历史主义自明治末期开始，与欧洲一样由于现代设计的出现受到了严重的威胁，作为主力军的第二、第三代建筑家虽然密切地关注着现代设计的动向，却也苦于脱离不了历史主义的范畴，为了获得新的活力而向美国拜师求学。

大正、昭和的历史主义之所以没有像欧洲那样消沉下去，很大程度上是因为太平洋彼岸提供了大量的新鲜血液让历史主义起死回生，这必须归功于美国派。

二、欧洲派的复兴与历史主义的巅峰

明治末期开始由第二、第三代建筑家的努力而使历史主义恢复活力的原因无疑是因为美国派的出现。但是与欧洲的建筑家们不同的是，明治时期的第一代建筑家并没有与时代一同消逝，辰野、妻木、片山分别代表的英、德、法派，虽然没有像美国派那样取得辉煌成就，却也可以称得上是优秀的后继者。相对于美国派通常将他们称为欧洲派，如果认为美国派是代表了大正、昭和时期历史主义阵营中的革新派的话，那欧洲派就可以被称为保守派了。

明治后期令人瞩目的欧洲派建筑家有工科大学时拜辰野为师的中条精一郎、长野宇平治、野口孙市、山下启次郎、铃木祯次、森山松之助、木子幸三郎、松室重光、保冈胜也以及伦敦大学毕业的樱井小太郎、就读柏林工科大学的矢部又吉等第二代，第三代建筑家有冈田信一郎、内田祥三、渡边仁、高桥祯太郎等。但辰野的弟子或徒孙中几乎全部都是留英的，曾经在明治时期作为建筑界三大支柱的另外两支德国派与法国派日渐衰弱。唯有留德的妻木推荐矢部又吉一人只身赴德任职于恩德与伯克曼事务所，同时就读于柏林工科大学。而留法的片山只是在宫内省内匠寮中默默培养着兴建宫廷住宅的工匠，可以说正因为辰野一手主导了教育，因此造就了第二、第三代建筑家。

欧洲派旗帜鲜明地显示出与第一代建筑家不同的风格，是在保冈胜也创作设计了三菱合资会社大阪支社（1910）和中条精一郎的庆应义塾创立五十周年纪念图书馆（1912，曾祢中条建筑事务所）之后。

三菱合资会社大阪支社（图9-18）是以同时期英国古典主义样式中的爱德华时期巴洛克样式为蓝本设计而成的，却没有其他古典主义所具有的厚重繁杂之感。整体以圆塔为中心，以磅礴的力度、完美无瑕的设计手法竖立在大阪的街头。对位于街角的建筑用塔来做强调，是辰野的习惯设计手法，然而辰野与保冈对塔的处理各有不同。辰野的作品往往会明显地有别于当地的其他建筑，犹如鹤立鸡群，而保冈对塔的处理方法则不会带有明显的特殊性，小巧而自成一体，对位于街角的建筑的处理就如同发挥标点符号作用的句点一样，作为结尾。保冈的设计理念在丸之内仲通（1907，图9-19）的设计中得到了充分的展现，以安妮女王

图9-18 三菱合资会社大阪支社（1910，保冈胜也）

式为主题的街区令人仿佛置身于国外，这种与周围建筑相互融合的风格是第一代建筑家所不具备的。

　　庆应义塾创立五十周年纪念图书馆的落成成了所属于曾祢中条建筑事务所的中条精一郎的最佳宣传，充分展示了哥特系统第二代建筑家的表现能力。

　　明治末期的这两大力作中所展现的完美度、亲和性、敏锐性、高雅性等成了第二次世界大战前欧洲派对于空间设计理念的精髓，使这些理念的可能性与界限充分展示出来的则是中条精一郎和长野宇平治。

英国绅士中条精一郎

　　中条出生于明治新政府的中层官僚家庭，辰野是他大学期间

图9-19 丸之内仲通（1907，保冈胜也）

图9-20 庆应义塾创立五十周年纪念图书馆（1912，中条精一郎）

的老师，他曾任职于文部省，之后留学剑桥大学，归国后与曾祢携手创办了曾祢中条建筑事务所（1908）。

此事务所在质与量两方面都受到了好评，成了大正、昭和时期具有代表性的民间事务所。首先从数量上来看，自明治四十一年（1908）创业开始到昭和十二年（1937）解散为止的三十年当中，共设计完成了超过200件优秀作品，其中的大作以庆应义塾创立五十周年纪念图书馆（1912）为首，还包括东京海上大楼（1918，图 8-26）、如水会馆（1919）、邮船大楼（1923，图 8-27）、华族会馆（1927）、东京 YMCA（1929）等。从建筑种类上看，有县厅、大学、银行、公司、租赁大楼、博览会会场以及商店、住宅、工厂等包罗万象，但是没有参与国家纪念性建筑。政府的官厅业务只停留在省级厅舍上，业务对象几乎集中在银行、公司、住宅等民间建筑上。而其中又是将比重放在办公大楼和豪宅上，办公大楼除上述的东京海上大楼、邮船大楼外还包括银行、企业的总部大楼、支店。另外住宅方面以华族豪宅为主，包括公爵德川家达邸（1926）、伯爵小笠原长干邸（1927，图 9-14）、侯爵华顶博信邸（1934）、男爵岩崎小弥太热海别邸（1934）等名作。

尽管承接了来自社会各界的业务，却也没有因此而降低施工质量。就拿工厂、商店或医院来看，质量也都维持在中等以上。这或许可以归功于在众多成员中，有德大寺杉麿、中村顺平、高松政雄等年轻设计师的关系吧。

从设计样式上来看虽然以英系为主，但根据需要也包含有美系（西班牙式小笠原邸，1927）、新艺术运动（群马县主办联合共进会机械馆，1910，图 8-17），也有分离派的现代设计（如水会馆，

1919）以及日本传统式（全国神职会馆，1932）。

虽然设计风格仍然处于康德等老一辈建筑家的延长线上，但对事物的刻画精度却有显著提高。比方说同样是基督教会的建筑，尽管芝教会（1916）忠实地依照教会风格采用了哥特式设计，而札幌独立教会（1922）却史无前例地选用了希腊复兴式。这种不受中央意见左右，直接按照当地慕道会众民主自治决定的运作方式，或许就是将源于美国独立教会派的精神以民主与自治的故乡——希腊样式来予以表现的缘故吧。另外在救世军本营（1928）的设计中，在采用与芝教会相同的中世纪哥特式设计的同时，更结合了"军队"的特性加入了中世纪城堡的形式，在样式的选择上已经跨越了国籍和时代，甚至还出现了反样式，再加上更为细腻的选择精度，达到了依用途运用形式主义的至高境界。

尽管如此，无论采用何种样式也绝对不会失去自己的独创性。就拿邮船大楼那样美国式的办公大楼来说，与渡边节设计的大阪商船神户支店的壁面来进行比较的话就不难发现，前者的设计巧妙地避开了美国布杂雕刻的深沉、奢华、平庸风格，而给人以简洁细腻坚实的印象。据说当年德大寺杉麿在设计时，因最上层的窗户采用了拱形再于左右配以立柱的设计，陷入平庸无奇而一筹莫展之时，经过中村顺平的修改，使得作品又恢复了周密性。这是因为事务所的风格一直坚持以英国式的坚实性为宗旨，最讨厌没有品位的设计。

从官少民多（有众多数量的民间大楼及豪宅却没有多少国家纪念性建筑）、好英恶法美德（厌恶法美的奢华与德国的跋扈，重视英国的风格）的特征来看，中条精一郎比较接近于辞去御聘外国技师的康德，又可以使人想起受雇于康德的曾祢达藏。所以从中可以看出康德—曾祢达藏—中条精一郎的这种英国风格的一脉承传关系。

古典主义者长野宇平治

随着时间的推移，几乎所有的建筑家都逐渐转向功能主义样式的时候，唯有长野宇平治一人选择了不同的道路。

他以和洋折中的奈良县厅（1895，图8-4），推出了唯有第二代建筑师才具备的轻快自由、鲜明的处女作。但是之后投身于辰野门下，长期默默无闻地从事日本银行各支店的设计工作。其间心境想必是有了较大的改变，相对于当年折中样式的处女作，之后在《我国将来的建筑样式何去何从》（1910）一文中，对传统论者进行了严厉的批判，指出欧美样式正朝着古典主义化发展，并提出"日本也将步入与欧洲相同的道路"的主张。

传统论以欧化主义为目标，哥特主义与新艺术运动则以希腊、罗马为目标，对古典主义进行了对抗，这样的思想自奈良县厅落成后又历经了二十一年，透过三井银行神户支店（1916， 图 9-21）予以具体化。

虽然是小型建筑，

图9-21 三井银行神户支店（1916，长野宇平治）

但站在它的正面就可以感受到日本的历史主义建筑中所没有的由内向外涌出的气势。其重点在于前方的立柱，由整块花岗岩切成长十一米的六根立柱排列有序，并在后面的墙上投下长长的影子。在日光的照射下，就像古希腊的白色遗迹。如果向前一步就会发现立柱收分线为曲线，再往前一步又会发现收分线的顶端逐渐收窄，立柱的顶端装饰着有两个涡卷的爱奥尼亚柱式的柱头。看似坚硬的石头，却可以感受到有着生命的气息。

如果认为立柱是希腊神殿中关键之所在的话，那就可以认为由于长野宇平治采用了爱奥尼亚柱式而使日本古典主义进入了一个新的境界。

之后从大正中期至昭和初期的期间，长野宇平治陆续又设计了几栋银行建筑，对每一栋建筑都尝试着表现古典主义的可行性研究。比方说将重点放在大型三角山墙与科林斯柱式的希腊神殿风格的日本银行冈山支店（1922）、试着采用严谨的文艺复兴样式窗户的横滨正金银行下关支店（1920）、追求同样是文艺复兴样式的粗面石叠砌法的神户支店（1919）。在较多采用了法国古典主义中常用的大勋章作为装饰的鸿池银行（1919），以及在面积几乎只有一般商店大小的一层楼的三井银行下关支店（1920）中试着在平坦的壁面上绘以淡淡的浮雕。在银行建筑中最后的作品——横滨正金银行东京支店（1927）的设计中，参考了美国高层建筑中的古典主义样式（美国布杂）首次建起了六层楼建筑。除了正金银行东京支店外，如果希望展现古典主义气度的话，不可否认这些建筑的确太小了，但这些都可以被视为以古典主义为基本主体精神与精雕细琢的细部完美结合的精彩之作。

为了这些设计，长野平时就很重视古典主义建筑的研究。不仅包括19世纪法国出版的众多建筑图版集，他还对意大利文艺复兴时期出版的书籍类进行了研究，并且收藏了帕拉迪奥所著的《建筑四书》等世界级贵重古典书籍（现为早稻田大学收藏）。如同欧美顶级建筑家一样，一直要追溯到原出处，品出原味来，长野才会罢休。

为什么他如此执着呢？

这一定是由于在辰野老师门下的十六年中，都是以走向衰败的维多利亚样式为蓝本进行设计，使他不得不进行深刻反省：如此下去果真对日本的古典主义有帮助吗？也为了使欧洲的艺术生命能够真正地于日本生根，而对欧洲建筑史中的精髓——希腊、罗马、文艺复兴这些古典主义的发展过程进行彻底的研究。如果不这样做的话，日本或许真会像"日本也将步入与欧洲相同的道路"写的那样重蹈覆辙了。

长野在大学预备班时与夏目漱石是同年级，然而夏目漱石改变了原先对于建筑的爱好，最后朝着文学的方向发展。长野却顺利地依原先计划进入了建筑领域。两人想必有着共同的世界观，一个对欧洲的"自我"锲而不舍，另一个则是对欧洲的"石"执着不已。在夏目漱石不断进行文学创作的同时，长野也设计完成了三井银行神户支店及横滨正金银行东京支店等一系列古典主义建筑，成功地使欧洲的文艺精髓在日本扎下了根。

之后长野也出现了类似夏目漱石"则天去私"[1]思想。

继历史主义的横滨正金银行东京支店之后，长野完成了最后的作品——大仓精神文化研究所（1932，图9-22）。这是一个令

1　则天去私：顺应天意，去除自我的意思。

图 9-22 大仓精神文化研究所（1932，长野宇平治）

周遭及长野自己也不敢相信的样式。远远望去仿佛是时间停滞的古代王宫或是神殿遗迹竖立在地平线上，走近后会发现，与一般的立柱相反，越往上的部分越粗，楣梁上有不常见的椭圆形装饰，上面的山形墙两端呈开放状。几种不同的造型混合在一起，山形墙的中央刻有日本常见的古镜与凤凰。两层的墙壁为正统的希腊风格，只是上面的山形墙尺寸略小。进入室内可以看到既像是大厅墙壁又像是楼梯的灰暗壁面上画有类似蕨类植物的线条及斜线，透过高高的天窗，金黄色的光线洒在天井，上了楼梯推开厚重的大门就进入中心部的房间，中间如同古社寺般，竖有八根原色木柱，顶端支撑着木框架的星形屋顶。

建筑基本样式是以德国考古学家海因里希·施里曼（Heinrich Schliemann）发掘出来的希腊神话中克诺索斯宫殿里的前希腊文化（Pre-Hellenism）为蓝图，是较希腊古典更早的样式，只是末端逐渐放大的立柱却充满了异样感觉，即使是复兴主义的欧美建筑家也不曾想见。这种极致的风格中混杂着希腊式、日本神社、佛寺的特征。

这是与欧洲古典主义奋战的结果，也是长野留给世人最后的作品。

理论上也不同于欧洲古典主义，从起先欧洲古典发源的希腊风格，转变成日本古典的伊势神宫风格，或许可以说是在力求共存。这与夏目漱石起先追求"自我"，之后改为"则天去私"的思想转变又是如出一辙。

> "回首从雅典到伊势这段路程时，深深感到冥冥之中，神的意志超过了我的意志。"
>
> ——长野宇平治遗言

用欧洲派的代表人物中条精一郎的话说，要论谁能体现欧洲派精神的话，那就是长野宇平治了。

都铎式住宅

在美国派住宅以西班牙风格逐渐兴盛起来的同一时期，欧洲派也毫不逊色地兴起了源于英国的都铎式。

这原先是中世纪哥特样式中的一支，之后在英国哥特复兴时期中复活，在住宅建筑中形成较大影响力。在木造建筑中最容易分辨的特征就是被称为半木构造的工法，这与柱、梁外露的日本芯壁构造相同。半木构造在德、法较为常见，而在日本则较多出现在都铎式。与德、法不同的是，柱间距较窄，使用较多斜材。

初次亮相是在 20 世纪第一个十年后半期，以康德邸（1903，康德）、吴镇守府长官官邸（1905，樱井小太郎）为首，进入大正时期后，出现了川喜多久太夫邸（1913，大江新太郎）、晚香炉（1916，田边淳吉）、岩崎家赤阪丹后町别邸（1917年设计，樱井小太郎，图9-31）等一大批高质量的都铎式住宅，尽管如此这些建筑并没有产生很大影响。要等到进入昭和以后才逐渐形成主流。如德川义亲邸（1930，渡边仁，图9-23）、藤山雷太邸（1930，武田五一，图9-24）、下村正太郎邸（1932，沃里斯）、岩崎小弥太热海别邸（1935，曾祢中条建筑事务所）。出现了这些大型豪宅之后，都铎式又逐渐扩展到了郊外的中小型住宅，像西班牙式一样逐渐形成了大流行，但不同的是都铎式的历史更长，在质量上又居上风，所以成为昭和时期洋馆的代表性样式。

　　尽管昭和时期的住宅样式具有较强的个性，当时的日本人为什么又能够接受呢？或许从同一时期的西班牙样式中可以看出一些端倪。都铎式与西班牙式一个是木造，一个是承重墙系统；一个是黑色，一个是白色；一个是尖屋顶，一个是平屋顶。两者为欧洲样式中的两个极端，却有着一个共同点，就是两者都是从源自希腊的正统派中分离出来，又都具有朴素的田园气息。大正时期逐渐兴盛起来的田园生活使得喜欢以木材建屋的人选择了都铎式，而喜欢以泥土为建材的则选择了西班牙式。

　　另外还有一个不可忽视的原因就是与日本木造住宅的共通性。真正的欧洲建筑样式中，采用原木做柱、梁的也只有都铎式。明治、大正时期日本中上阶层在体验了各式各样的洋楼，再加上普通市民也开始在郊外建造带有西洋风格的中小建筑后，日本人在昭和初期普遍接受了洋楼。由此可以认为，喜欢在木造建筑中生活的日本人能够接受都铎式也在情理之中。所以樱井小太郎的岩崎家赤阪丹后町别邸的精彩之处也就能够理解，它将英国的都铎式与日本的草葺完美地融合在一起。

图 9-23 德川义亲邸（1930，渡边仁）

图 9-24 藤山雷太邸（1930，武田五一）

以上我们透过两位建筑家及都铎式，对欧洲派的发展过程进行了说明。这支流派的鼎盛时期是在大正时期，进入昭和时期以后，除都铎式住宅外，都逐渐被美国派或现代设计所取代。尤其是银行及办公楼，欧洲派在很大程度上也受到了美国的影响，甚至难以将两者进行区分。最后欧洲派完全融入美国派，走到历史的尽头。

日本历史主义的巅峰

以上我们对大正、昭和时期的第二、第三代建筑家分成美国派和欧洲派进行了介绍。两者在对建筑的思考方法、设计手法上都没有本质差别。两派共同继承了自明治时期延续下来的历史主义的保守思想，接下来我们再来看看，日本的历史主义到底达到了一个怎样的水平呢？

我们已经对美国派与欧洲派分别进行了介绍，以长野宇平治为代表的欧洲派较为喜欢在深层次中对建筑进行探索，而以中条精一郎为首的美国派喜欢追求完美的用途样式主义。作品从国家级纪念性建筑扩展到民间的银行、办公大楼、住宅，开始以明治时期的第一代建筑家不曾想见的平民性及浅易性来表现建筑。

最重要的是，这些建筑家增加了对于历史样式的理解，显著提高了设计能力。我们将历史主义建筑划分成几个部分，其中各自的造型、组合、比例这几个方面的好坏会直接影响整体建筑的质量。接下来我们就这些方面，从大正、昭和时期的实例中，分别来看看。

首先是造型，以科林斯柱式的柱头举例来看。将辰野的日本银行本店（1896，图 7-2）与长野的日本银行冈山支店（1922）及冈田的明治生命馆（1934）比较，就会发现辰野的作品明显缺乏生气与力度，后两者线条的处理与雕刻方面完美无缺，并且各自有着独到之处，日本银行冈山支店比明治生命馆有着更细腻的润饰，这是因为长野宇平治对细部的润饰有着更高要求。

在搭配问题上，渡边节设计的美国布杂第一号大作——大阪商船神户支店（图9-10）毫不逊色于麦金、米德与怀特事务所的设计。将正面放在转角时，古典样式的格局安排会比较难处理，通常会采用山形墙与立柱的配合，而此处渡边却采用了他独创的手法。重点是以天鹅颈的形式来替代山形墙，并随处放置一些勋章。首先在一楼出入口的上方安置一个强而有力的天鹅颈，再在上面设一个小小的勋章，接着其上是连续平坦的墙壁，快要到屋檐的地方再于左右配以两个大大的勋章。然后在屋檐上方开设附有小型天鹅颈的帕拉迪奥窗（Palladian Window，三樘窗），再砌一道包覆它的半圆形山墙，其边缘也是采用天鹅颈，中间配以变形的勋章。在粗面石垒砌起来的墙壁上巧妙地组合了天鹅颈与勋章。以华丽而充满力度的手法展现了转角建筑的可能性。由此可见，尽管古典系样式对于造型要素、组合的限制较多，只要有"实力"与"感觉"还是可以自由地进行发挥。

在比例方面，只要看看渡边节的劝业银行与兴业银行就会明白，作品各方面比例协调，可以充分感受到古典主义深奥的妙趣。

随着建筑家们水平的提高，可以更得心应手地处理样式中的各种细节，由一个柱头就可以确立建筑家自己的风格。拿明治时期的那一代建筑家来看，尽管辰野有很强的个性，但在技术水平上还是欠缺了一点，最后以"眼高手低"告终。尽管妻木将德国样式依照用途进行了改变，作品却又缺少了一些个性。而第二、第三代建筑家的作品富有个性，所以如果熟悉某位建筑家作品风格的话，当第一眼看到这个作品时，基本上就可以猜出两三成了。

另外，第一代建筑家都没有跨越其所学对象国家的设计风格的界限，而第二、第三代就会依自己的理念与喜好来进行设计创作了。

建筑家们依各自的理念、喜好与用途从欧美的历史主义样式中获得灵感，以各种角度不断创作出新的风格，但也不是毫无方向的胡乱发展。从大正、昭和时期的主流历史主义样式中可以发现，这种发展是有一定方向的。大正、昭和时期的建筑主要是集中在民间建筑上，也就是银行（包括保险公司）建筑。如果说明治时期是官厅建筑的时代，那大正、昭和时期就可以说是银行时代了，然而必须注意的一点是，银行建筑都集中在某一个样式上。

首先从明治时期来看，银行建筑有着各种不同的样式。有英国新巴洛克式的日本银行本店，有红砖造安妮女王式的日本银行京都支店，有木造和洋折中的日本劝业银行，有德国新巴洛克式的横滨正金银行，还有罗马式的东京贮藏银行、德国青年派（Jugendstil）的第九十银行等，都没有统一的样式，但到了大正时期之后，这些古典主义样式却有了一个跨越国籍的共通性。以英系曾祢中条建筑事务所的新潟银行为首，美系设计中吉武长一的村井银行（1913，图9-6）、德系乔治·拉朗德的三井银行大阪支店（1914）等的设计不像原先那样，将列柱的尺寸缩小，或改为壁柱形式，或与圆顶组合使用，而是将石列柱的位子移到了正中间。最初采用这一设计的是长野宇平治的三井银行神户支店，将六根立柱一字排开，由此奠定了银行建筑的设计方向。之后的银行建筑主要采用列柱式古典主义或粗面石古典主义。前者的代表作有三菱银行（1921，樱井）、日本劝业银行（1929，渡

图 9-25 "满洲中央银行"总行（1938，西村好时）

边节，图 9-12）、日本银行冈山银行（1922，长野）、第二代三井本馆（1929，TROWBRIDGE & LIVINGSTON 事务所）、明治生命馆（1934，冈田，图 9-7）、三井银行大阪支店（1936，曾祢中条建筑事务所）等众多大作，而后者有鸿池银行（1925，长野）、日本兴业银行（1923，渡边节，图 9-11）、三井银行小樽支店（1927，曾祢中条建筑事务所）等。两者相较的话就会发现，前者在质与量上都胜过后者。所以大正、昭和期的银行建筑占主导地位的应该是石列柱的古典主义风格。

这种倾向在欧洲尤其是在美国都有出现，或许可以认为日本是模仿他们的，可是从下面出现的样式中可以看出，这种变化是日本建筑家内发性思考的结果。

柱列化是由古典主义的三大柱式中的爱奥尼亚柱式与科林斯柱式两者发展而来的，到了昭和时期第二次世界大战前最终的阶段出现了第一银行（1933，西村好时）、横滨正金银行神户支店（1937，樱井小太郎）、"满洲中央银行"总行（1938，西村好时，图 9-25）等由多立克柱式的柱列形成的重要作品。多立克柱式原为希腊三大柱式中最早诞生的，与之后出现的两种柱式不同，并无础石，短胖的柱身由地面直接立起宛如独立柱一般，上面的柱头形状也如同被压扁了的馒头，整体印象古板，为希腊样式中最古老的一种样式，可以认为是欧洲建筑史中的原点。但这种异样的风格与古板以及将其移至前面的做法，很明显是希望作品具有希腊神殿风格。19世纪前半期，在欧美希腊复兴样式成为主流之后就很少再采用多立克柱式了。只有在三大流派相重叠的时期才会采用第一层列柱为多立克柱式、第二层为爱奥尼亚柱式、第三层为科林斯柱式的设计。

在20世纪银行建筑列柱化兴盛的美国，也不曾看到多立克柱式的复苏，反而是日本在20世纪30年代和40年代大张旗鼓地采用了短粗的多立克柱式。所以可以认为大正、昭和初期的历史主义主流已经追溯到了希腊样式的原点，这个过程并不是受到某个人或某国的影响，而是第二、第三代建筑家自己寻求的结果，而日本的历史主义也到此告一段落。

三、新感觉派

19世纪末的新艺术运动以及进入20世纪后出现的否定历史主义样式的现代设计逐渐兴盛起来，这些也传到了日本。面对这些新运动的冲击，历史主义阵营出现了两个不同的流派。一个是面对与日俱增的威胁，力求坚持历史主义自身新的活力，这从欧美派的作品中可以看出。而另一个则积极应战，融入现代设计的要素，创造出具有现代风格的历史主义建筑，通常将这个流派称为"新感觉派"。如果认为美国派、欧洲派是大正、昭和初期历史主义主流的话，那新感觉派则可以被视为旁支了。这个流派无疑是历史主义与现代设计的中间形式了。它随着新艺术运动的出现而出现，随着现代设计的发展而不断变化。由于同时受到两个相反意识流派的冲击，造成了它的作品的复杂多样性，大致上可以分为"自由样式"和"装饰艺术"。

首先来看一下新感觉派中作为主流的自由样式。

自由样式

自由样式的起源可以追溯到第二代建筑家野口孙市的初期作品。野口在新艺术运动崛起的欧美进行考察期间，完成了他的处女作明治生命大阪支店（1899，图9-26），还着手设计了先前提到的住友家须磨别邸（1903）、大阪

图9-26 明治生命大阪支店（1899，野口孙市）

图书馆（1904，图9-3）等初期作品。只要从他模仿麦金、米德与怀特事务所风格设计的大阪图书馆中，就可以看出他初期作品的独特之处。

比方说，与大阪图书馆同时期的初期代表作住友家须磨别邸（图9-27），八角楼与半圆形的阳台使得建筑物外表呈现明快的起伏，并且这些起伏都被一层外皮包覆一般带有轻快之感。对于建筑细部的处理，则采用古典式与哥特式相互交替。如同用肯特纸精心制作的模型一样，轮廓鲜明的设计似乎在告诉你设计师

图 9-27a 住友家须磨别邸（1903，野口孙市）

图 9-27b 同庭侧

的新感觉。虽然样式上是以美国的维多利亚样式为基础，但又包含一点19世纪英国的味道。室内设计有独特之处的是田边贞吉邸（1908，图9-28），虽然采用的是历史主义样式，但所用的润饰材质使得作品脱俗超凡，摆脱了历史主义的束缚，给人以清新朴素之感。作品风格类似先于新艺术的工艺美术运动。

图9-28 田边贞吉邸（1908，野口孙市）

野口作品中所带有的摆脱历史主义的束缚、微妙的变化，注重表皮、朴素之感的风格明显是受到了19世纪末期新艺术运动的设计风格的影响。但没有像新艺术运动那样完全摆脱历史主义的束缚，从造型上看还是带有历史主义的感觉。为人师表的辰野金吾看出了这种新感觉派才有的特性，称之为"野口式"。

自野口式出现之后，明治末期到大正初期新艺术运动中又陆续出现了众多受到代表欧洲初期现代设计［工艺美术运动、维也纳分离派（Vienna Secession）、德国青年派］影响的作品。虽然没有新艺术运动作品那么辉煌夺目，却也不是"等闲之辈"。

与野口一样成为新感觉中心人物的还有武田五一（他也是新艺术运动的中心人物），从京都府纪念图书馆（1909，图9-29）就可以看出，他以古典系的样式为基础，打破历史主义系的三大要素——"造型""搭配""比例"的约束，自由地进行组合，壁面设计如同版画一般。这种生动的图像性设计无疑是从新艺术运动原理中发展引申而来。与其说这些风格是武田从新艺术运动中学到的，不如说是武田从新艺术运动中认识了自己的设计天分。

除了野口、武田外，受维也纳分离派指导者奥托·瓦格纳（Otto Wagner）的激励，田边淳吉设计出了诚之堂（1916，图 9-30），在参考了德国人于大连建造的大量德国青年派的作品后，安井武雄设计出的大连税关长官邸（1911）及满洲铁路中央试验所（1915），以及樱井小太郎的庄氏镰仓别邸（1916）、岩崎家赤阪丹后町别邸（1917 年设计）都非常优秀。岩崎家赤阪丹后町别邸（图 9-31）采用了英国的都铎式与日本的草葺相结合的折中式屋顶，以日英民宅样式及美术工艺运动创意结合的设计充分展示了其技术水平。

野口以他的朴素性和鲜明清晰的风格，武田以他生动的图像性，樱井小太郎以他的工艺美术运动创意，按照自己各自的喜好与特点结合初期现代设计的感觉，建立起各式各样的历史样式的组合，结果"野口式"成了这些个人样式的统称。这种个人化样式就是新感觉派的主要特征。

就这样发展起来的新感觉派到了大正中期却突然萎缩了。其原因是推动者野口的病逝及武田的个性化，更主要的是这种样式的原动力——新艺术运动的代表现代设计失去了新鲜度，而新感觉派又是靠着汲取现代设计中新鲜养分而维持着自己的生命力。

新艺术运动退出历史舞台之后，现代设计依靠德国表现派进入了一个新领域。由此而获得新的生命力的新感觉派在大正末期昭和初期，也就是 1925 年开始的十年之中迎来自己的第二春。

图 9-29 京都府纪念图书馆（1909，武田五一）

图 9-30 诚之堂（1916，田边淳吉）

图9-31 岩崎家赤阪丹后町别邸（1917年设计，樱井小太郎）

其中的功臣是长谷部锐吉、佐藤功一、安井武雄。

长谷部的风格可以很清楚地在住友本店（1926，图9-32）及泉屋博古馆（1929，图9-33）中看出。住友本店从远处眺望的话可能会以为只是一栋普通的土色块状的历史主义样式建筑，可是走近观察就会发现，只有在入口处附近采用了爱奥尼亚柱式，另外看似平坦的壁面是在黄土色的软石上用凿子凿成粗糙不平。力动量体性与粗糙不平的表面是德国表现主义（German Expressionism）所具有的特征，而长谷部将这些都融入古典主义样式中，因此创作出这一杰作。

来看一下佐藤功一的代表作——早稻田大学的大隈纪念讲堂（1927，图9-34）。与长谷部不同的是，不仅在局部上采用历史主义样式，自上而下全部都采用了都铎式，更是将自己的个性设计做最大程度的压抑，将平坦的壁面安排在建筑的前面。并在正面的壁面上连续地开了三个大开口，这样的设计更给人开放的空间感。历史样式中的整体与局部之间的关系在这里已经失衡，而这种牺牲局部的设计却增加了建筑物整体的量体感与温馨感。

长谷部与佐藤都在原先的历史主义样式基础上加入表现派的

图 9-32 住友本店（1926，长谷部锐吉）

图 9-33 泉屋博古馆（1929，长谷部锐吉）

图9-34 早稻田大学大隈纪念讲堂（1927，佐藤功一）

要素再加以自己的风格，创作出所谓的长谷部式及佐藤式。然而在这种个人化的基础上创作出更为令人叹为观止的样式的是安井武雄。长谷部对于大学时代的安井武雄评论道："他非常讨厌模仿他人，是个为了创作出属于自己的东西而愿意付出，并且充满野心的人。"事实上，安井武雄在他的毕业设计中，无视毕业设计一般都会用西洋样式来设计纪念性较高的设施建筑这一不成文的规定，提交了数寄屋风格的住宅，使他的主任教授也大感意外。自工部大学开校以来遭到周围异样目光的，继横河民辅以来安井是第二个，也是第一个以和风建筑提交毕业设计的。之后安井在回顾他作为建筑家的一生时说道："我彻头彻尾地反对样式主义，一心一意地追求现实主义，其中受尽了别人的嘲笑与谩骂。"

毕业后，安井前往中国东北地区。作为一名设计家，着手设计了大连税关长官邸及满洲铁路中央试验所。作品风格如上文所述，以德国人在大连留下的众多德国青年派为基础，再加上历史主义的样式，然后融入少许日本与中国风的要素，整体上看是一栋无国籍并带有历史主义风格的德国青年派的建筑，这也是新

图 9-35 大阪俱乐部（1924，安井武雄）

感觉派中最先取得的辉煌成就。

　　真正发挥出安井自身风格的还是在他从中国东北回到大阪开创事务所的时候。但当他满怀自信地完成了大阪俱乐部（1924，图 9-35）和日本桥野村大楼（1930）这两个作品后，却受到了不少建筑界人士的质疑，正如他所说的"受尽了别人的嘲笑与谩骂"。这或许是因为与人们的普遍认知相距甚远的关系吧。比方说大阪俱乐部，其本人解释为"南欧风格中加入少许东洋的情调"，在这个作品里，通常提及南欧风格就会使人想到纯白色民宅，或是意大利式传统风格，而且所谓东洋风格既不是中国也不是印度。摆在世人面前的是，一楼一字排开的拱门旁边竖着一列奇怪的立柱。现存的历史样式中完全找不到相近的。只有在细部才会发现，拱门的圆弧是采用北意大利样式，而立柱少许带有印度风格，可

图 9-36a 高丽桥野村大楼（1927，安井武雄）

是由细部表现出的各地风格，无论如何也无法表现出建筑整体的气势。野村银行京都支店（1926）也是如此。虽然能看出上方拱门来自德国表现主义，但关键的柱头是来自古代的玛雅文明还是来自殷商则无从得知。高丽桥野村大楼（1927，图9-36a）又是如何呢？可以看出向外倾斜的墙壁与上一个作品一样来自德国表现主义，可是入口周围的装饰又是来自哪个古代文明就不得而知了。

或许可以认为，大阪俱乐部的立柱、野村银行京都支店的柱头装饰、高丽桥野村大楼入口周围的装饰（图9-36b）中出现的史无前例的造型是出自中国东北的古造型。

在关西搅乱了正统建筑家们的视线之后，安井又在东京日本桥旁建成了日本桥野村大楼（1930，图9-37）。这个作品既没有原先表现派的风格，也没有奇怪的古代文明风格，而是将之前所有作品中进行过的尝试都集中在一起再加上江户的风格，造出了一个毛茸茸的家伙。不明国籍的极端样式却以现代的风格巧妙地呈现出来。

通常将野口及安井的这种历史主义样式与现代设计之间的流

图 9-36b 同前

图 9-37 日本桥野村大楼（1930，
安井武雄）

派称为新感觉派中的"自由样式"。所以自由样式可以是无国籍的，
也可以是日本样式与现代设计的结合，如日清生命（1917，佐藤
功一）、明治神宫宝物殿（1921，大江新太郎，图 8-6）、岩崎小
弥太邸（1928，大江新太郎）、虎屋（1932，冈田信一郎）、东京
帝室博物馆（1937，渡边仁，图 8-7）等，这些都在上文提过。

装饰艺术

　　新感觉派中除了自由样式外还有一支，即装饰艺术。

　　它的起源也与自由样式一样，出现在第一代建筑家最后的作
品中。上文提到的河合浩藏的作品风格在进入大正时期后，从三
井物产神户支店（1918，图 9-1）可以看到历史主义的框架似乎
已经被打破，壁面上布满了几何线条。但是再仔细进行观察就会
发现，其实历史主义框架并没有被打破，整体构造并没有太多改变，
只是集中在细部上运用了较多几何设计而已。这种几何线条的运

用可以认为是受到现代设计的影响的缘故，而现代设计的新艺术运动起先为曲线，到了20世纪10年代之后才在整体与细部上逐渐趋于直线化、几何化。但是辰野与河合的作品风格仅仅只是在细部设计上受到影响。从历史主义样式受到现代设计的影响这一角度上来看，与自由样式似乎相同，但不同的是自由样式是在整体结构设计及壁面处理这种大方向上受到影响，相对于此，辰野及河合受到的细部影响则可以认为是无足轻重的。

这种现象不仅在日本，世界范围内历史主义阵营在20世纪10年代之后都出现了类似的现象。在1925年的巴黎万国装饰博览会之后达到了高潮。作为一种装饰样式获得了意想不到的地位及名声，而且还跨越大洋传到了纽约，建成了一座座"装饰艺术摩天楼"。装饰艺术对于外墙建材用烧陶及瓷砖取代了原先的红砖、石材，对于内部装饰部分则大量使用玻璃、陶瓷器、合金、合板等现代工业制品。这样使得建筑物表面具有金属光泽，上面的装饰好像是用矿物结晶制成的。

那日本的装饰艺术发展过程又是怎样的呢？

大正期间辰野、河合晚期作品中出现了不受拘束的细部设计，之后在各处都可以看到这样的变化。当然也出现了像石川县厅（1924，片冈安）这样的带有浓厚装饰艺术气息的历史主义作品，但真正成为主流还是到了巴黎装饰艺术博览会之后的事。进入昭和后作品犹如雨后春笋般从各地涌现而出。以工业制品作为几何化装饰的制作过程与原先手工制作的装饰品相比方便多了，所以在追求经济效益的商业街及出租大楼、一般社区、中小型大楼中被广泛使用。在昭和初期建造的大楼中，可以说外壁使用烧陶、瓷砖作为装饰的不外乎装饰艺术派的作品。

其中的原因与其说是受到了巴黎或纽约的影响，倒不如说是辰野、河合为了适应这个时代而自发地创作出来的。

明显地完全受巴黎或纽约影响的作品为数不多，如美系装饰艺术的代表作中，有大分县农工银行（1932，国枝博，图 9-38）和名古屋的日本征兵馆（1939，横河事务所）。前者室内的装饰完全是依照装饰艺术风格来设计的，后者的外墙则可谓完美无瑕。

还有一栋知名建筑，就是被誉为在巴黎就已埋好伏笔的朝香宫邸（1933，图 9-39）。

在远离巴黎的日本，也能够绽放出法国装饰艺术之花，是由于此建筑的委托业主——朝香宫鸠彦在 1925 年巴黎装饰艺术博览会期间作为日本代表与妻子一同出访法国后，就有意要进行建造的缘故。归国数年后朝香宫在新住宅的设计过程中，请权藤要吉（宫内省技师）负责基本设计，室内装潢由亨利·拉品（Henri Rapin）担任。权藤也像朝香宫一样，出访法国参观了装饰艺术博览会，并对此印象深刻。他在日记里写道："世界上有很多建筑家，其中有很多优秀的，也有很多不是那么优秀的。要想了解自己所处的位置，就需要脱离自我，将自己与他人进行比较。真有趣，真想早点回到日本依照自己的思路进行设计啊。"而画家兼室内设计师拉品，当时是巴黎装饰艺术博览会设计部门的负责人。就这样，委托业主是出访装饰艺术博览会的日本代表，委任的建筑家"真想早点回到日本依照自己的思路进行设计"，而聘请的室内设计师又是博览会的负责人，这样一个巧妙的组合是任何人都不曾想到的吧。

于昭和八年（1933）落成的朝香宫邸，就像人们期待的那样完美无瑕。室内设计非常优秀，在拉品的指挥下，玻璃装饰由世

图 9-38 大分县农工银行（1932，国枝博）

图 9-39 朝香宫邸次室
（1933，亨利·拉品）

界顶级设计师雷内·拉利克（Rene Lalique）负责，陶瓷器具由法国塞弗尔陶器制陶所完成、浮雕部分由布拉尔颂（Branchot）负责。昭和八年虽然已经离博览会有些时间，但朝香宫邸实现了全世界最纯粹的装饰艺术。

以上介绍了自由样式与装饰艺术这两支新感觉派的发展过程，接下来我们要来思考这些设计所包含的深远意义。

新感觉派虽然身处历史主义阵营中却又受到立场相反的现代设计的影响，似乎很难抓住它的设计意图。

对于装饰艺术，从正统的历史主义者的立场来看，仅仅是肤浅的没有根基的东西而已，与纯粹的现代设计相比缺乏几何性与透明性。当然受到这样的指责也没有办法，比对方阵营落后的话自然会出现这样的情况。从质的角度看，虽然是有点不透明，但是从社会影响面来看就不一样了。在装饰艺术出现之前的20世纪20年代，看到的建筑都是以历史主义为装饰，几乎看不到现代设计。这种情形下，对时代比较敏感的办公楼、商店及住宅从经济角度及时代感出发，将几何学的要素融入了历史主义样式的细部，形成了装饰艺术。在1910年以后发展起来的现代设计的几何化，在装饰艺术中与历史主义融合在一起，形成了犹如金属结晶般的设计，或许这是出自人们内心深处对于宝石、贵金属的欲求感吧。如果没有装饰艺术的出现，或许几何化的设计还不能为人们所接受。

与大众化的装饰艺术相比，自由样式比较适合专家们，由于成熟的表现手法，并且知名作品数量众多，自由样式逐渐成为主流。但是在当时的建筑界中却没有占据主要地位，对于造就自由样式巅峰的长谷部及安井、佐藤，年轻的现代主义者对他们的作品简直不屑一顾，而在保守的历史主义者看来又无从定位。长谷部及安井、佐藤都是颇有名气的洁身自好的绅士，具有较高的社会信赖度，在建筑界谋得一席之地并不困难，但理解他们作品风格、独具慧眼的人士却寥寥无几。

自由样式的特征，从量体与壁面的整体处理上看比较接近现代设计，而对于细部及墙面的润饰上看又处在历史主义的延长线上。简单地说就是，整体轮廓清晰、关键部位采用历史主义的风格。这种结果，使得平坦的壁面中突显了历史主义样式的细部。另外由于局部造型的减少，墙壁材质最先给人留下印象；在抹杀了一种历史主义的同时，却发现历史主义所包含的其他特色更为显眼了。

另外，超越了由现代设计借来的量体与表皮单一部分的处理方法，形成了一个新的空间，而细部的造型与润饰的材质感也更增加了空间的深度。

自由样式中的名作都是在现代设计与历史主义之间取得了绝妙的平衡。从世界近代建筑史上来看，瑞典建筑家拉格那·奥斯特伯格（Ragnar Östberg）兴建的斯德哥尔摩市厅舍（1923）将这种风格发挥到了极致，而日本也是同样。长谷部锐吉的住友本店及泉屋博古馆（1929，图9-33）也和斯德哥尔摩市厅舍有着相同的韵味。

自由样式从对立的现代设计中学到了不少，从这一点来看似乎是历史主义阵营的"叛徒"，但是这个"叛徒"却在昭和十年（1935）以后至第二次世界大战后的现代设计的全盛期，一直受到较高的评价。

第十章
社会政策派
　　——都市和社会的问题

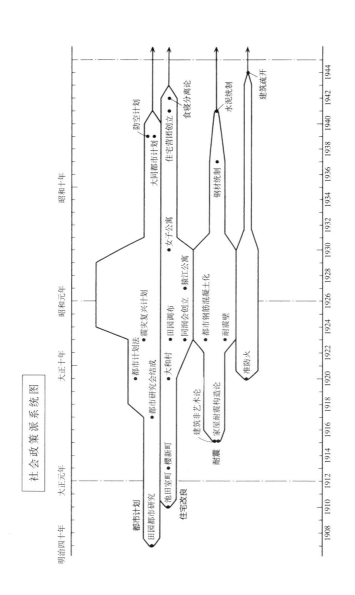

社会政策派系统图

综观近代建筑的发展过程，一直都是以表现手法和样式为中心。摆在日本建筑师面前的，还有住宅改良、都市和社会问题以及耐震防火的技术问题。

在这片设计师所生疏的处女地上播下种子的，是在毕业设计中提到下町住宅改良议题以及引进钢骨结构议题的横河民辅。但他对这些问题仅仅只是播种而已，因为他只是单纯地将议题摆到世人面前，接下来却朝别的方向发展了。而真正在这片原野上获得收成的，是从大正到昭和后期，以第三代建筑师佐野利器为首的内田祥哉、内藤多仲等人，他们在技术及法制面都有着较高的造诣。

他们自康德以来首次树立起"建筑的本质就是美"的理念，在他们的学生时代就决心"以耐震构造对国家、社会尽力"。然而对于美的理解仅局限于"建筑之本质就是以重量、支撑和明确的力学表现"，认为装饰和历史样式之美是"颓废的东西"，称之为"仅仅只是力学的表现而已"。但他们并未以力学的合理性作为基础来取代历史样式和装饰，以追求新的美学理念。

这种认为技术优先的想法发表在佐野、内田指导，野田俊彦执笔的毕业论文《建筑非艺术论》（1915）中。他认为"建筑非艺术""建筑是完完全全的实用品，任何对于美及内容之表现都是多余的""以建筑作为都市和自然景色的装饰是错误的""建筑物的弱点就是容易被看作一种美"。这对于自康德以来，始终孜孜不倦地希望使日本社会能够接受"建筑是一种艺术"的日本建筑界而言是一大震撼。我们再来看大正四年（1915），当时的日本建筑设计界。曾在明治时期占领导地位的欧洲历史主义已丧失活力，而新艺术运动也已是昙花一现，就在这种真空状态时出现了《建筑非艺术论》。之后认同建筑是一种艺术的建筑家们认为，如果将历史样式的着力点从欧洲转向美国的话，否定历史样式的人就会自发地去追求一种不依赖历史样式就可以赋予人崭新感觉的美。

对建筑之艺术性持否定意见的佐野，提出了地震、火灾、住宅、都市这四个新的课题。率领内田、内藤等弟子对上述课题进行了技术面的研究，并与决策这些课题所产生的社会问题、地方行政问题的内务省的社会政策派保持密切的联系，从技术、法令、政策这三个方向来考虑问题的解决之道。

在建筑史上由于佐野这个团队确立了耐震构造的学派，被称为"构造派"或"构造学派"。然而其更深远的目标是要透过建筑来改良社会，所以本书将其称为建筑界的"社会政策派"。

接下来我们将按顺序为各位介绍社会政策派于大正、昭和时代，在地震、火灾、住宅、都市发展这四方面带来了哪些成果。

一、耐震构造和防火

佐野理论

为了增加砖、石等承重墙系统的耐震性，从明治早期，就有莱斯卡斯、康德、辰野、妻木等众多建筑师尝试在墙中埋入铁材等方法。但是当时世界上还没有对地震是如何破坏构造体进行的相关研究，所以在没有搞清楚基本原理的情况下只是凭经验进行了强化，而没有真正地解决问题。

在这种情况下，佐野开始了他的耐震研究。他在走遍了日本和旧金山被地震毁坏的现场后，了解到建筑物受损的原因是横向的震波，于是决定尝试推算当时的水平方向的外力。建筑这种具有弹性的结构体在地震这种周期性外力的影响下，各部位因时间的不同，实际受力是不断变化的。首先要将这种动力学的原理问题放在一边，改用单纯的静力学，他"将建筑物自重的几分之一的外力，当作地震的水平力单纯地加在横向"来推算。例如大地震的话，以 2/10 的水平力，亦即自重 100 吨的建筑物会受到 20 吨的横向压力，所以只要将这个部分的柱梁直径放大就可以了。这种计算连学生也会。并且他整理出这样的想法后，于大正四年发表了《家屋耐震构造论》，从而建立了现在世界耐震构造学之基础。大正四年，在思想层面有野田提出的《建筑非艺术论》，在技术面又有佐野的《家屋耐震构造论》，可以称得上是社会政策派发表独立宣言的一年。

以后，以佐野理论为基础的建筑物耐震化继续不断地得到完善发展，但是造船及土木等其他工学的构造学者却提出了批判。例如海军的土木技术人员真岛健三郎，以高达 45 米的钢筋混凝土造烟囱（1909）的成功经验，对于佐野理论中以静力学的解释来取代原本动力学中柔性晃动的现象进行了抨击。佐野认为地震时建筑物不会产生柔性的变形，只会以刚性的状态进行抵抗，所以对附加在刚体上的水平方向上的力只需要增加柱、梁直径，并加入铁件从而使构造体更加坚固就可以了。但是真岛提出相反的理论，他认为这种加固的方法反而危险，应该使建筑物具有柔性，从而吸收地震所产生的晃动。的确，对建筑物进行加固的方法（刚构造）不错，但是就如同雪压在柳枝上会使柳枝变形、五重塔虽然会晃动却不会倒下一样（柔构造），两人的"柔刚争论"受到大众的广泛关注。

结果两人互不相让。以现今的眼光来看的话，佐野的想法比较适合当时的情况条件。因为第二次世界大战前日本的建筑物，即便是在都市中心区，一般也只有四五层楼高，最高的也不过是八层楼，这样的高度若是采用柔性构造，遇到地震时每层楼都会产生很大幅度的变形，若建筑物的承重结构产生如同树枝那样的弯曲变形，外墙及隔间墙、窗户、管线等就会损坏，导致建筑物最终无法使用。柔构造真正具有实用性是出现在第二次世界大战后的超高层时代，昭和四十三年（1968）日本最初的超高层大楼霞关大楼中担任构造设计的，是在柔刚争论时期投身佐野门下，对刚构造理论进行了论证研究的武藤清。

钢筋混凝土构造

大正四年（1915），佐野在创立了耐震理论基础后就与其他工学领域不断产生争论，建筑界的课题转为要以什么构造、如何才能实现耐震化。砖、石、钢骨、钢筋混凝土对于地震之国的日本而言，哪个才比较合适？

佐野在地震的现场中，知道砖、石这样的承重墙系统无法抗拒地震，而钢骨或钢筋混凝土才有足够的抗震性。在对耐震进行理论研究的同时，与内田和内藤一起在关东大地震之前进行了一系列实际研究。例如佐野在丸善（1909，田边淳吉设计）的工程中最先采用了纯钢骨构造（工厂以外），并在第一座钢筋混凝土结构建筑三井物产横滨支店（1911，远藤于菟设计，图8-25）的工程中担任构造计算。内田在东京海上大楼（1918，曾祢中条建筑事务所设计，图8-26）采用了砖与强化的钢骨相结合的方法，内藤在日本兴业银行（1923，渡边节，图9-11）的工程中采用了钢骨与钢筋混凝土结合的构造，并且在日本最先采用了耐震壁。

从明治末到关东大地震前所进行的这些实验，引起以佐野为首的构造家们的好奇心的，不是钢骨而是钢筋混凝土。

自明治以来，从国外引进的建筑材料中没有比钢筋混凝土更引人注目的了。因为钢筋可以抵消受到往外拉伸的拉力，而混凝土则可以抵消内部的压力。不仅如此，由刚开始的糊状，在固化后犹如魔术一般变得比石头还硬；最重要的是如何证明钢筋不会生锈的问题。我们现在已知道因为混凝土具有很强的碱性，所以埋在里面的钢筋不但不会生锈，甚至可以去除已经长出来的锈斑，但是当时的做法还是非常谨慎，先将锈斑磨掉后再用油纸包起来，直到被埋入混凝土前才剥掉。辰野金吾在看到钢筋混凝土首度被用在一般建筑的台北电话交换室（1909）时还向设计者森山松之助问道："这样薄的墙壁没问题吗？不会容易裂开吗？"之后，东京车站也曾经考虑过用钢筋混凝土，但由于对锈蚀问题的疑惑，最后还是没有采用。

正因为钢筋混凝土尚有许多未解之谜，所以愈加引发构造家们的研究欲望。但是在东京大地震之前，人们普遍认为钢筋混凝土较适合于中小建筑，而钢骨造才可以支撑起摩天大楼。如果照此发展下去的话，日本的高楼将会变得和美国一样，同样采用钢骨构造，直至第二次世界大战后的超高层时代。

但是关东大地震改变了这一切。

丸之内地区钢骨造的大楼出现了下列几种情况：由内田担当

构造设计，并增加了钢骨直径的东京海上大楼以及内藤以钢筋混凝土包覆钢骨并采用耐震壁的日本兴业银行都完好无损；但是无视内田指示的富勒建设公司以美国的标准，用单薄的钢骨撑起的邮船大楼以及参照美国标准以风力而不是地震力为条件来进行构造设计的丸大楼，都因为钢骨的变形造成外墙的烧陶（terra-cotta）和空心砖开裂脱落。另外一个使钢骨造建筑受损的原因是火灾。佐野利器参与设计的丸善，虽然没有在地震中受损，但是地震之后引发的大火从外蔓延到内部，钢骨因为没有防火披覆，像麦芽糖一样熔化倒下。而钢筋混凝土造的建筑几乎没有受到什么损害，类似日本兴业银行那样钢骨下垂弯曲的弱点也因采用了钢筋混凝土加固而得到弥补。

经过关东大地震这样的大实验证明钢筋混凝土对于摇晃与火灾都有一定的防护作用。以后日本的大楼构造技术逐渐脱离了美国式的钢骨造影响，而只采用钢筋混凝土或钢骨钢筋混凝土造。

大地震之后，佐野利器成了推动日本的建筑构造往钢筋混凝土方向发展的旗手，作为震灾复兴计划之技术方面的最高责任者，推动东京地区建筑的钢筋混凝土化。除了学校、医院、市公所等公共建筑，还尝试着在二、三层楼的商店中采用钢筋混凝土。最害怕地震与火灾的市民，对于钢筋混凝土有着很大的期待，当时把采用钢筋混凝土建成的桥梁称为万年桥，把采用钢筋混凝土建成的围墙称为万年墙。

耐震壁之发明

经过大地震的考验，人们知道了钢筋混凝土和钢骨钢筋混凝土的构造比较适合日本国情。但是要在哪里如何下功夫，才能使这两种构造更为坚固、更具抗震力呢?

对于这个问题,内田祥三和内藤多仲两人的意见出现对立,虽然两人都是佐野利器的得意门生。佐野奠定耐震构造的学术基础后,如何将这项学术基础转化为实际技术,成了他们两人的使命。

内田认为,强化由梁与柱组成的轴组构造,只需增加梁与柱的直径并坚实地固定住其接合部,简单地说就是增强骨架。这样的构思展现在东京海上大楼的设计中,并且在大地震中发挥出效果。

相对的,内藤认为,柱和梁的处理和没有地震的国家一样,只需要在关键地方嵌入耐震壁即可,这样就可以抵抗地震造成的摇动。增加柱和柱之间的墙壁厚度就可以经受起地震,这一点已经从大地震中得到了验证。但是内藤是在经过构造计算的基础上,在最有效的地方,有计划地嵌入耐震壁,这样的想法具有创新性。其实这个发明还有一个由来,大正六年(1917)内藤赴美留学,但是并没有学到对日本地震有帮助的技术,失意之际踏上了归国之途。在收拾行李时,旅行箱中塞满了衣物及书籍,为了不使行李箱变形而在中间加了几张隔板,再从外面用带子紧紧地扎住。在经过北太平洋航路上的阿留申群岛(Aleutian Islands)附近遇到了大风浪,心想行李箱内应该已不成样子。然而回日本后发现,行李箱居然完好无缺,因为所用的隔板发挥了很大的作用,由此联想到了耐震壁。回国后在日本兴业银行的构造中首次应用了耐震壁的设计,并且在大地震中展现了令人满意的效果。

内田的增强骨架的做法和内藤的耐震壁在理论上都正确,也都承受住了大地震的考验。双方在技术上无法得出结论,但是从经济的角度上看的话，增强骨架的做法会比较不利。假设某一建筑请营造厂来进行估价的话，增强全部骨架的成本会比较高，所以日本的耐震构造就逐渐采用在钢筋混凝土中加入耐震壁的方式，直至现在也是如此。

防火

和耐震相比，建筑界真正开始对防火进行理论研究与技术攻坚的时间晚了许多。明治的新政府在很早的时候就对木造都市采取了防火措施，依照《银座炼瓦街计划》（1872—1877）使整个银座地区成为不燃化地区，对这以外中心城区的木造建筑，依照《东京防火令》（1881），使屋顶铺以瓦片，墙壁用土墙包覆，达到了完全抑制大火（烧毁百户以上称为大火）的目标。由于明治早期中心城区的防火实绩，加上官公厅及主要的民间建筑改以砖、石造，因而造成了行政及学者对于防火意识的懈怠。

在这种情况下内田是少数比较重视火灾的学者，但是与其说是对于社会政策的关心，不如说出生于深川米店的他在小时候就对火灾有特别的兴趣，也有可能因此引发对火灾的研究热情。从小遇见火灾就驻足不前的内田，于明治四十三年（1910）被佐野召回大学，除了因为他对于地震的研究，还因为他对火灾有特别的研究。内田还得到警视厅"得以进入警戒线"的特别许可证，对于木造建筑的燃烧方式之研究可以说见多识广。

根据这项实际经验，制定了日本最初的建筑法规《市街地建筑法》（1920）。内田受内务省委托必须做出对于木造建筑的具体防火方案，定出在木造外墙上包覆不燃材料的方针。虽然没有学术依据，但从众多的火灾现场可以知道，泥土、灰浆、瓷砖或有金属板包覆的木造建筑比较不容易着火，延烧时间也变短，因而不容易演变成大火。然而以科学方法来验证却比较晚，直到昭和八年（1933）的火灾实验后才被正式承认。

大正九年（1920）的《市街地建筑法》中公布了木造的外墙包覆不燃材料的"准防火"政策方针，强制性地改变了

图 10-1 广告牌建筑——泽书店（1928，店主）

日本的木造都市。在大地震后的东京下町，先前的木造出檐建筑已不复存在，取而代之的是，正面如同一块立着的广告牌再贴上铜板、灰浆、瓷砖等并附上有趣装饰的木造商店一栋紧挨着一栋；这种被称为"广告牌建筑"（图 10-1）的形式，就是准防火的产物。位于郊外的独栋住宅也逐渐受到法规的限制，若是出檐很深的和式建筑的话，需要在檐下及墙壁涂上灰浆。

准防火制度对于日本普通的木造房屋产生了很大影响，延迟燃烧速度防止大火的同时却也改变了日本建筑的风格。日本的商家为了防火都会涂上灰泥或土，但商家以外的建筑却都还是露出木造部分，房屋基本上都会将木质的柱、梁外露；但是因为实施准防火制度，从外观上已经看不到木材及灰泥，取而代之的是灰浆及铜板，郊外的独栋住宅则有更大的变化。

现在当我们走进住宅区时，仍然可以看得出挑的屋檐、雨户和户袋[1]，但是外表都会覆盖灰浆等新式建材，这种不伦不类的日式风格就是准防火制度所带来的结果。

内田的准防火制度一下子改变了日本建筑自很久以前一直保持下来的风格。

二、震灾复兴计划

建筑界的社会政策派名副其实地进行了社会总动员，在和人们的生活息息相关的都市发展计划与住宅政策上取得了令人满意的成果。耐震、防火等技术也因和都市发展计划及住宅计划相搭配，在短时期内就显现出效果。首先让我们从都市发展计划开始谈起。

社会政策派

明治时期虽执行过沃特斯制定的《银座炼瓦街计划》（1872—1877）以及恩德与伯克曼制定的《官厅集中计划》（1886—1890），还有内务省制定的《市区改善计划》（1884—1914）。但这些大都属于"一次性工程"，并非依法制定的长期性的政策。其中只有《市区改善计划》明确由政府背书，也有拓宽主要道路（日本桥大街）及新设公园（日比谷公园）等很大成果，然而在制度面、资金面上还是无法应对明治末期之后东京的急速成长。例如《市

1　户袋：日本的防雨窗与收藏防雨窗的木箱。

区改善计划》并未考虑住宅及工厂的问题，对下町区域低劣住宅与工厂混杂的现象，都无力管控。

积极地进行思考与管理这些在资本主义经济下产生的都市、社会问题的，是内务省各地方支局、社会局以及都市计划局中的年轻官员们。地方支局由于担任地方行政，有着较强的责任感，不仅希望主导居民的思想、行为，还很注重改良居民的生活环境。在经历了明治四十一年（1908）农村的萧条疲乏与都市的劳工运动之后，开始研究田园都市，这也成了创建关怀都市下层人民生活、工作以及福祉的社会局（1920）和都市计划局（1918年创设时名为都市计划课）的原动力。

将这些大正时期逐渐强盛起来，并有着强烈的社会意识的内务省革新派年轻官员的思想进行整合的学者及评论家，结成的团体称为"社会政策派"。

成为社会政策派中心人物的，是在内务省地方支局中被称为铁腕精英的池田宏。他认为，从今以后都市必须建立一个以上班族为社会基础的新思想理念。

池田还参与了在内务省地方支局进行的田园都市研究，着重对都市问题进行研究，并担任了自明治以来管辖《市区改善计划》的内务省市区改善委员会的最后一任委员长。立足于这些实际经验之上，池田成了决策出符合时代脚步的都市政策与计划的内务省主管。具体的课题就是，建立起取代《市区改善计划》的《都市计划法》，为此结成了一个都市研究会智囊团。其中以内务大臣后藤新平为会长，成员包括池田宏、佐野利器、藤原俊雄（市议员）、阿南常一（评论家）、渡边铁藏（东京大学经济学教授），还包括从事地方行政的关一（大阪市长）和阪谷芳郎（后来的东京市长）以及建筑界的片冈安、内田祥三、笠原敏郎，形成了都市计划的中枢神经组织。

其中，政策面由池田，技术面由佐野负责。两人就像车子的左右两个轮子，推动都市计划日渐前进。都市研究会为了制定法律条款的基础，开始了一系列的研究，并将成果发表在会员杂志《都市研究》中。另一方面，池田在政府内部宣传《都市计划法》的重要性，而佐野和片冈以学会和民间代表的身份，从外部推动政府改革。并且更进一步地对社会各界进行启蒙式教育。经过这些活动之后，就开始准备着手制定新法令，任命佐野和内田制定《市街地建筑法》。经过政府内部的调整，基本完整地接受了《市街地建筑法》，但是对于池田最关心的《都市计划法》，因为财源问题遭到了大藏省的否定，所以无法得到国库补助。即使道路、河川、水道可以使用既有的法令得到补助，但国库不愿意支出池田所关注的、为满足上班族需求的郊外住宅开发及为改善都市下层人民的居住环境的费用，因而不得不放弃此项政策。除了资金不足无法施行的部分，其他草案几乎都被通过，于大正九年（1920）公布了《都市计划法》和《市街地建筑法》。

大正的《都市计划法》和明治的《市区改善计划》相比，增加了适用于全国各都市（市区改善仅适用于东京）、有私权限制（私有地一旦成为道路、公园预定地，不可以建造其他建筑）、禁止住宅和工厂混在一起的使用区划制度（分为住宅用地、工业用地、商业用地），并且为了防止郊外无限制的发展，进行分区整理制度。《市街地建筑法》以使用区划制度（和都市发展计划联动）、为确保日照通风而限制大小（高度以及楼地板面积的限制）、耐震面的构造限制、防火面的防火限制这四项条例为主轴，成为日本

第一部建筑法规。

在法规基础完备后，内务省成立了都市计划课（之后改为都市计划局），任命池田为第一任课长以指导地方行政。在此基础上东京于大正十年（1921），制定了八亿日元规模的《东京市政纲要》的都市改造案。

震灾复兴计划

在这些前期工作完成后不久，大正十二年发生了关东大地震。

内务大臣后藤新平设立了作为临时行政机关的帝都复兴院并担任总裁，同时任命池田为计划局长，佐野任建筑局长（同时兼任帝国大学教授），以制定《震灾复兴计划》。虽然两人希望得到41亿日元规模的预算，但几经协调后仅剩下7亿多，和两年前的《东京市政纲要》大约相同规模。

尽管如此，池田还是受到了各方面的抨击。一方面是地方议员们，认为不应对东京投下如此巨额投资，另一方面是在东京持有土地的政治家、企业家、贵族们害怕自己的土地会被划为道路或公园而走到了反对派的一边，连持有小额土地的商家也结成反对同盟。虽然《震灾复兴计划》会使土地的使用受到限制，但是在《震灾复兴计划》完成后地价也会随着升高，从而给地主带来收益，然而这些只顾眼前利益的反对派还是不少。

就这样以大正时期的革新官员为中心形成的社会政策派被挤到了政界的边缘。内务省不论是在政府内部，还是其他政党甚至在社会上都没有强势的支持者作为后盾，而作为池田政策出发点的上班族群体也仅仅是一个小团体，无法形成政治势力。由于池田在《震灾复兴计划》中不断遭到议会及社会反对，在地震后不到半年就辞去了内务省的职务，转任京都府知事；政府原来 7 亿多的预算也被议会削减为不到 4.7 亿后，方才进入实施阶段。

就这样，《震灾复兴计划》以增设或扩大道路及桥梁、增设大小公园、公共建筑的不燃化以及区划整理为主要内容。区划整理和其他事业之重要度不同，只有先整理火灾后的废墟地区才能将其设定为道路、公园用地或是公共建筑用地，有着先后顺序关系。因此区划整理成为复兴能否成功的关键，但是区划整理又会和无数的中小土地所有者直接产生利害冲突，是非常棘手的一项工程。

这时候佐野再次挺身而出，以一般市民为对象举办了一系列的启蒙活动（演讲、发传单等），又指示自己的弟子伊部贞吉对区划整理进行基础研究。在区划整理过程中，必须先决定出这一地区作为划分依据的标准街区比例及基地面积比例。另外由于区划整理而出现的问题，像面积变小、从原先位于交通方便的路口被移到交通不便的巷子深处、原本宽阔的正面出口变狭小了、原本方正的基地形状被改变成不方正了，等等，必须设定出将这些利害得失换算成金钱进行补偿的方程式。而这些没有参考依据的难题都由伊部来决定标准区划方法和补偿的计算程序。另一方面，内务省为了培养出能在区划整理现场进行指挥的技师，将各地从事耕地整理的技师都聚集到东京。在学习了伊部的研究成果后，每人分配五到六个火灾后的废墟地来进行区划整理的工作；他们深入土地所有者组成的区划整理组合，协调具利害关系的土地区划问题。就这样虽然是临时抱佛脚，但经过不断的努力终于抓到要领，在短短六年内完成了大约九成的受灾地区的区划整理工作，这是史无前例的规模和速度。在经过了翻天覆地的变化之后，从江户时代流传下来的下町之道路和基地就此消失了。

随着区划整理的成功，土地和空间被释放出来，使得增设道路、公园或是公共设施成为可能，特别是小学和附设的小公园。当初用于道路和大公园的预算被削减，但是佐野一直坚持要像当初梦想的那样，建造起钢筋混凝土造校舍并在旁边附设小公园。如此一来，不仅可以提供由于出身下町而缺乏空地的小朋友们绿色的游戏场所，另外钢筋混凝土的建筑、运动场所及小公园这样的配套空间还可以成为地震时的避难场所，平时更可以作为社区的活动中心。虽然对于校舍的不燃化以及附设小公园一事没有反对的声音，但是对于要充实校舍的哪些部分的问题，佐野和东京市教育局之间产生了对立。佐野认为不仅校舍要采用钢筋混凝土，在设备方面还要配有冲水厕所和蒸汽式暖气，并设置专用的理科教室，以建成一个适合科学技术时代的校舍。但是教育局不仅强烈反对冲水厕所，而且要求以铺有榻榻米的作法室[1]来取代理科教室。当得知早在大地震之前就已设计安排好的小学里加盖了作法室之后，身为帝国大学教授并兼任东京市建筑局长的佐野，居然采取了匪夷所思的粗暴行为，就是命令现场监工将其拆除。

新建成的校舍不仅在构造、设备以及平面配置上，在设计风格上也相当注意。比方说校园围墙的高度，使在围墙里面的小孩看不到外面，但是外面的大人却可以看得到里面。并且样式受当时最先进的德国表现派的影响，巧妙地运用了弧线。自明治初期拟洋风小学之后，终于又诞生了"复兴小学建筑"（图10-2）这一力作。

1　作法室：用于茶道、书道的礼仪教室。

图 10-2 复兴小学建筑，上六小学（1926，东京市）

经过这些曲折的过程，昭和五年（1930）终于完成了历时八年的《震灾复兴计划》。如果要看看主要成绩的话，区划整理面积有 3 119 公顷、新设及拓宽道路 750 千米、新设大公园 3 处、小公园 52 处以及有小公园邻接的复兴小学 52 所。

如果没有后藤新平、池田宏、佐野利器及其下属的这些官员及技师埋头努力的话，不管是在质还是量上都绝对不会有这样的成果。

三、住宅问题

明治以来，大豪宅由建筑大师设计出完美的作品、中小住宅可以依着业主的意志设计出小而便利的住宅，而大部分住宅即便在进入大正时期后也只是依样画葫芦，高密度化带来的环境劣化问题日益突出。尤其是在下町，大量出现的贫民窟及郊外无计划发展的住宅地存在很大问题。在明治时期，建筑界、社会、行政都没有关注到住宅问题，真正关心并付诸行动的是大正时期的社会政策派。

郊外住宅地的计划性开发

明治末期以后，旧江户市区周边的住宅用地被个别的土地所有者各自开发，既没有下水道，道路又狭窄，如果持续下去，以东京为首的大都市郊外会被恶劣的环境所覆盖。这对于将上班族阶层视为社会基础，并研究过英国的田园都市，以池田宏为首的社会政策派来说，岂能袖手旁观。

幸好民间的大阪箕面电铁（现在的阪急）的小林一三以池田室町住宅（1910）为首，与东京信托株式会社携手开发了樱新町（1913），与银行家渡边治右卫门共同开发了渡边町（1916）；涩泽荣一于大正七年（1918）成立的田园都市株式会社，开发了田园调布（1923，图10-3）。这些都表明想要在郊外开发出好环境的住宅地，只要有决心或法令支持就有可能实现。

于大正六年成立的都市研究会，密切关注时代动向的同时，展开了一系列讨论和演讲活动，这些成果于大正八年及九年两年间陆续以不同形式展现在世人面前。首先来看一下政府内部动向，原敬内阁作为日本内阁政府首先将住宅问题视为社会政策中的一环，都市研究会也以此为后盾发表了《都市住宅政策和本会之决议》。其中提出了为中产阶级和中产阶级以下阶层制定住宅法、创设都市住宅局、培育住宅供给组织的设想。恰逢此时，在佐野

图 10-3 田园调布（1923，田园都市株式会社）

的努力下，文部省召开了生活改善展览会，正着手市民的启蒙活动，准备成立生活改善同盟。更进一步，社会政策派的夙愿——内务省社会局的创立终于在大正九年（1920）得到认可，池田为第一任长官，管辖住宅问题的单位终于在政府内部诞生了。

在如此盛况之下，佐野又准备开发示范事业"大和村"（1920年或1921年开始），三菱的第三代社长岩崎久弥将在驹迁所有的土地释放出来，给上班族作为住宅用地，并将开发计划委托给佐野。佐野一如既往地冲在最前面，将其规划成为可以会车的宽敞整齐道路，具有百坪[1]以上规模的基地，完善的上下水道，电线入地并设有居民俱乐部。甚至为了强化居民的关系，还成立了自治组织，

1　坪：日本的面积单位，用来丈量房屋和宅地面积，1 坪约等于 3.3 平方米。——编者注

取名为大和村。前北海道长官俵孙一出任村长以协助佐野。大和村不仅取得法人资格，甚至还开办了村营幼儿园，这样有着共同理想的都市研究会相关者，很多成了村民；佐野以外还有渡边铁藏、内田祥三、前田多门、福田重义等先后搬了进来。不管是从计划的内容、地区社会的组织化，还是从都市研究会与三菱相关者逐渐成为大和村的中心势力来看，大和村的开发其实是社会政策派与岩崎家族共同开创的示范性工程，所以佐野才会站在最前线亲自指挥，而岩崎家族才会将俱乐部捐献出来。

在大正八年、九年都市研究会集中举办了为数众多的与住宅问题相关的活动。其中《都市计划法》对于郊外住宅开发的实施细则成了焦点。由几位原土地所有者集结成的区划整理组合，按照基准进行计划性的开发理应可以获得资金上的援助；如果能够实现的话，就可以避免都市住宅用地环境的继续恶化，有效地朝郊外方向开发了。被池田与都市研究会视为对上班族住宅建设起决定作用的区划整理的细则，尽管被纳入了《都市计划法》，但是最要紧的经费预算却被大藏省否决了；于是区划整理制度也就失去了调控力，郊外的住宅用地也依旧各自杂乱地被开发。接下来被企业或法人一小块一小块地卖出去。另外，一部分农民依照耕地整理制度的规定，也进行了大规模的开发，其中有一部分也混在了区划整理的范围。

为郊外制定的区划整理制度，尽管在下町的地震废墟地上获得了意想不到的成果，但对于原先的目的几乎没有产生什么作用，所以社会政策派对于上班族也就谈不上有什么贡献就落幕了。

同润会

明治末期之后，东京市内贫民的居住环境和郊外的上班族住宅相比，可以说是天壤之别。江户时代以来的下町，面积狭小、日照通风不好的长屋以及恶劣的生活环境，使得犯罪、疾病、失业、未就学儿童等负面问题接踵而来。从明治末期开始，都市快速成长，人员已经过密的地区再次拥入大量打工者，成了很大的社会问题。这成为以改善资本主义阴暗面为宗旨的社会政策派不可回避的课题。

对于郊外住宅用地的改良问题，由于在民间的住宅开发上已经有了实际成绩，如果内务省能帮着处理区划整理的法律问题的话，或许就可以解决了。但是改造不良住宅及贫民窟及增加楼地板面积、建筑不燃化等事业，这些显然不符合民间企业以营利为目的的要求，仅靠一纸公文是解决不了问题的，所以只能由政府直接实施。都市研究会中佐野开始研究以公营住宅来取代不良住宅及贫民窟的方法（1920）。内田和都市计划局（长官为长冈隆一郎）携手以东京最有名的贫民街——深川的猿江里町地区及神户的贫民窟为对象采取了"净化贫民窟"计划（1922）。

就在此时大地震发生了。

池田当然不会错过此良机，开始为创设都市研究会一贯主张并经过了多次的研究的负责公营住宅建设的"都市住宅局"奔波。如果能够实现的话，继社会局、都市计划局之后这是社会政策派创设的第三个单位；但是遭到内务省的强烈反对，结果只好在都市研究会外围另设住宅供给组织，这就是同润会。

同润会以各国对日本的赈灾款为运作资金，创设于大正十三年（1924）。池田为第一任理事长，第二任为长冈隆一郎，并且出身建筑界的佐野利器以评议员身份加入，内田祥三任理事兼建筑部长，其下有川元良一、鹫巢昌、拓植芳男、黑崎英雄、中村宽等，内田门下的建筑师作为工作人员也纷纷加入。名义上佐野为理事长，但实际上进行指导的是内田。

诞生并借用社会局一角落的同润会，投入最多力量的是整理深川的猿江里町贫民窟。内田在大地震前对这里进行了从全体配置到每一户的平面调查和家族组成调查后，认为居住环境已经达到极限状态，例如一间四叠半 [1] 的房间住有 9 人，一叠半的有 5 人，这就是实际的贫民窟。

同润会首先购入土地，以直营方式来推动事业。具体实施步骤如下，首先建立起以内田实际调查为基础的整体计划，再由工作人员绘图，最后付诸施工。昭和五年（1930），猿江里町共同住宅二期（图 10-4）建成。首先令人注意到的是，福利设施非常完善，设有被称为猿江善邻馆的地区福祉中心，包括儿童福利、医疗、生活指导、职业介绍事业等。

住宅为钢筋混凝土造的集合住宅，分为两个街廓，计有 18 栋，店铺 42 户、家屋 251 户。第一期工程在昭和二年完成。各户的使用面积很小，只有 6 坪。对习惯于集合住宅的人来说会觉得很奇怪（图 10-5），住宅的后面，设有一个和外面隔离的空间作为中庭，中央设有很大的井，可供饮用和洗衣服。走廊较为宽敞，随处设有洗脚的地方。每户的隔间是四叠半加上三叠，附有厨房和冲水厕所，但是没有浴室。宽敞得足以进行工作的走廊如同下町的小巷，设有饮水站的后庭院让人们想起长屋的井台。这是因

1　叠席：即榻榻米，是日本传统房间"和室"铺设地面的材料。在日本，房间面积通常用叠数来计算。一叠通常为 1.62 平方米，东京的尺寸稍小，为 1.53 平方米。

图 10-4 同润会猿江里町共同住宅二期（1930）

为生活在长屋的人们通常会在自家编一些手工织品，并用扁担挑到外面去卖，所以这些设施对于当时的人们来说是不可或缺的，所以饮水站及走廊都要宽敞得可以工作。因此可以推断出猿江里町的第一期基本上是为了住在长屋里的住民所建。

第二期的走廊则为一般宽度，并附有洗脚的地方，公用洗衣场设在顶楼的一间房间。各户的所占面积从 6 坪扩大到了 10 坪。大的是六叠和四叠半，小的是四叠半和三叠，也附有厨房和厕所，同样没有浴室。二期没有设定工作空间，室内设备也较完善，这可能是因为将住民设定为工业劳动者。

第一、第二期设计都非常细心，尽量有效利用室内空间。例如楼板的做法，在钢筋混凝土上铺以软木、海绵类的东西后，再于上面铺榻榻米的面层。由于去掉地板上的草垫，所以感觉天花板变高了。在墙壁上也下了功夫，开有通气孔，并且在墙壁上方设有神龛或佛坛用的台子。另外还设有小巧却又方便的厕所等。让人感觉到在有限的预算中，设计者花了很多功夫，令人感动。

从整体上看，不仅设备完备，平面设计也从使用者的立场出发进行了考量，并且在有限的预算与空间中花费了不少心思，由同润会所建的猿江里町共同住宅可说是第二次世界大战前最好的清扫贫民窟工程。

同润会以猿江里町开始进行下町（含横滨）方面的清扫贫民窟工程，接着往山手方向发展如青山公寓（1927）、代官山公寓（1927）。尽管这些房舍在山手一带，看起来非常潇洒似乎不像贫民窟，使人误以为可能是为上班族设计的标准集

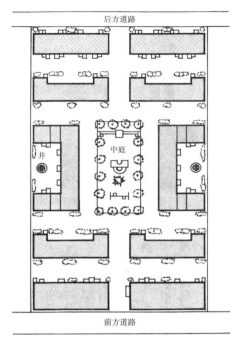

图10-5a 同润会猿江里町共同住宅一期配置图

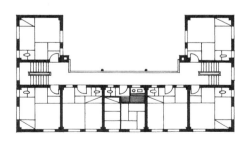

图10-5b 同前标准层平面图

合住宅所做的尝试；但即便是其中最豪华的青山公寓，除了六叠和四叠半房间，也只附有厨房及厕所，并没有浴室。因此，这是

为比标准住宅再稍微低一个等级所设计的。之后同润会就开始为上班族提供住宅了，清扫贫民窟的工程也就告一段落。接下来是为工作的单身女性设计的大冢女子公寓（1930）以及附有电梯、浴室的江户川公寓（1934）。

但是江户川公寓与最初同润会设想的目的不同，转向了以工人为居住对象的木造平房住宅群之应急建设和农村平民家。于昭和十六年（1941）结束了短短十八年的历史。

同润会具有很重要的历史意义，虽然未能成为内务省都市住宅局，只能自外围财团法人起步，但无疑是日本政府中最先提供住宅的组织，解散后人员及积累的资料、经验由住宅营团接收，成为第二次世界大战后的住宅公团，并成为现在的住宅、都市整备公团，到昭和九年在东京横滨实现了 16 处、2 750 户的钢筋混凝土造公寓。另外有一处作为外国人住宅（文化公寓，1925，沃里斯），首次为日本的集合住宅带来了新的住宅形式。

这些都是社会政策派的经历及成果。

社会政策派对于耐震、防火、都市、住宅等被搁置的领域进行了研究，并将成果透过行政及法制进行了实践，最后回归社会。佐野利器的这种希望透过建筑对社会、国家做贡献的理念，获得了很大的成功。

以实用性的实绩为后盾，佐野、内田、内藤、笠原等社会政策派最终掌握控制了学术界（大学、学会）、行政和建设业，成为日本建筑界的一大势力，这是以设计为中心的欧美建筑界未曾出现过的现象。

社会政策派虽然有很好的成果，但是其反面，除了喜好设计的内田，由于有工学性及行政意志性的关系，对于设计及历史之

类的艺术性、文化性等这些领域造成莫名的压迫。大正四年（1915）
推出的《家屋耐震构造论》以及《建筑非艺术论》，在之后长达
半个世纪的时间里，给日本建筑界带来了长远的负面影响。

第十一章
现代设计
——由表现派开始

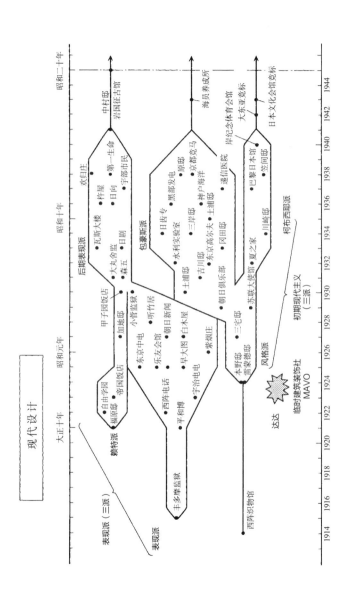

一、何谓现代设计

到目前为止所提及的官厅及住宅样式，不会用于我们现在看到的建筑。使用石、砖建成的欧洲以及日本样式的历史主义建筑逐渐消失，取而代之的是以钢铁、玻璃及钢筋混凝土建造而成的光滑闪亮的箱形建筑，它们堆满了世界各地的大街小巷。虽然我们把这些光滑闪亮的箱形建筑称为"现代主义"（Modernism）或者"现代设计"，但现代设计与先前的历史主义之间的差距，超越了原先历代建筑样式之间所产生的差异，甚至可以说这种差异出现在被称为"建筑"的表现手法上。

随着历史主义的消失，现代设计风格的建筑遍布整个世界的现象出现在第二次世界大战之后。现代设计的源头可以追溯至19世纪末的新艺术运动，之后大约以十年为单位不断推陈出新，令人眼花缭乱。

从新艺术运动到密斯·凡·德·罗

19世纪末诞生于欧洲的新艺术运动，率先摆脱了历史主义样式的束缚，成为现代设计的雏形。新艺术运动的特征是连续的曲线、光滑的表面、如版画一般的面分割法，以百合、菖蒲、藤蔓植物为基调，或是以从植物那里获得的灵感而创作出来的形状为主。

新艺术运动以后的脉动极为错综复杂，在20世纪最初的三十年之间，产生了维也纳的分离派、捷克的立体派（Cubism）、意大利的未来派（Futurist Group）、德国的表现主义、荷兰的阿姆斯特丹学派（Amsterdam School）与风格派（De Stijl）、俄国的构成主义（Constructivism）、法国的纯粹主义（Purism）、德国的

图 11-1 玻璃之家（1914，布鲁诺·陶特）

包豪斯（Bauhaus）等，在欧洲绕了一圈以后，在 1929 年密斯·凡·德·罗（Mies van der Rohe）设计的巴塞罗那展览馆（The Barcelona Pavillion）走到终点。1930 年以后出现的各种动向只是现有成果的延续，也是现代设计最终将历史主义赶出历史舞台的一个过程。

为了探究现代设计的本质，现在让我们来追溯一下以新艺术运动为起点，以密斯为终点的这个类似化学反应的过程。最初的反应发生在维也纳。维也纳的分离派作为新艺术运动的一支为人们所熟悉。作为这个流派领导者的瓦格纳希望抑制建筑的装饰性，让建筑有一个光滑的表面。并且奥地利建筑师阿道夫·卢斯（Adolf

Loos）写了一本名为《装饰与罪恶》（1908）的书，在书中痛批式样与装饰都是无用之物。这个在维也纳发展起来的新理论与设计动向在邻国出现连锁反应。进入 20 世纪第二个十年后，在捷克出现了立体派，而在德国出现了表现派。前者是使壁面如同矿物的结晶那样出现凹凸效果，后者如同玻璃之家［Glass Pavilion，1914，布鲁诺·陶特（Bruno Taut），图 11-1］那样，给人带来类似水晶的印象。

20 世纪第二个十年出现矿物结晶化的表现手法后，20 世纪20 年代开始相继出现了表现派、纯粹派、风格派、俄国构成主义、包豪斯等各种不同流派。其中影响最大的是以德国为中心，向荷兰及比利时扩展的表现派。像水晶一般的初期样式逐渐隐退，取而代之的，是受中世纪哥特影响以舒张的曲面塑造出的更为活泼的造型，或是像被削过的黏土一样的块状造型。但尽管整体设计是全新的概念，表面装饰却仍旧以烧陶这样的粗犷材料来表现，所以失去了现代设计先锋的宝座。

在此要注意的是，和表现派同样在 20 世纪 20 年代流行的装饰艺术，有人认为这种样式是新艺术运动的延续并带动了现代设计的发展。但其实装饰艺术并没有新的内涵，只是在 20 世纪第二个十年矿物结晶化的基础上再次融入历史主义的思想，并将细部以几何学的方式表现出来而已。

就如同从表现派的旁边擦身而过一样，20 世纪 20 年代，走在时代最前面的是荷兰的风格派。比 20 世纪第二个十年的矿物结晶化更前进了一步，从赫格里特·托马斯·里特费尔德（Gerrit Thomas Rietveld）设计的里特费尔德·施罗德邸（Rietveld Schröder House）（1924，图 11-2）中，可以看到整个建筑是正方体

图 11-2 施罗德邸（1924，赫里特·托马斯·里特费尔德）

和长方体的组合，而装饰也只是将其涂上白色而已。也就只有风格派将这个流派代表画家皮特·科内利斯·蒙德里安（Pieter Cornelis Mondorian）的画变成真实的建筑。与风格派发现白色和直角组合的几何美学而造成了 20 世纪 20 年代的社会效应一样，纯粹派、包豪斯及俄国构成派也在这个方向上延续发展。可以称得上风格派正统后继者的包豪斯派的沃尔特·格里皮厄斯（Walter Gropius），在包豪斯校舍（1926，图 11-3）设计中虽然仍旧采用了直角和白色的原理，但舍弃了风格派将壁面故意弄得凹凹凸凸的变化妙趣，使白色墙壁和透明玻璃成为一个完整统一的箱子。

　　密斯更进一步地在 20 世纪 20 年代的最后一年，建成了巴塞罗那展览馆（1929，图 11-4）。在这个计划的平面设计中，尽可能少用立柱与墙壁，使整个空间都向外开放，有如在方格纸上画了一个方框。立面设计也是同样，从地板到天花板连白色墙壁都被删去，全部使用玻璃镶嵌。连在包豪斯派与纯粹派中尚且被保留的箱形设计也被完全去除，就好像在无限开放延伸的空间里，用玻璃做了一个隔间，已经区分不出天与地、墙与窗、内与外的

图 11-3 包豪斯校舍（1926，沃尔特·格里皮厄斯）

图 11-4 巴塞罗那展览馆（1929，密斯·凡·德·罗）

差别。整个均质的空间呈现如同数学公式般的抽象性与均质性。

20世纪的建筑巨匠除了密斯，还有法国的勒·柯布西耶（Le Corbusier）、美国的赖特、西班牙的安东尼·高迪·科尔内特（Antoni Gaudí i Cornet）等。如果将密斯作为世界建筑坐标的原点，那么柯布西耶就是指向地中海的轴线，赖特是指向美国的轴线，而高迪则是指向西班牙的轴线。在世界的文化及风土人情中这样的坐标也是不计其数。从新艺术运动到密斯，这些建筑大师的现代设计，在造型上包括几何性、表皮性、量块性、力度性等特征，同时对于平面设计予以解放。在建筑上具体表现为不特别设置屋顶、墙壁为白色、壁面光滑平整、大面积的窗户不是直立式的而是在水平方向上连续安置。此外还会采用独立柱（以数根柱子支撑起整个建筑）使底层空间具有开放性的手法，或是采用清水混凝土墙的手法。另外在技术方面用可以大量生产的钢铁、玻璃及混凝土来取代以前的砖和石材。这种技术的运用可以直接从建筑物的外表上看出来。

由于功能主义不断推崇这种理念，这些设计成为更具正当化的理论。具体内容包括：这些设计更适合产业革命后的时代特性；省略样式与装饰等这些近似浪费的工序与时间，以使用近代技术；由此诞生的直角与白色的组合才更为合理、更具功能性，更加美丽。

通常我们将这些风格派之后的功能主义的设计称为"现代主义"或是"国际样式"。之所以称之为"国际"，是因为采用直角与白色组合的表现手法，其实已经不具有风土味或国籍性了。

这里希望读者注意的是对于现代主义的翻译问题。如果将现代主义翻译为近代建筑的话，会与以日本明治之后的历史主义为主体的"日本近代建筑"产生混淆。所以将现代主义翻译成"国际近代主义"比较恰当。

植物、矿物及数学

现代设计的历史可以说是近代科学技术追求更符合时代,更具合理性、功能性的过程。就像当年用哥特样式表现神灵的时代,现代设计则表现了科学技术的时代。

这也意味着现代设计是一种具有历史性的样式,但是现代设计的发展过程与哥特样式、文艺复兴有着完全不同的特性。比方说从新艺术运动兴起到密斯为止的短短几十年里,涌现不计其数的各种设计风格。在变化多端的新艺术运动的功能性风格之后立即出现了立体派的矿物风格,接着出现了表现派的砖的块状风格,同时出现了风格派的白色与直角组合的风格。柯布西耶的清水混凝土尚未凝固时,密斯的矿物(大理石)与玻璃的组合又冒了出来。在如此短时间内涌现出如此迥异的设计风格,与其说是一种运动的发展,不如说是人类在挑战塑造建筑造型全部的可能性。

究竟出现了什么问题呢?为什么只有在新艺术运动中才会出现这样的问题?

现代设计的起点

让我们再次来仔细观察这个有着四十年的化学反应的过程,就会发现,这是一个循序渐进的发展过程。首先是在 19 世纪末期,由植物获得灵感而来的设计,从而引发了新艺术运动。接下来是 20 世纪第二个十年的立体派以及初期的表现派发展创作了矿物结晶化的设计。进入 20 世纪 20 年代后,风格派、纯粹派、包豪斯派等运用白色加直角的组合达到了几何学的层面。接下来密斯开创出一种类似数学方程式的抽象性艺术。

植物→矿物→几何学→数学方程式

是按照这样一个顺序逐渐深入发展的。

这样一个发展过程其实不是一种偶然现象。被称为"人"的这种动物，是由于获得了植物提供的恩惠而得到生命的延续，而植物又仰赖矿物提供的养分。在矿物的背后隐藏着几何学的原理，而几何学又是数学方程式的具体呈现。自然界存在着动物、植物、矿物这三个层面，再加上看不见的数学这个层面，而这四个层面构成了所有物质存在的基本要素。这四个层面仅仅在四十年之中，就以建筑的形式呈现出来。总而言之，不可能看得见的抽象性数学方程式经过密斯的手，变成了可以看到的建筑实体。碰巧同样的，近代物理学对于物体的本质的探寻也达到了"原子"这样一个层面。两者有着惊人的相似之处。

究竟是什么原因使得 20 世纪初期的建筑家们，开创了这种史无前例的发展过程呢？

故事是这样的：18 世纪末，工业革命带来了科学与技术的飞速发展，导致以历史与文化为依托的历史主义产生了空洞化。这些深刻感受到危机的建筑家希望无论如何也要恢复往日的盛况，着手已经被人们遗忘的哥特式、希腊式的复兴运动。另一方面也融入一些以东方为首的异国风格的样式。19 世纪建筑界的状况就如同打翻了的百宝箱一样，五花八门。但是结果发现任何方法都无法弥补这个空洞。于是在世纪末，迷失方向的建筑家们终于放弃寻找"过去""异国情调"之类外来的救星，开始在内心寻找自我的感受。就这样，最先找到了植物层面的感觉；接下来，就像在探索自然界一样，逐渐进入了矿物感觉的层面；最后进入了数学感觉的层面。新艺术运动发展至密斯的过程，毫无疑问就是这样的。

建筑的最基本构成是均质的空间。第二次世界大战后现代主义席卷整个世界的过程中，占据主导的，既不是柯布西耶也不是赖特而是密斯的影响。第二次世界大战后，象征20世纪的超高层摩天楼毫无例外地采用的表现手法，是密斯的均质、透明空间的延伸。

将建筑的最基本单位就是均质空间的概念从人们的思维中解放出来，密斯的作品对于建筑史来讲就是一枚原子弹。

二、日本现代设计的起点

大正时期的青年建筑家们

世界现代设计发展的进程中，我们先来看看日本的现代设计。日本的现代设计是从什么时候开始的呢？其中有一种可能是始自明治末期有着自我主见的第二代建筑家，他们开始思考建筑的本质，与新艺术运动有着频繁的互动，自己的作品中也经常使用到钢铁和钢筋混凝土。例如横河民辅，对近代技术赞叹不已，而对历史主义却冷嘲热讽，他曾经说道："又不是什么大不了的东西。"佐野利器、野田俊彦同样继承了这一观念，尤其是野田俊彦，之后还写了一本名为《建筑非艺术论》的书，但是他们在唾弃历史主义的同时，把历史主义中属于美学的部分也丢弃了，单单朝着实用主义的方向发展。或是像远藤于菟那样，为了追求钢筋混凝土的表现手法，单纯地去除了历史主义建筑中各种造型艺术及装饰艺术的部分，不但没有开创一个新的美学概念，反而还使自己的作品落入丑陋不堪的困境中。

除了选择与新艺术运动结合的武田五一，日本现代设计最大可能是与欧洲在同一时间起步的。武田首先在福岛邸（1905）以新艺术主义风格手法采用了自由的植物性装饰，接着在京都府纪念图书馆（1909）采用了面分割的手法，虽然这种面分割的手法不及风格主义来得那样炉火纯青。尽管武田具有将新艺术主义风格融入茶室设计的内发性，但是他认为这种现代设计的萌芽是新艺术主义的延伸，最终还是回归了历史主义的设计手法。

图 11-5 后藤庆二

所以日本并没有内发性地将新艺术运动中萌发的这种设计理念进一步发展壮大，第二代建筑家虽然抓住了可以跨越历史主义表现手法的完全崭新的感觉，但在关键时刻又开了倒车。

真正努力追寻现代设计的是第二代建筑家之后的大正时期的青年们。不同于他们的前辈单纯地依照从新艺术主义获得的感觉来探索现代设计的发展方向，他们从建筑最基本理念出发进行了思考。例如先驱者后藤庆二（图 11-5）曾经说道：

　　　"建筑家们，从混沌的宇宙中领悟到了其中的意志，将创造出第二元的自然赋予人类，并怀有创造适合人类居住的世界之使命。"　　——《不谈过去》1916

"感受到伟大的自然力，并洞察不可思议的人类，在知识与理解之上在真正的生活中充实自己……依靠开化了的思想与精神架构起来的建筑才是真正的建筑。"

—— 同上

　　"只有当建筑家的情感与上帝的情感相同时创造出来的才是真正的建筑。"　　——《谈过建筑后》1917

　　后藤庆二将"混沌的宇宙""伟大的自然力""上帝的情感"归类为事物的一方，而将"不可思议的""充实自己""建筑家的情感"归类为相对的另一方。只身一人来面对自然、宇宙、神灵等。使自己从自我的小宇宙中觉悟，不是从以过去的历史与文化为基础的历史主义中，而是从面对宇宙及自然的过程中直接酝酿出真正的建筑。

　　当欧洲的建筑师从对新时代的预感中重新审视自身内部，从而走向现代设计之时，大正青年建筑家正从自我中觉悟，摆脱历史主义的束缚，来面对宇宙、自然；可以说与探寻自身内部只有一步之差，由此可以认为，大正时期的年轻一代已经达到了欧洲先进理念的水平。

　　首先和这样的灵魂共鸣的现代设计，是以德国为中心，向荷兰、比利时扩展的表现派。

日本的表现派

　　可以说大正三年，也就是1914年，是日本的现代设计的元年。

首先是自德国留学回国的本野精吾（1908—1909），其作为日本现代设计的第一件作品西阵织物馆（1914，图11-6）问世后，接着是后藤庆二设计出丰多摩监狱（1915，图11-7）。

西阵织物馆没有参照历史样式，全部的装饰平坦没有明显凹凸，以白色瓷砖作面的分割是它的设计重点。整体上属于分离派，但是与第二代的分离派（武田的京都府纪念图书馆、三桥的石原时计店）不同，从将建筑还原成四角形（建筑物本体）和三角形（屋顶）的手法上，可以看出作者对于几何学的追求。丰多摩监狱，作者称之为"红色之家"，自由自在地将朴素的中世纪红砖哥特样式进行了简化，使作品如同一座堆得满满的红砖山突然从地底下冒了出来，给人以简洁明快的印象。使人更能了解后藤设计意图的作品是"火葬场"（1917）与"灯塔"（1918，图11-8）。借由向虚空而去的建筑形象，表现作者一个人独自面对宇宙、自然的不安与茫然。

不难比较出西阵织物馆与丰多摩监狱这两件作品，哪个更能展现大正时期青年们的"自我觉悟"的意识。虽然这两件作品，都可以说是给后人展示出几何学与量体之新方向的纪念碑，然而西阵织物馆缺乏后续作品，逐渐被人遗忘。而丰多摩监狱则成为指引青年建筑家们前进的"灯塔"。

后藤在留下丰多摩监狱后突然去世，但是由"红色之家"点亮的"灯塔"却不曾熄灭。吉田铁郎、岩元禄等延续了这一方向的发展，组成了分离派建筑会。

分离派是以1920年毕业于东京大学建筑系的堀口舍己、山田守、石本喜久治、泷泽真弓、森田庆一、矢田茂等人组成的团体。它以摆脱历史主义为目标，又因与维也纳分离派有一定关联，所

图 11-6 西阵织物馆（1914，本野精吾）

图 11-7 丰多摩监狱（1915，后藤庆二）

图11-8 灯塔案（1918，后藤庆二）

以命名为分离派。这些年轻的建筑家在学生时代就将后藤庆二及岩元禄视作自己的兄长，透过书籍杂志学习掌握了海外的新动向。并赴中国对独树一帜的安井武雄的表现派以及在青岛的德国青年派进行了观摩学习。累积了这些丰硕经验做成的毕业设计以展览会的形式问世，同时委托岩波茂雄以全数自购的条件出版发行了《分离派建筑会宣言与作品》（1920，图11-9）。

图11-9 《分离派建筑会宣言与作品》（1920）

分离派在第二、第三年总计发表了三册作品、论文集。其中所收录的既不像随意画出的手稿又不像受到表现派、维也纳分离派影响的设计图稿（图11-10、11-11），受到了众人的注目，然而最令人震撼的却是他们的宣言：

起来，

为了从陈旧的建筑圈中分离出来，并赋予所有的建筑以真正的内涵而创造出新的建筑圈。

起来，

为了唤醒沉睡在陈旧的建筑圈内的人们，拯救逐渐被淹没的所有人。

起来，

我们期待着为了实现我们的理想，欣悦地奉献出我们的一切，直到我们倒下、死去。

我们一起面向全世界宣誓。

分离派建筑会

作为运动团体的分离派，其行动产生了很大影响。所成立的"创宇社"（1923）虽然在对建筑的表现主张上和分离派相同，但是以山口文象为首的核心成员，由于当年曾任职于分离派成员下属的绘图员阶层，因此具有强烈的社会意识，对于权威也具有反抗性。山口文象在创宇社第三次建筑展（1925）时曾说道：

"凭借这热情、精神、力量和年轻，我们从民众中跃起，大声地向人们呐喊。虽然民众谨慎地接纳了我们，但美术、建筑界没有一个所谓的专家、大佬出来接纳我们。……属于过去陈旧世界的你们，对属于今日世界的我们的工作，已经没有发言的资格。在接下来的时间里请你们在自己建造的墓穴中安静地睡去吧。"

——山口文象《创宇社建筑展》（1925）

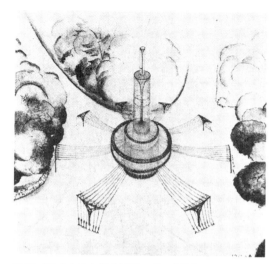

图 11-10 丝与光之塔（1921，堀口舍己）

图 11-11 山之家（1921，泷泽真弓）

就这样，以创宇社为首陆续结成了临时建筑装饰社（1923，今和次郎）、猎户星座（1925，岸田日出刀）、流星（1925，今井兼次、佐藤武夫）、AS会（1928，川喜田炼七郎）、国际建筑会（1927，本野精吾、上野伊三郎）等一系列有影响力的小型团体，它们促进了大正至昭和初期日本现代设计的发展。

自结成之日起，分离派的风格就急速地趋向于表现派，迎接自己的鼎盛时期，出现了一系列知名作品。拉开序幕的，是由分离派设计的和平博览会第二会场展馆（1921，图11-12）。虽然看上去只是在木结构上挂了竹帘、涂上灰泥而已的临时性建筑，但是塔、机械馆（堀口舍己）等鲜明的设计使人们不禁感到新时代的到来。继岩元禄的西阵电话局（1922）、吉田铁郎的山田邮局（1923）后，分离派迎来了自己的高峰期，完成了早稻田大学图书馆（1925，今井兼次）、乐友会馆（1925，森田庆一）、安田讲堂（1925，岸田日出刀）、紫烟庄（1926，堀口舍己）、东京中央电信局（1927，山田守，图11-13）、朝日新闻社（1927，石本喜久治）、白木屋（1928，同前）等优秀作品。但是高峰期很短，在此之后就急速地衰退，小菅监狱（1930，蒲原重雄，图11-14）的出现代表着表现派时代的落幕。

表现派给人们带来了各式各样的新设计风格。例如从以和平博览会的机械馆及西阵电话局为首的作品中可以感受到量体的运用。在有着连续尖拱壁面的东京中央电信局（图11-13）以及有如丹顶鹤般伸开翅膀的小菅监狱中，可以感受到作品展现出的力度。还可以从有着大大的转弯壁面的白木屋及朝日新闻社中感受到轻松愉快。另外，表现派选用的颜色也非常鲜明，小菅监狱采用绿中带黄的配色，白木屋内外贴有金色的大型烧陶，并且随

图 11-12 和平纪念东京博览会之塔（1921，堀口舍己）

处点缀着蓝、红、绿色。

　　由于多处采用了拱形设计，表现派的作品有着看似历史主义的样式但又不同于历史主义，没有给人支撑着厚重的壁体的感觉。从西阵电话局及东京中央电信局的设计中可以看出，拱形从壁体中独立出来，呈现自下而上的动态感觉。拱形弧度也不同于历史主义，而呈现为一个优美的抛物线或像鸡蛋顶部那样的弧线。

紫烟庄和听竹居

　　日本的表现派尽管从以德国及荷兰表现派为首的分离派等欧洲的现代设计中学到不少，但并非单纯抄袭与复制，而是从精神上和欧洲产生共鸣，可以说几乎同时在进行着自己的创作，这可以从堀口舍己的紫烟庄（1926，图 11-15）中看出。

　　茅葺的屋顶有如香菇般，修剪整整齐齐的出檐与下方的墙壁形成明显的断差。墙壁全部采用纯白色的装修，一部分露出的梁、柱将白色的壁面分割成几个长方形。其实茅葺的屋顶模仿了阿姆

图 11-13 东京中央电信局（1927，山田守）

图 11-14 小菅监狱（1930，蒲原重雄）

斯特丹派（荷兰表现派），而水平的出檐模仿了风格派的设计，然而这两个流派在它们自己的发祥地却水火不容，并没有融合在一起。堀口舍己在分离派形成后首次访问荷兰时（1923），带领他参观阿姆斯特丹派作品的 *Wendingen* 杂志总编辑亨德里克·西奥多勒斯·维德维尔德（Hendrik Theodorus Wijdeveld）也好，从工地现场特意赶来的 J. J. P. 欧特（J. J. P. Out）也好，都没想到这位日本青年在回国后会设计出如此的杰作。

堀口不仅将荷兰的两个流派融合在一起，还将日本的茶室融入现代设计的室内装修。使用纤细的材料在垂直、水平方向将墙面依照日本风格做分割，而壁体采用了聚乐壁（日本土壁之代表），并用银箔枫叶纹和纸与瓷砖加以修饰。天花板采用的是格天井（格子状天花板），格间（格子中间四方形的板子）同样覆上银箔枫叶纹和纸。在土质的墙壁上开有圆形的窗户，依木格窗的样式镶嵌略带红色的玻璃。另外在墙壁的一角用金属链条吊起上漆木板，形成一个简洁的吊棚。虽然是传统茶室，却融合了风格派蒙德里安的空间分割设计理念。而且由于使用了木结构，作品比风格派的轮廓更鲜明、更具空间感。而闪闪发光的吊索、下垂的照明器具，以及墙壁、天花板、地毯所使用的银、蓝、红、黄这样多彩的色调，毫无疑问是从维也纳工房所学来的。

融合阿姆斯特丹派、风格派、维也纳工房以及茶室，如此众多的风格设计在一起，产生了一个珠联璧合的美妙空间。紫烟庄可说是 20 世纪 20 年代世界的现代设计中数一数二的杰作。

几乎在紫烟庄巧妙地将和风融入现代设计的同一时期，与其相反，表现派开始对日本传统建筑施以现代的表现手法。中心人物是藤井厚二，其代表作是听竹居（1928，图 11-16）。在数寄

图 11-15a 紫烟庄（1926，堀口舍己）

图 11-15b 同居间

图 11-16 听竹居（1928，藤井厚二）

屋的造型中又加入了查尔斯·伦尼·麦金托什（Charles Rennie MacKintosh）及赖特的风格，产生与众不同的表现派作品。

赖特派

由于分离派之成立而使表现派走向鼎盛期，同时美国的赖特及其日本弟子的个性化设计，为现代设计开创了一个新局面。

赖特和日本的缘分很深，他首次接触到日本传统风格是在明治二十六年（1893）。当他看到芝加哥博览会上日本政府推出的被称为"凤凰殿"的木造建筑时，惊叹不已。虽然是第一次看到，就立即从日本建筑中呈现的，连续展开的平面、水平方向流动的立面、有着深邃的出檐的屋顶等美轮美奂的设计中抓到了自己创作的灵感，从而创造出草原风格（Prairie Style）这样独特的设计。

在这个设计的平面中，空间不是被墙壁围成的一个个房间，而是房间和房间之间连续的连接，并持续延伸到外面的草坪。首次接触日本文化的赖特，醉心于浮世绘，特意为了买浮世绘而来到日本（1905）。就这样和日本美术连在一起的赖特，日后着手设计了帝国饭店（1923）。

完成后的帝国饭店（图11-17），在强调平面的连续性和立面的水平性的同时，不常见的装饰也抓住了东京市民们的眼睛。在较为醒目的地方贴有几何纹样的大谷石，普通的墙面则是贴上表面用竹节刷处理过的瓷砖，这在现代设计中也很少见。

在长期的帝国饭店工程中，赖特同时又接了几个设计案。如福原有信别墅（1921）、自由学园（1922）、林爱作邸（1917年设计）、山邑邸（1924）等。其中除自由学园外都采用了草原风格，而山邑邸采用了凹凹凸凸的岩石沙漠风格。

赖特在美国北部以外没有多少委托案，所以在日本的作品可说本来就是一个例外，然而不仅是作品，就连人脉也特别地保留了下来。

大正六年（1917），赖特为了准备帝国饭店来到日本，在此时收下的弟子以远藤新为首，包括跟随赖特赴日的工作人员安东宁·雷蒙德（Antonin Raymond），以及在东京帝国大学就读中，看到帝国饭店施工现场后感动万分，毕业后马上成为工作人员的土浦龟城，在上早稻田夜校时，看到英语新闻上的招募工作人员的告示而入职的田上义也，还有冈见健彦等精英，赖特的影响力可说是在明治以后来日的众多外国建筑师中仅次于康德。在这些弟子之中，土浦、远藤、冈见日后赴美，进入了被称为赖特社区的由赖特自己建造的事务所"TALIESIN"，在每天共同生

图 11-17a 帝国饭店入口（1923，赖特）

图 11-17b 游步廊

活中，赖特的这种如同修行般的教团生活方式，对于他们产生了很大影响。这种生活方式使得弟子们不是如同使徒一样继承老师的样式（远藤、田上、冈见），就是反其道而行之（雷蒙德、土浦）。继承的代表为远藤，他对于赖特的崇拜之情不同一般。自从遇见了赖特后从此改头换面，留起长长的头发和胡须，腰上绑着日式裤带，手中拄着包有樱木皮的拐杖，以如同行者一般的穿着直接来往于施工现场。他留下了甲子园饭店（1930，图 11-18）、加地利夫邸（1927）等作品。赖特的风格理念不仅影响了以远藤为首，包括田上（1927，阪敏男邸）、冈见（1932，高轮教会）等弟子，还影响到教团外，武田一邸（1926，高岛司郎）、总理大臣官邸（1928，下元连）、大日本麦酒 KK 啤酒厅（1933，菅原荣藏）等一批被称为赖特式的建筑。

　　赖特以及赖特式的建筑由于有着强烈个性，在现代设计的流派中比较容易被视为独特的现象，但可以视为表现派中的一支，至少大正的青年建筑家是如此看待的。远藤新在遇见赖特之前曾经写道："该如何找到自我呢，不要想起什么，我身心已疲惫，唯有物忧。"（日记）他在设计方面比较排斥历史主义，希望自己能"独立进行创作"；后藤庆二及分离派，在对表现派产生了同样的心境之后，终于遇见了赖特。

三、临时建筑装饰社和后期表现派

过早出现的临时建筑装饰社

　　在继后藤庆二以及分离派之后的表现派也逐渐变成以年轻世

图 11-18 甲子园饭店（1930，远藤新）

代为中坚力量时，发生了惨烈的关东大地震，然而就在这片瓦砾焦土上，却出现了一群与分离派抗争的人。设计师们目睹了大白天突然被毁的都市后，有一些设计师带着铅笔及素描本或是扛着油漆桶和梯子出现在马路上，他们就是 MAVO 和临时建筑装饰社的成员。

MAVO 是一个 20 世纪 20 年代后半期在欧洲接触了新艺术运动之后回国的以村山知义为中心组成（1922）的青年画家团体。有时候他们会将女性的头发、钉子、木片和报纸合在一起作"画"，有时候会试着跳全裸舞，或是在展览会中将机械的部分及汽车的轮胎及方向盘等组合起来，然后在里面做自动门票贩卖机等不可思议的事情。同时，有一些成员却在废墟中开始设计临时建筑。

临时建筑装饰社的第一个作品，是在灰浆墙面上以涂鸦、扭曲的金属棒搭配不成形状的窗户组成的MAVO的理发店，在玻璃管中放入一些小灯泡来代替霓虹灯，并将其斜贴在正面的墙上，入店后有陡峭的楼梯，似乎等着客人跌到地下室。另一作品是两层楼高的壁面上斜嵌着长圆形和圆形的窗户的吉行美容院（1924，图11-19）。然而代表作还要算是葵馆（1924，图11-20），在灰浆墙面上以浮雕形式画满了翩翩起舞的裸体少女。另外还出现了比实际作品还激烈的设计案，在东倒西歪的墙面上开有似裂缝窗户的咖啡馆案（1924，高见泽路直，图11-21）更令人叹为观止。这个史无前例的作品展现出达达主义的风格及热情。

虽然没有MAVO那般疯狂，但另外也有一些不拘泥于过去的框架、开展了达达主义的建筑师，这就是今和次郎和他的团队。在被战火烧焦的东京大地上，今和次郎与吉田谦吉商量着如何建造人们的临时住宅以及如何营造健康的生活。

> "刚刚被烧毁的铁皮屋呈现一种浓重的红色，现在却逐渐呈现橘色。……设法弄到柏油的人家……在烧毁了的铁皮上涂着柏油，仅仅一小罐的柏油就好像是给这户人家穿上了一件衣服一样。……这种不平衡的心境啊……在物资充足的今天，无法忘记那不可思议的不平衡心境。黑色、红色、蓝色的铁皮屋啊！"
>
> ——今和次郎《土炭房家》（1924）

两个人从震后的焦土上出现的临时建筑中看到了人类建立家庭生活最原始的状态。于是开始了考现学和临时建筑装饰社的运动。

顺序虽有些颠倒，但先谈谈"考现学"吧。

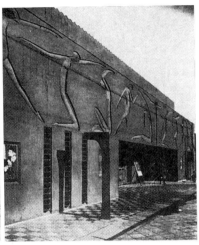

图 11-19 吉行美容院
（1924，村山知义）

图 11-20 葵馆
（1924，村山知义、曾祢中条建筑事务所）

图 11-21 咖啡馆案（1924，高见泽路直）

在看到了震后的焦土中原始的生活后，认为震后的重建已经正式开始了，于是两人的视线从临时房屋转向了繁华街头。"怎样，开始干吧！先从银座街头开始……啊，这个这个，我们就从跟踪时尚女人开始，数一数一千人中有多少穿短裙的，然后这些女人又是怎样的散步路线，被男人盯上的又有几个等。就这样开始了我们的奇妙的调查追踪。"

像这样路边博物学的调查追踪称为"考现学"，然后举办了展览会，又发表在书籍上。这也就是今天所说的考现学的开始。

然而在考现学之前，在震后的焦土尚有余热时，就已经开始了临时建筑装饰社的运动。对临时建筑产生兴趣的今和次郎与吉田谦吉召集了一批美术学校的学弟画家以及尚未成名的设计家，站在街头散发传单。

　　面对这次灾害，我们再次申明我们之前的主张，为了美化我们的建筑，我们决定在街头展开工作。在临时建筑时代来临的东京，相信这是我们接受艺术考验的一个机会，任何形式的临时建筑都是我们美化工作的物件，包括商店、工厂、餐厅、咖啡屋、住宅以及公司建筑的内外装饰。

1923 年 9 月

临时建筑装饰社

中川纪元（绘画）神原泰（绘画）横山润之助（绘画）

浅野孟府（雕刻）吉田谦吉（装饰）大坪重周（装饰）

飞鸟哲雄（装饰）吉邨二郎（装饰）远山近雄（照明）

今和次郎（建筑、装饰）

事务所　市外淀桥町柏木九三七（大坪处）

因为传单的效果以及受到评论家评论的关系，事务所居然接到不少委托案。从大正十二年（1923）九月到第二年六月为期不到一年的活动期间内，完成了近十件作品。

其中的设计如神田的东条书店（1923），由于事务所决定其设计主体为"将达达主义作为野蛮人的装饰"，于是就出现了既不像鱼也不像鳄鱼

图 11-22 麒麟咖啡（1923，临时建筑装饰社、曾称中条建筑事务所）

也不像人的动物，被旋涡状的线条层层围住的作品。而位于芝的堀金物店的设计虽然以植物为基调，却得到了"图案与绘画是如此不协调"的评价。再比如受东京大学新人会的服部之聪委托的位于深川的帝国大学社会福利团体的建筑物被涂成漆黑一团。其代表作位于银座的麒麟咖啡（1923，图 11-22），墙壁上以德国表现派的疯狂手法绘有类似麒麟的开口怪兽，室内则使用了洛可可风格的白色，由成员用后期印象派以后的画风画有八幅壁画。

对于被称为废墟设计者的今和次郎，建筑界的反应相当冷淡，被认为是某个角落的余兴节目而视而不见。倒是分离派没有错此良机，立即有了反应。因为这个团体与迄今为止作为分离派的前辈，也是表现派先驱的后藤庆二保持着密切的联系，又与岩元

禄开创的艺术团尖塔社同流同源，且同大正时期的"自我觉醒"路线有着较深的关联。虽然后藤、岩元英年早逝，但幸存下来的这些表现派所开创的用"达达主义来装饰野蛮人"的方式却成为不可忽视的存在，所以批判如同箭一样从分离派的成员及同伴者中连续不断地射了出来。

> "这些成绩值得我们前去参观学习一下，于是我们出发了。那是一间咖啡厅……真的抓住了建筑之美吗？……用更纯真的心去凝视那泥土墙而获得的感觉才是想要得到的。……在艺术的美名之下波希米亚式的天才，藐视建筑的至高境界。当狂乱与放肆及嚣张之时，正是客迈拉的世界出现的时候。"
>
> ——泷泽真弓

> "真想说让我们认真深刻地总结吧！安静地思考吧！就好像在熟睡之后，清晰的头脑所发出的自然的节奏或构想直接地表现出来。"
>
> ——矢田茂

> "建筑都有着各自的固有的美。这可以成为自身绝妙的广告。从屋顶感受到的、从窗户感受到的、从材料自身属性上感受到的、建筑细部给建筑带来的品位，这些都可以称为夸耀的广告牌。"
>
> ——黑崎干男

今和次郎对这些批判立即予以了反驳：

"那些分离派的人似乎想要这样彻底地统治所有与建筑相关的内容。这就是把由物质构成的神秘，带到我们的心与灵里面，并且使在材质表面所产生的韵律，陶醉我们的心与魂……某公认为建筑是诗、是音乐，某公的作品被某些人认为是值得赞颂的……物质乃至自然赞美以及将这些传播的人们美好灵魂的赞美。

"对于在创造透明、展现裸体之美的人们来说，所谓当然装饰，就是对存在于作品之上的任何事物予以否认……所谓装饰，并非只存在于透明的、活动着的美好事物的构架中。也是针对将包含人生以及世间百态复杂而具有韵律的各种表现，在空间这个概念里将其展现出来的工作……是经由感情跳跃的亢奋而诞生的结果，在空间内留下痕迹，由此诞生的……也就是在比分离派更广泛的范围里置放建筑美的基础。是我脆弱的性格使其如此的……

"今天，我们对于装饰需努力的方向是，尽量放开表现手法，对于希望表现的内容应趋向更自由、更复杂。例如从室内装饰的角度上说，可以是人类的世相百态、生活、人们的气氛，这些正在发生着的事物……当所使用的表现与建筑追求的本来的美相矛盾时，又怎么能够将它从人生过程中舍去呢。"

—— 今和次郎

可以说是非常了不起的反驳。不仅将分离派的本质定义为"对人世间美好灵魂的赞美"，并烘托出自己希望表现的"世相百态、生活、人们的气氛"。

"美"是归宿在人们的灵魂里，还是归宿在世相风俗的表皮里？这既是分离派所始料未及的反驳，也是对他们的质问。

今和次郎在临时建筑商店进行装饰工作时，注意到在都会繁华的娱乐区这样一个消费场所中，人们对于"美"的概念与理解是不同的。从艺术家的灵魂里萌发出来的是无用之物，取而代之的，娱乐区中人们一瞬间表面性的感觉的"美"才具有生命力。今和次郎预感到这种美的概念不比分离派思考的"美"的品位低，或许在其之上也不一定。

19世纪末开始的现代设计，很强地意识到产业革命所开创的这个崭新的时代，着眼技术进步、工业化大量生产所带来的问题，其结果就是朝向与工厂空间有着必然联系的功能主义、合理主义的方向发展。但是问题并不只在生产这单一的方面。先进的技术带来的工业化大量生产自然会带来需要大量消费的空间的发展。问题的起点是作为生产空间的工厂，而问题的终点是消费的空间。

尽管如此，现代设计还只注重于发展工厂空间的理论与实践。在由今和次郎发起考现学的临时建筑装饰社运动的20世纪20年代初期，世界的现代设计潮流的前端才刚刚发展到思考与功能主义、合理主义相符的工厂空间的时期，全世界的建筑师谁都没有意识到消费空间的问题，他的思想太过超前了。

在被烧毁的废墟上展开的设计活动及言论，对于刚刚才能理解分离派的日本建筑界的大佬们来说当然是无法想象的问题。对于自以为是先驱的分离派来说，也感到了来者不善，所以没有继续在深层次上予以认可。因此，今和次郎就从建筑界的台前销声匿迹了。

持续发展的后期表现派

　　从大正末期开始，到昭和初期处于鼎盛时期的表现派，如上文所述以昭和三年（1928）、昭和四年为分水岭，从此进入衰败。所以有人认为其理由一定是，以推动表现派发展的分离派为首的大正青年建筑家们，在这时期突然转至别的流派，而且是同时，无一例外。许多建筑家尤其是现代设计的先驱者们认为表现派就此结束了。在发祥地德国也产生了同样类似的雪崩现象。但是意外的是，又有另一批新的表现派作品登场了。

　　例如，昭和六年（1931）村野藤吾设计完成了森五商店（图11-23）之后，又陆续出现了大阪瓦斯大楼（1933，安井武雄，图11-24）、日本剧场（1933，渡边仁，图11-25）、宇部市民会馆（1937，村野藤吾，图11-29）、第一生命相互馆（1938，渡边仁，图11-30）等名作。另外还有布鲁诺·陶特的日向家热海别邸（1936，图11-26）、吉田五十八的杵屋热海别邸（1936，图11-32）、藤井厚二的扇叶庄（1938）、白井晟一的欢归庄（1938，图11-27）等在风格上有些变化的作品，再加上赖特弟子们设计的带有赖特风格的作品。于昭和二十年（1945）完成的佐藤武夫的岩国征古馆则是第二次世界大战结束前最后的作品。

　　以上作品不同于鼎盛期的表现派那样未经世故与华丽，又晚于现代设计，所以与鼎盛期的表现派相区别，称为后期表现派。

　　其主要成员是村野藤吾（图11-28）。

　　村野在大正时期就读早稻田大学的学生时代，曾拜师于今和次郎，后来通过丰多摩监狱开拓了建筑的视野，充分吸收了初期表现派的精华。但是毕业后村野进入大阪渡边节的事务所，不得不设计一些在学生时代就想回避的历史样式，从铅笔的运用手法到整体设计，使他苦不堪言，甚至想连夜逃跑。之后村野被派到纽约，回国后作为主任设计师承担了大阪商船神户

图 11-23 森五商店（1931，村野藤吾）

支店（1922，图 9-10）的制图及棉业会馆（1931）等杰作的设计工作。但是在这十年之间，日本的现代设计进展显著，分离派已经形成。学生时代的好友今井兼次以表现派的手法完成了早稻田大学图书馆，他的老师今和次郎也和分离派之间展开了高质量的争论；村野在昭和四年（1929）独立时，表现派的时代已经结束，中心成员也随之进入一个更新层次的现代设计。村野先前一直在大阪被埋没于历史主义的设计中，逐渐落后于时代，因此懊悔不已。

独立创业后的村野，经由西伯利亚到欧洲，拜访了弗拉基米尔·塔特林（Vladimir Tatlin）及金兹伯格（Ginzburg）等俄国构成主义的领袖们，然后到芬兰参观了拉格那·奥斯特伯格设计建造的斯德哥尔摩市政府，随后到德国和表现派领袖弗里德里希·霍格（Fritzri Höger）会面，并且走访了魏玛（Weimar）的包豪斯校舍，参观了柯布西耶及密斯在斯图加特（Stuttgart）的集

图 11-24 大阪瓦斯大楼（1933，安井武雄）

图 11-25 日本剧场（1933，渡边仁）

图 11-26 日向家热海别邸（1936，布鲁诺·陶特）

图 11-27 欢归庄（1938，白井晟一）

图 11-28 村野藤吾

合住宅及海伦·西德隆（Halen Siedlung）的作品。接着又去了荷兰参观了阿姆斯特丹派及风格派。然后到了法国与柯布西耶及奥格斯特·佩雷特（Auguste Perret）见了一面，最后经由意大利回国。从表现派、风格派、俄国构成主义，到包豪斯、密斯、柯布西耶，以及自己所经历的历史主义，将20世纪20年代的现代设计全部巡视一次，用自己的眼睛实实在在地考察了一番。

其中最令他心动的是，融合北欧哥特传统和表现派的斯德哥尔摩市政府。

村野在确认了现代设计的发展变化后，确定了作为一名设计师所应选择的发展方向，即回归表现派与不完全否定历史主义，也就是保持在已经落后别人一圈的位置。

按照这种想法，村野最初的成果是昭和六年（1931）的森五商店（图11-23）。建筑物整体呈箱形与壁面平坦的设计，带有初期现代主义的风格，但是屋檐并没有向上挑起，而是仅仅突出壁面一点，给人无限扩大的感觉。墙壁的装修没有采用涂白的方式而是贴暗红色的瓷砖。窗户的形状不是横向而是竖立式的。没有像表现派鼎盛期一样的激烈动感，但采用了将初期现代主义的轮廓清晰手法与从表现派发展而来的深色壁面融合的新设计；像这样接受了现代主义洗礼的表现派的设计被称为后期表现派。

在村野设计出森五商店的六年之后，宇部市民会馆使他达到设计的顶点。在类似柯布西耶风格充满力度的平面设计中，融入了表现派的壁面设计。采用有纹理的暗红色瓷砖，使壁面呈现如

图 11-29 宇部市民会馆（1937，村野藤吾）

同织品般的色差效果；在大厅柱子的顶端随处点缀着装饰，犹如画龙点睛，作品同时给人带来深沉与清新之感。

村野以外的后期表现派中，安井武雄及渡边仁的作品也引人注目。

安井继他的大连税关长官邸（1911）以来，一直扮演着历史主义阵营中新感觉派的火车头角色。他不断开拓自由的样式，以德国的青年派及表现派来洗去历史主义的陈腐。当昭和初期现代设计逐渐抬头时，原先就已从历史主义阵营中退出半步的安井，这次则是全身而退，转入了现代主义阵营。作品风格也分为白色箱型与后期表现派两种，但是从作品质量上看绝对是后者好。代表作大阪瓦斯大楼（1933,图 11-24）是继宇部市民会馆后又一杰作。

渡边仁以商工省燃料研究所（1921）开始了他的表现派生涯，然而在表现派的全盛时期却没有接到很多委托案。但是进入昭和时代之后，渡边仁却展开了旺盛的设计活动，完成了具有纪念意

图 11-30 第一生命相互馆（1938，渡边仁）

义的一系列大作，如纯历史主义样式的服部时计店（1932）、新感觉派的传统样式的东京帝室博物馆（1937，图 8-7）、初期现代主义的原邦造邸（1938），以及日本剧场（1933，图 11-25）、第一生命相互馆（1938，图 11-30）等，反映出他多样化的设计风格，既可以说是样式主义，也可以说是装饰艺术风格（Art Déco）、现代主义等。尽管作品中蕴含着复杂、微妙、无言的表情，但基本内涵却与保罗·伯纳茨（Paul Bonatz）在斯图加设计的中央车站（1927）的直线设计相似，展现出德国表现派倾向的超凡性。

后期表现派的作品也包括和风住宅，鼎盛期表现派和风住宅的代表作是藤井厚二的听竹居（1928，图 11-16），而进入后期吉田五十八的新兴数寄屋落成具有重要意义。吉田起先是表现派的一员，之后 1925 年在欧洲旅行时被当地的石造建筑所激励，归国后逐渐开始创作木造及和风建筑。于昭和十年（1935）发表了《近代数寄屋住宅与明朗性》的论文，宣告新的和风建筑之概念。论文中如插图（图 11-31）所示，将过去和风建筑中通常可以看到的柱、长押、天花板的边线等尽可能地隐藏起来或去除，给人清爽、明朗的感觉。可以说是用包豪斯风格打造的和风样式。杵屋热海别邸（1936，图 11-32）、吉屋信子邸（1936）等其他作品已经足以展示他的成果。但更重要的是，数寄屋的面分割之美感以及所使用的木、土、纸、草等材料的韵味，并未因材料的多样性而令人感到烦腻。

吉田的设计风格后来被称为新兴数寄屋，对于传统数寄屋产生了决定性的影响，引领了以后的住宅、料亭、旅馆的和风设计。

综上所述，出现于昭和的后期表现派，虽然不如先前的表现派兴盛期那般，用言论来强烈地表现自我，建筑师的数量以及作品数量也都不多，但是从宇部市民会馆、第一生命相互馆那样的大作，到森五商店、大阪瓦斯大楼那样的办公楼以及杵屋热海别邸那样的小型住宅都是集中在短时期内完成的。并且在现代设计体系中，后期表现派是难得的一个没有失败作品的团体。

但是后期表现派隔了很长一段时期并未得到应有的评价。因为它容易被归类为迟来的表现派，或是被认为太过受先前的初期现代主义的影响；在观看者的眼中，似乎就像已经落后一圈的选手却自以为是地以为自己跑在了最前面一样。

虽然是落后一圈，但对于后期表现派来说，认为这样也不错。

村野藤吾对于白色箱形的初期现代主义写道：

"喂！看不起我！把贵重的金钱存在那薄薄的银行里的家伙！"

——《商业主义的界限》（1931）

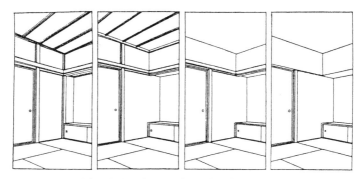

图 11-31 新兴数寄屋的做法（1935，吉田五十八）

图 11-32 杵屋热海别邸（1936，吉田五十八）

现代主义的主要对手是历史样式的银行建筑，村野真正想要维护的并非历史主义，而是由历史主义传承给表现派的装饰手法以及多彩的细部。

否定历史主义的定型化造型，从现代设计中学到的是将建筑还原成一个块状，但是中途又折返回来，以新的感觉来体会历史样式及表现派的装饰手法和细部的味道后重新有所启发。村野对于自己的设计如此说道："远看是现代主义，近看是历史样式。"

以村野为首的后期表现派，虽然不断受到现代主义的影响，也无法认同现代主义主张的白色装饰及直角的细部。他确信如果希望使人感到古色古香的话，装饰品位与细部趣味，是人类和建筑相联系的方法。

在这种确信尚未动摇之前，后期表现派的生命就消失了。昭和十六年（1941）之后，所有体系都没有了工作。直至第二次世界大战后建筑界复苏，虽然历史主义体系不复存在，但是村野藤吾、金井谦次、吉田五十八、白井晟一再次恢复往日的英姿，成为对抗现代主义的唯一势力。

第十二章
初期的现代主义
——包豪斯派与柯布西耶派

一、风格派及包豪斯派的由来

日本的风格派

大约从昭和四年（1929）开始，如上文所述处于鼎盛时期的表现派建筑家们一改先前的设计风格，发展演变出新的设计。

如堀口舍己设计的吉川元光邸（1930，图 12-1），其落成虽然只比紫烟庄（1926）晚四年，但两者差距甚大，吉川元光邸的表现手法大部分运用了几何学。

像这样在昭和初期的现代设计中，能够明显地观察到几何学的运用，其源头可以追溯到由本野精吾设计的西阵织物馆（图 11-6），但是之后被人们孤立遗忘了。几何学在昭和初期被运用于设计，最直接的佐证是于大正十三年（1924）建成的雷蒙德邸（Raymond House，图 12-3）及本野精吾邸（本野精吾，图 12-2），其中尤其是雷蒙德邸有着特殊的意义。

在历史主义经历了全盛时期，与其对抗的表现派终于逐渐强盛起来。也就是在这个时期出现的雷蒙德邸，其创意与匠心可以说是任何人都未曾想象到的。几个四方形的箱子相互错落重叠在一起，仅仅靠长方形的板壁，以水平或垂直支撑起简单构造，钢筋混凝土墙的外表既没有用石材也没有用瓷砖装饰，甚至也没有上色，就直接展现在人们的眼前。

对于钢筋混凝土直接裸露在外的问题，箱体与板之间形成的凹凸的设计风格是荷兰风格主义运动所创导的。在世界现代主义的发展过程中，风格主义逐渐舍弃了对于矿物的追求，进而在几何学的层次进行开拓。然而令人不敢相信的是，于大正十三年居然会在日本获得成果。风格主义运动于 20 世纪 10 年代末开始

图 12-1 吉川元光邸（1930，堀口舍己）

图 12-2 本野精吾邸（1924，本野精吾）

图 12-3a 雷蒙德邸（1924，安东宁·雷蒙德）

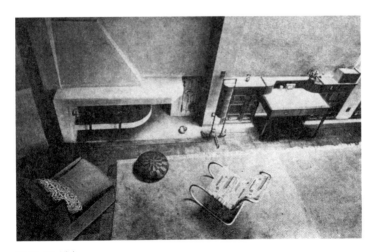

图 12-3b 同上

图 12-4 安东宁·雷蒙德

倡导直角的美学概念，却局限于计划案或室内设计，而一直没有被运用于整体建筑上，直至1924年第一栋施罗德邸（图11-2）以及次年的Cafe De UNI（J. J. P. 欧特）才完成了整体建筑。领导20世纪世界建筑的大师之中，能将风格主义领先提出的白色与直角的美学实施出来的是柯布西耶及沃尔特·格尔皮厄斯：前者于1922年设计了第一栋雪铁龙（Citrohan）型住宅的沃克雷松（Vaucresson），后者于1923年在魏玛设计了包豪斯学校的校长室。

1924年这么早就建造雷蒙德邸似乎比较容易得到人们的认可，但更重要的是因为它使得日本的现代设计达到世界领先水平。

完成此项杰作的正是业主兼建筑师的安东宁·雷蒙德（图12-4）。他于1888年出生于捷克，在立体派发源地布拉格学习建筑之后赴美，进入赖特事务所。1919年为了建造帝国饭店来到日本。但是，最终因不堪忍受赖特一成不变的癖性而分道扬镳。虽然在创业之初仍旧沿袭了赖特的风格，但不久就对欧洲的设计新动向做出反应。雷蒙德继自家住宅后，逐渐成了日本现代设计领导者，并培育出前川国男、吉村顺三等学生，除了第二次世界大战期间，雷蒙德一直都在日本进行他的设计创造。

在雷蒙德邸之后，风格派逐渐对分离派产生了影响，这可以从堀口的紫烟庄（图11-15）及山田的白木屋等表现派的作品中反映出来；另外也使石本设计创作了风格派的三宅邸（1927）。

图 12-5 东京高尔夫俱乐部（1932，安东宁·雷蒙德）

这些作品之后，以分离派为首的表现派也表现出了风格主义的倾向，并使得直角与白色搭配结合的美学观念成为日本的现代设计的主流，这可以在堀口舍己设计的吉川元光邸（1930）、德川宗敬邸（1930）以及山口文象的朝日俱乐部（1929），和安井武雄的安井武雄邸（1931）等人的作品中都可以看出。另外这个时期日本的白色与直角组合搭配的美学观念不仅受到了风格派，而且还受到了纯粹派的影响。雷蒙德也就是因为受到了法国纯粹主义先驱柯布西耶设计理念的强烈刺激，设计建造出了苏联大使馆（1929），东京高尔夫俱乐部（1932，图 12-5）等一系列大作。

虽然以柯布西耶为首的纯粹派，在对独立柱的匠心及强度上都有自己的独创性，但从采用的白色与直角搭配组合的设计来看，这些基本上可以被视为风格派的延伸。

雷蒙德邸落成之后，通常把受到风格派及纯粹派影响的那些设计师称为"日本的风格派"。虽然作品为数不多，但是日本风格派之设计如同旭日一般耀眼夺目，去除了历史主义或表现派对于细部装饰以及带有阴影的表面的润饰手法，其特色是在平整、洁白如洗的墙面，反射闪亮的光线。在室内装饰上，则采用大面积的玻璃窗户，使大量自然光线能够进入室内。其独特之处就是墙面白净、光线明亮；除此以外什么都没有。

由于风格派的出现，日本的现代设计步入几何学的层次。之后直至日美开战为止，几何学得到了充分的运用。风格派之后相继出现了"包豪斯派""柯布西耶派"，这三支流派被统称为日本的"初期现代主义"。

日本的现代设计从大体上看，20世纪20年代的表现派到了20世纪30年代逐渐被初期现代主义所取代。

初期的现代主义与先前的表现派相同，出现的同时伴随着理论实践与社会实践。不可否认地，初期现代主义与后藤庆二的理论实践及分离派的社会实践相比还略逊一筹。在理论上，初期现代主义与欧洲提倡的几何学的功能主义、合理主义、技术主义没有太大差异。在社会实践上虽然与国际建筑会（1927）及AS会（1928）相结盟，却没有发挥到相应的示范作用。然而其中值得注目的是国际建筑会的创始者本野精吾独特的理论实践与社会实践。

在现代主义风潮来临前的1908年及之后的两年时间内，本野前往尚处于平静之中的德国留学。归国后受到约瑟夫·玛利亚·欧尔布里希（Joseph Maria Olbrich）设计的黑森大公结婚纪念美术馆（1907）的影响而设计出自己的处女作——西阵织物馆（1914，图11-6）。但缺少表现力的几何线条曾一度被人们讥笑为盖在火柴盒上的金字塔，被同时期出现的后藤庆二设计的丰多摩监狱遮住了风采。但本野并不在意这些，继续走自己的设计之路。当表现派多彩的设计风格在大正十三年（1924）遍地开花的时候，如同给表现派泼了一桶冷水一般，本野设计建造了自家住宅（图12-2），如同现今的安藤忠雄一样，将大量的几何线条组合成的混凝土箱子设计成可以供人居住的住宅。作为资本家的本野没有必要追求低成本，在处女作上采用几何设计的背后，蕴含着丰富的功能主义、合理主义、技术主义的思想。

"建筑的形态是由个人的创作灵感所带来的，这种认知已经属于过去的事，科学最终会将带有个人差异性的表现手法从艺术世界里消灭终结。"这虽然是本野精吾在《国际建筑》（1932）中所阐述的他自己的建筑观，却指出了已经步入数学层面的现代主义的悲观前景。

进入包豪斯派

开拓了早期现代主义的风格派设计后，在短短几年间就出现了变化。比方说，昭和七年（1932）左右登场的第一代建筑如德田大楼（1932，土浦）、冈田邸（1933，堀口舍己，图12-6）、日本齿科医院专门学校附属医院（1934，山口文象，图12-7）、土浦龟城邸（1935，土浦，图12-13），虽然与风格派同样地采用了白色与直角的组合，但减少了构造上的凹凸部分，成为近似箱形的设计。这样的结果使得壁体的表现力变弱，但是采用了像冈田邸那样的大面积玻璃窗户，从而使得建筑物的正面给人带来深刻的印象。在几何学的层次下，也兼顾了抽象化、单纯化的思想。

这个阶段中的白色与直角的组合设计被称为"包豪斯派"，这是因为在这个时候包豪斯已成为世界各地的主流文化了。

所谓包豪斯是指，在1919年德国魏玛政权时代，为了将艺术与工业进行整合而在魏玛设立的艺术学校。创校校长由建筑大师

图 12-6 冈田邸起居室（1933，堀口舍己）

沃尔特·格里皮厄斯担任，教授阵营包括约翰·伊顿（Johannes Itten）、保罗·克利（Paul Klee）、瓦西里·康定斯基（Wassily Kandinsky）、拉兹洛·莫霍里-纳基（Laszlo Moholy-Nagy）等巨匠。这里成了 20 世纪 20 年代现代主义艺术运动最大的阵营，但是由于政权逐渐趋于保守，被迫暂时关闭，直至 1925 年从魏玛迁至德绍（Dessau）后才重新开启。这时由沃尔特·格里皮厄斯设计的包豪斯校舍（1926，图 11-3）中所采用的在白色箱形上加入连续窗户的设计式样成了全世界模仿的典范；1928 年沃尔特·格里皮厄斯辞去校长职务，转由密斯担任。1932 年由于包豪斯现代设计的国际性，也就是无国籍性，其被认为是具有犹太特色的，因此受到纳粹的攻击而被迫解散，学院的领导人也大多逃往美国，包豪斯就此结束。

堀口舍己是日本建筑大师中最先注意到包豪斯的人，他于大正十二年（1923）走访了魏玛。

"当走过沃尔特·格里皮厄斯的房间时，管状灯管组成的立体形照明设备及具有康定斯基特色的暖气设备格外引人注目。另外印象最深刻的是伊登设计的编织品，不大不小正好覆盖在门上，就如同日本的唐纸一样。……在参观莫霍里-纳基的房间时发现，由于没有足够的空间，莫霍里-纳基夫妇只能用布帘将教室隔开作为自己和夫人的起居室，并意气轩昂地和我说话。"
——堀口舍己、佐佐木宏《近代建筑的目击者》（1977）

在参观了包豪斯崭新的校长室（1923，沃尔特·格里皮厄斯）后，并没有立即给堀口舍己的设计带来太大的影响，归国后的设计也都还是以表现派为主。但有一小部分开始出现了变化，例如紫烟庄的门部设计就和在校长室看到的如出一辙贴着唐纸。

堀口舍己的设计出现全面性的改变是在十年之后的冈田邸（1935），起居间采用立体管状灯的构思，无疑是从校长室获得的灵感，之后堀口的设计从风格派完全转变成为包豪斯派，设计了若狭邸（1939）等作品。

继堀口访问之后，包豪斯学院成为留欧青年建筑师们的必经之处，其中正式在包豪斯求学或拜师于沃尔特·格里皮厄斯的有水谷武彦、山口文象、山胁岩、山胁道子（织品设计）四人。首先是水谷听从了冈田信一郎，成为第一个入学的日本学生（1927）。接着山口也去了德国（1929），但没有进入包豪斯学院，而是在辞去了校长职务的沃尔特·格里皮厄斯的事务所工作。1932 年由于沃尔特·格里皮厄斯被勒令离开德国，山口也一起跟随离德。

"渡过多佛尔海峡，双脚踏上码头那瞬间，仿佛心里的一块石头落地。"山口文象在《近代建筑的目击者》（1977）中写道："我们接到了必须在二十四小时内撤出德国的命令后，沃尔特·格里皮厄斯夫妇和我三人慌忙地沿着比利时黑漆漆的煤山来到了加来港。"

归国后的山口设计建造了日本齿科医学专门学校附属医院（1934，图 12-7）及日本电力黑部第二号发电所（1936，图 12-8）等具有包豪斯派代表性的力作。

而山胁岩及道子夫妇正好与水谷错开，于昭和五年（1930）在密斯任校长期间入学，然而在求学期间学校遭纳粹解散。

> "学院解散一事，即便对内部人员来说也未免太仓促了吧！从 1932 年暑假之前开始……密斯或是康定斯基常被两三个看上去像市公所的人员要求对学校的各项工作进行汇报，就连学生陈列的作品也不例外……似乎是在寻找解散的理由吧……1932 年的暑假中，果然宣布学院解散了……在纳粹监视之下，连正式的告别会都没有，就悄然迁至德绍了。"
> ——山胁岩、佐佐木宏《近代建筑的目击者》（1977）

山胁偷偷地编辑制作了一幅名为《对包豪斯的打击》（图 12-9）的海报，刻画出当时纳粹前来封锁学院的情景，并将其带回日本发表。归国后山胁着手设计了三岸好太郎邸（1934）。水谷武彦、

图 12-7 日本齿科医学专门学校附属医院（1934，山口文象）

图 12-8 日本电力黑部第二号发电所（1936，山口文象）

图 12-9 《对包豪斯的打击》（1930，山胁岩）

山胁岩及山胁道子归国后不仅在建筑设计上取得辉煌成就，而且也把包豪斯学院的综合性及系统性的教育体系带回日本，于昭和七年（1932）创办了新建筑工艺学院。

昭和六年水谷归国后任职于东京美术学校建筑科，但是发现自己在德国所学不能充分发挥，认为有必要先从提高民众的认知度着手，并将此想法与川喜田炼七郎商讨。而川喜先前有组织创建过 AS 会，并在昭和五年在乌克兰召开的国际竞标中击败沃尔特·格里皮厄斯及汉斯·波尔兹（Hans Poelzig）拿到第四名，为现代设计者中的新生代。

所以当水谷提出此想法后，马上得到川喜的认同，并运用他的行动力及组织能力于昭和七年租下银座三喜大楼（1925，山口文象）的二楼，开设了新建筑工艺学院（当时为建筑工艺研究所）。虽然只是短期私塾夜校，但所授课程却保持着包豪斯学院注重综合性的教育特性。教师包括水谷、山胁岩（1933 年归国后）及山胁道子（同前）留学包豪斯的同学三人，另外加上土浦龟城和市浦健。虽然对建筑界没有造成什么影响，但对一般设计界产生了很大的教育效果；培养出桑泽洋子（东京造型大学、桑泽设计学校的创始人）、原弘（平面设计师）、龟仓雄策（平面设计师）、敕使河原苍风等杰出人士。

但并不能说日本的包豪斯派就是由这些曾经就读过包豪斯学院，或是拜师于沃尔特·格里皮厄斯的人所一手打造起来的。应该说包豪斯派的设计风格是现代设计自然的展现，各种流派的建筑大师尝试了各种的设计，最终采用了白色箱形与大面积的玻璃窗户相结合的方法。比如像表现派的山田守、石本喜久治、吉田铁郎、藏田周忠以及赖特派的土浦龟城，这些从别的流派转过来的包豪斯新生代还包括谷口吉郎、川喜田炼七郎、山越邦彦、久米权九郎。甚至包括后期表现派及历史主义的新感觉派坚强捍卫者的长谷部锐吉、安井武雄、渡边仁也会偶尔来客串一下，采用包豪斯的设计风格。

日本包豪斯派不仅人数不断增加，且作品类型之广泛，在现代设计流派中也具有划时代性。

虽然国家级的标志性建筑和银行、保险公司、大型商业大楼及一部分的官方厅舍等建筑一直是由保守的历史主义占据着主流地位，但其中一部分也出现了包豪斯派的作品。如东京递信医院（1937，山田守，图12-10）、大岛测候所（堀口舍己，1938）等大作。官方厅舍中值得注目的是东京都内的小学，在大地震后兴建小学的高峰期之后，出现了四谷第五寻常小学（1934，东京市，图12-11）及高轮台寻常小学（1935，东京市）等优秀作品，这些建筑给小朋友们提供了一个洁白、明亮、干净的无菌空间。

产业设施中大家所熟悉的包豪斯派的代表作品有日本电力黑部第二号发电所（1936，山口文象）。

包豪斯的设计风格在中小型住宅中的表现也非常突出。日本包豪斯派具有很强的社会意识，希望将中小型住宅改良得更合

图12-10 东京递信医院（1937，山田守）

图12-11 四谷第五寻常小学（1934，东京）

理化、更具使用性。而达到此目的不可或缺的两个条件，是以劳工阶级为对象，单位面积小且合理化的集合住宅以及因技术改良而带来的低成本化。但是与欧洲不同，当时的日本缺少以钢筋混凝土为主的集合住宅作为社会基础，无法像德国那样兴建一个大型集合住宅社区。所以包豪斯派将木造二层楼的集合住宅或是独栋住宅以高密度化、高合理性布局的大型住宅区取而代之。这

图 12-12 番町集合住宅（1936，山口文象）

样做成效显著，山口文象顺利建成了番町集合住宅（1936，图 12-12）。

起先现代设计仅仅局限于单栋建筑，从这之后，虽然还是少数，采用白色与大面积玻璃窗户组合的设计手法之建筑在社区已经初显端倪。

低成本化是由德国的现代设计建筑师所倡导的，一种被称为干式组装住宅的工法成为解决此项问题的关键。建筑施工时需要灌浇水泥及对壁面进行涂饰，而这些需要用水才能进行施工的工序会花去不少时间因而增加了成本负担，于是施工现场因不使用水而节约时间的工法也就应运而生了。包豪斯派的土浦龟城、山越邦彦、久米权九郎、市浦健等将这种干式工法运用在木造住宅建筑上，建造了土浦龟城邸（1935，土浦龟城，图 12-13）等。但是这种木造没有出檐也没有屋顶的设计存在一定缺陷，不得不针

图 12-13 土浦龟城邸（1935，土浦龟城）

对漏雨做修改。

虽然尝试了一连串的失败与挫折，包豪斯派还是不断发展，在作品数量上取得了近代设计中惊人的成果。不仅是优秀的青年建筑师，更有其他流派的建筑师也加入了包豪斯的行列。作品范围也从住宅扩大到了小学、医院甚至发电所，数量如此众多的包豪斯派的建筑逐渐得到整个日本社会的认可，在第二次世界大战爆发前的昭和十三年、昭和十四年发展到了与鼎盛时期历史主义相同的程度。

所以可以将日本初期的近代设计视为在第二次世界大战前，逐渐由风格派转为包豪斯派。

二、反主流的柯布西耶派

由安东宁·雷蒙德开创的

在近代设计发展过程中，以村野为首的后期表现派，一直与已经取得辉煌成就的包豪斯派保持着一定距离；而柯布西耶派虽然与包豪斯派同源，却也逐渐独立发展成另一流派。

建于大正十三年（1924）的雷蒙德邸可以说是让风格派的设计师们源源不断地转型为包豪斯派的导火线，但还有一个更重要的因素。直角加白色装饰的组合是现代派的设计特色，雷蒙德邸的设计中虽然采用直角的方式，却未在钢筋混凝土的表面进行涂白工序，而将钢筋混凝土直接展现在人们眼前，这种"清水混凝土"的装饰方法产生的粗犷触感及实在感，与风格派所追求的抽象性有着明显的矛盾。

虽然这种装修方法在日本首次出现，然而最先构思出这一方法的是法国的建筑师奥格斯特·佩雷特。他在研究如何能更恰如其分地使钢筋混凝土得到表现时认为，首先柱梁构造（柱与梁的结合构造）优于壁构造，还有一点就是直接表现钢筋混凝土。虽然位于昂斯（Le Raincy）的教会（1923）已经展现出了这种新理念的可行性，但当时现代设计的主流风格派、纯粹主义以及德国风格派正处于鼎盛时期，并且都不愿接纳这个新理念；唯有日本的雷蒙德积极回应，率先使用在自建住宅上。

"我记得那老头在设计（自建住宅）之前去了一次法国，对那里涌现的现代设计产生浓厚兴趣，回国后还兴奋不已，和我们讲了许多那里的事。接着就弄出了所谓的'现代样式'来了。整幢房子都采用清水混凝土构法，甚至屋顶的横梁也用工具整平了，说是看看能不能增加对混凝土这种材料的感觉。"当时的负责人杉山雅如是说。

虽然是模仿了佩雷特的设计，但与佩雷特不同的是，并没有在立柱上而是在壁面上采用了这种工法。并且，用凿子整平更是他的独创。用壁面来展现清水混凝土的魅力所在，这一设计的匠心非常重要，而且可以肯定地说这也是世界首创的将清水混凝土的施工法运用在壁面上。如果希望混凝土这种材料的魅力得到充分表现的话，当然是用线（柱）比用面（壁）来得有效；然而雷蒙德邸将具有风格派特色的壁面结构，全部都采用了清水混凝土这一施工法，这在当时对混凝土的表现手法中堪居首位。雷蒙德邸由于采用了风格派的结构设计，使得日本的现代设计位居世界之首一事于上文已有叙述，然而在清水混凝土这一领域，日本更是领先于整个世界。

雷蒙德邸将风格派的主要内涵与佩雷特的润饰手法实验性地结合在一起，风格派之后如上文所述逐渐转变成包豪斯派，佩雷特的润饰手法又是朝何方向发展呢？

继雷蒙德邸之后发展出两个分支来。一个是受纯粹派影响较深的，其代表为东京高尔夫俱乐部（1932，图 12-5），这支可以归为风格派。另外一支受佩雷特影响较深，其代表作有圣路加国际医院（1929）、苏联大使馆（1929）、RISING SUN 石油公司（1929，图 12-14）等建筑。这些建筑带有浓厚的佩雷特色彩，比如圣路加医院的塔就和昂斯的教会非常相似，RISING SUN 石油公司所使用的清水

图 12-14 RISING SUN 石油公司（1929，安东宁·雷蒙德）

混凝土圆柱以及覆有玻璃天花板的大型空间都会使人们联想到巴黎装饰艺术与美术工艺博览会中的大剧场（1924）。

自家住宅的整体润饰上带有部分的佩雷特色彩，强而有力的结构、粗壮的立柱以及粗糙手感的装修效果充满了风格派所不具有的真实存在感。

清水混凝土的自建住宅，加深了雷蒙德与佩雷特之间的关系，然而使这一关系得到加深的是事务所的贝多伊齐·福伊尔史坦因（Bedřich Feuerstein）。

贝多伊齐·福伊尔史坦因与雷蒙德都是捷克人，作为立体派与纯粹主义的建筑大师在捷克的现代设计的历史中享有盛誉。他曾任职于巴黎的佩雷特事务所，参与设计了巴黎装饰艺术与美术工艺博览会中的剧场之后立即东渡日本，作为搭档任职于雷蒙德事务所。由于他的加入使得佩雷特的风格得到深化，在昭和初期也就是风格派的全盛时期，雷蒙德的作品既带有佩雷特的特色又保持以风格派（纯粹主义）为主轴的风格。

但是，两者并存的局面不久就出现了转变。

风格派大约在昭和七年（1932）、八年逐渐发展演变为包豪斯派，也就是白色壁面与大面积的玻璃窗户组合成的箱形设计得到更进一步抽象发展的时候，雷蒙德却选择走上了另一条道路。虽然两者都已经步入几何学的层次，是选择更具抽象性的包豪斯派还是选择具有真实存在感的佩雷特风格呢？

在法国另外有一人也经历了相同的坎坷，但比雷蒙德早一至二年也走到了相同的道路上。这人就是柯布西耶。拜师于佩雷特，并同时受到风格派的熏陶成为纯粹主义的旗手，但一定是在看到密斯在巴塞罗那展览馆将抽象性发挥到登峰造极的程度之后，感到自己已经站在另一条道路上了。

这时候在法国的柯布西耶与日本的雷蒙德之间发生了一件意想不到的事情。柯布西耶为了展现这个新方向，便早别人半步制作了一个计划案，而雷蒙德看了这个计划后，连招呼也不打一声就将此计划付诸实施。

柯布西耶自雪铁龙住宅之后，一直以白色与直角的组合走纯粹主义的路。直到 20 世纪 20 年代末他的作品风格才出现了转变，有时会采用一些拱形的天花板，偶尔也用碎石及红砖垒砌成墙，最初将这些变化汇聚在一起的作品是埃拉苏瑞兹邸（Maison Errazuriz，1930，图 12-16）。他一改平屋顶（水平屋顶）的设计，使用了蝶形（倒三角形）的屋顶。屋顶内部呈开放状，中间的收口给人带来一个动态的空间；并以天然石块来替代先前的白色墙壁，未经润饰的横梁与支撑它的支柱也一览无遗。在现代设计中，几何学原理上更加以斜面使作品呈现出力学的概念。如同民宅那样由天然石、木材、泥土而获得的真实存在感，但又不拘泥于民宅那样的形式。

作品给人带来的感觉仿佛是大地创造了它，并且这也是他第一次将这种表现手法用于现代建筑中。

从埃拉苏瑞兹邸案以及之后建成的瑞士学生会馆（1932）为分界，柯布西耶的作品风格逐渐改变了原先纯粹主义的箱形设计。整体构造上更趋于动态化，润饰上更注重清水混凝土、天然石材、木材、砖的使用，力求手感以及真实存在感，当然这也更进一步地加深了与包豪斯派的沃尔特·格里皮厄斯及密斯之间的差异。

法国的杂志刊载了柯布西耶最终无法实现完成的埃拉苏瑞兹邸案，然而三年后木造的"夏之家"却替代了石造的埃拉苏

图 12-15a 雷蒙德夏之家（1933，安东宁·雷蒙德）

瑞兹邸案，被刊载在新创刊的《建筑记录》（*ARCHITECTURAL RECORD*）上。

埃拉苏瑞兹邸案（图 12-16）与雷蒙德夏之家（图 12-15）相对照的话就不难发现，虽然在硬件使用上有相似之处，却不是因为受到了埃拉苏瑞兹邸案的影响而造成的这两者之间微妙的关系。从整体的结构上看，夏之家忠实地沿袭了埃拉苏瑞兹邸案，并没有加入自己独创的部分。但是在具体的施工手法上却是不同的。不仅夏之家以木造取代了石造，还将整栋建筑安置在清水混凝土的混凝土土台上。室内起居室的庭院一侧开口也有所改变，埃拉苏瑞兹邸案由于壁柱太粗所以无法开启，而夏之家将柱列和玻璃窗脱离，当窗户全打开时，栗木柱一根根地并列在前，室内空间对外完全开放。

埃拉苏瑞兹邸案除整体结构外，在其他细节上则采用了近似于民宅的设计。而夏之家的设计风格却始终贯穿了将现代的结构与天然材料相融合的思想，从而取得了辉煌的成果。

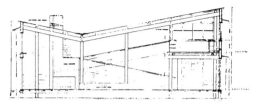

图 12-15b 雷蒙德夏之家剖面图
（1933，安东宁·雷蒙德）

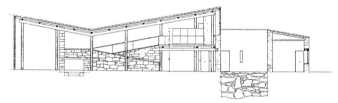

图 12-16a 埃拉苏瑞兹邸案剖面图（1930，勒·柯布西耶）

图 12-16b 埃拉苏瑞兹邸案室内设计（1930，勒·柯布西耶）

这使得柯布西耶立即向雷蒙德发出了抗议文书，然而在一番交涉之后却感叹道："你在我的思想基础上取得了成功，可见此作品之出类拔萃。"虽然创意是归属于柯布西耶，但雷蒙德对这个新方向的理解可谓更胜一筹。

在将雷蒙德与柯布西耶做比较时可以发现，清水混凝土是

图 12-17 川崎守之助邸（1934，安东宁·雷蒙德）

一个参考关键，可以将现代主义的建筑家划分成抽象派与写实派两个类型，清水混凝土就好像石蕊试纸一样可以用来区分这两个派别。柯布西耶也好，雷蒙德也好，两人都喜欢采用清水混凝土，但是谁最早使用的呢？雷蒙德是在 1924 年的自家住宅，远远早于柯布西耶的 1932 年瑞士学生会馆。所以恐怕雷蒙德比柯布西耶更早厌倦了作为现代主义主流的抽象化倾向。但是又苦于没有找到答案，只能朝佩雷特及纯粹主义方向发展，这时候幸好遇到了埃拉苏瑞兹邸案从而确立了自己的发展方向。

自夏之家之后，雷蒙德的作品风格越来越偏向于柯布西耶。比如，柯布西耶惯用的独立柱，在日本首次被用于川崎守之助邸（1934，图 12-17）以及有着大弧度清水混凝土墙壁的赤星

铁马邸（1934）。但这些又都不是完全模仿柯布西耶的设计，将大弧度的墙壁直接用清水混凝土作润饰的设计风格是柯布西耶所没有采用过的；用清水混凝土来表现壁面的设计手法，成了从自建住宅以来雷蒙德的主题。

但是雷蒙德却撇下这些成就，于昭和十二年（1937）离开日本回到美国，直至昭和二十年日本战败。昭和十二年造成雷蒙德离开日本的原因，从表面上看来，似乎是由于在印度有了新的工作，但其中真正的原因被认为是由于日本在前一年与德国签订了共同协定，与纳粹成了盟友。而雷蒙德在捷克的五位兄弟在纳粹消灭犹太人的战争中死于纳粹之手。

前川国男与丹下健三

虽然雷蒙德离开了日本，但是他播下的反包豪斯的种子由前川国男、坂仓准三与丹下健三精心照顾着。

前川（图 12-18）于昭和三年攻读完大学之后，在毕业典礼当天奔赴法国任职于柯布西耶的事务所。当时正值柯布西耶作品脱离纯粹主义的时期，所以前川直接参与了瑞士学生会馆的工程以及埃拉苏瑞兹邸的设计。两年后即昭和五年前川归国，随即加入了雷蒙德事务所，共同参与了夏之家及川崎邸等设计。昭和十年前川独立创业。

图 12-18 前川国男

坂仓于东京大学文学部美学系毕业后的昭和二年来到法国，自昭和六年（1931）起的五年时间内任职于柯布西耶的事务所。昭和

图 12-19 巴黎世界博览会日本馆（1937，坂仓准三）

十一年归国后创设了自己的事务所。

坂仓在雷蒙德离开日本后最初的成果是巴黎世界博览会日本馆（图 12-19）。虽然同样采用了钢骨结构以及玻璃幕墙的设计，与包豪斯单纯的箱形设计的不同之处，是利用长长的斜坡以及独立柱使建筑物在整体上更具力度效果。另外对于玻璃幕墙的设计也采用了海鼠壁式的斜向格子，带来粗犷的视觉效果。

此建筑在巴黎得到了好评，在参展各国展馆的评比中获得了评审委员长佩雷特给予的最高奖。尽管日本未曾参与此项评选却也获得了如此殊荣，可见佩雷特的评价之高。

但是这样的设计却未实现在实用建筑中。昭和十二年建筑用材料受到限制，无法继续将钢铁作为建材使用，建筑只能是采用木造的。虽然雷蒙德的后继者们从步入社会的那时起就无法再使用他们所青睐的钢筋混凝土，但是他们还是希望是用木造方式设计出从雷蒙德与柯布西耶那里学到的反包豪斯建筑空间。而且已经有了雷蒙德的夏之家的先例，所以并非挑战不可能的任务。代表作品有前川国男的岸纪念体育会馆（1940，图12-20）以及为人们熟悉的前川国男邸（1941）。两者的屋顶设计巧妙，避开了先前单调的箱形设计，屋顶整体用木板覆盖，而突出前面露出的梁与柱。立柱采用独立柱的方式，呈现出力量与气势。无论如何岸纪念体育会馆可说是非常成功，不管是能够展现设计意图的屋顶、挑空柱列、前面列柱，还是椭圆形断面的立柱设计都是木造，这是柯布西耶流派史无前例的挑战。

由此可以看出包豪斯派的木造建筑，与土浦龟城邸（1935，图12-13）相比，即便同是现代主义，包豪斯派与柯布西耶派之间的差异也愈来愈大。

除了上面这些实际完成的作品，如果想要进一步了解柯布西耶派的动向的话，那还必须知道一些有关竞标的内幕消息。

就像柯布西耶靠竞标而成为名人一样，前川对竞标也非常热衷。回国后立即投入了东京帝室博物馆的竞标活动，前川回绝了以传统式样为条件的平面图，提出了一套自己独创的平面设计方案，想以柯布西耶的现代设计取代日本风格（图12-25a），当然结果是落选了。果敢地挑战建筑界中作为保守主流的历史主义而碰壁的前川与当年挑战国际联盟本部竞标案（1927）而败北的柯布西耶如出一辙，但这却给日本的现代设计界带来深刻的印象。之后前川以柯布西耶派的设计参与了各种竞标活动，虽然参加次数众多但几乎没有中选的。

由前川和坂仓继承的柯布西耶派在第二次世界大战前那仅有

图 12-20 岸纪念体育会馆（1940，前川国男）

的时间里，得到更进一步发展壮大的是年轻一代的丹下健三。

　　丹下在学生时代就对柯布西耶崇拜不已，在他的毕业设计 CHATEAU D'ARAT（图 12-21）中简直可以说连线条的绘制方法都模仿了柯布西耶。第二年将自己的毕业论文《米开朗琪罗颂——

图 12-21 丹下健三的毕业设计 CHATEAU D'ARAT（1938）

柯布西耶论文代序》稍加修改后进行发表，不仅强调了柯布西耶的设计风格是源自米开朗琪罗的造型精神，还表明了自己也将继续走这条路。在毕业之后丹下随即进入了前川国男的事务所，在负责笠间邸现场和担任岸纪念体育会馆设计的同时，还频繁出入坂仓准三的事务所，从中也学习了不少坂仓的设计风格。

在昭和十六年（1941）丹下离开了前川的事务所，又回到了东京大学建立起自己的事业。然而这个时期对于一个刚刚创业的年轻建筑师来说却不是一个好时机，只能靠竞标来表现自己。在第二次世界大战结束前仅剩下的四年里拿下了三个竞标，给世人

图 12-22 大东亚建设纪念营造计划设计竞赛丹下健三案
大东亚建设忠灵神域计划（1942）

留下了惊人的印象。

在第一次的竞标，也就是昭和十六年的日本建筑学会主办的木造国民居住图案设计竞技中，丹下的设计虽然未能中选，但是此设计在第二次世界大战后却成为丹下邸（1953）呈现在人们眼前。一楼大部分采用开放式设计，大胆的设计被后人予以高度的评价。第二年的昭和十七年同样是由学会主办的大东亚建设纪念营造计划设计竞赛中，丹下提出了一个令人意想不到的方案（图12-22）。其他应征者几乎完全都是以传统风格或是以现代设计来表现，唯有丹下一人以融合了伊势神宫与柯布西耶双方设计匠意的独特方案取得了大东亚建设忠灵神域计划决定性的胜利。此案地点选在富士的山脚，用回廊围塑出神域的范围，在此区域中央筑有基坛，再在基坛上盖有巨大的屋顶状建筑。其中，如同山顶积雪倾泻而下一般的清水混凝土屋顶，与屋顶上方横向设置的九个胜男木 ¹ 状的天窗，压倒性地占据了整个视野。这使人联想到伊势的神明造，但是与伊势的神明造不同的是，此案的屋顶比例被异常放大；远远望去清水混凝土造的三角形仿佛是悬浮在空中一般，这也是柯布西耶所青睐的块状与力学的设计特征。

以清水混凝土构法来取代有着悠久历史的木造神社建筑似乎有些困难，但是按照丹下的想法是建成一个植轮式的家。植轮是可以称得上为神社建筑始祖的土质模型，而丹下将混凝土代替泥土的想法却非常有效。

这个设计无疑是对现有的日本现代设计的一大挑战。

头一号对手是作为主流的包豪斯派。青年丹下常嘲笑包豪斯派的设计是"白色瓷砖派""卫生陶器"等，与平时的言论相呼应，针对白色箱体，此次的设计充分展示了混凝土材质所拥有的力度与气质。

另外一个丹下心中的对手被认为是前辈的前川与坂仓。前川与坂仓虽然都摆脱了白色与直角的单调设计，但是姑且不论木造建筑，在设计竞标的大型案子时（1938，大连市公会堂案）还是

---

1 胜男木：现称为鲣木，又可称为"坚绪木""坚鱼木""葛尾木"。一般用于神社等的建筑上，安置部位一般在栋木之上，即与栋木垂直的装饰性短材。

会留有毫无生气的箱型要素，而且整体线条过于细小，不可否认地缺乏力度感。加上像这种设计能力的问题，前川与坂仓在对一栋建筑物进行设计时都缺乏在特定的景观中如何以都市计划的标准将建筑的风格强烈表现出来的素养。

丹下在力度性、都市计划的纪念性上找到了超越前辈的突破口。忠灵神域计划以植轮的造型以及在富士的山脚周围林海的环境中，成功地将力度性与纪念性融入了现代设计中。并且让人一看就联想到伊势神宫的设计，在有意接近当时的国粹主义风潮的同时，又可以和一向深恶历史主义的现代设计进行对抗。

结果又是怎样呢？"我已经有了这样的心理准备，当我提出此案时，所有的评审委员一定会吓得瞪大双眼。但是你知道如何吗？他们这些白色瓷砖派都一致推荐我的作品，这下子可换我瞪大双眼了。"（丹下健三）担任审查委员的前川国男留下有名的审查评论："如果从好的方面想的话，作者非常贤明；如果从坏的方面想，作者是老奸巨猾。无论如何，这作品的目的就是为了钱！"

虽然只是书面的竞标，最终还是丹下获胜了。担任此次评审的委员有后期表现派的村野藤吾、今井兼次、佐藤武夫，包豪斯派的有堀口舍己、山田守、土浦龟城、山胁岩、吉田铁郎、藏田周忠、谷口吉郎，柯布西耶派的有前川国男以及当时的现代设计各派的大佬岸田日出刀。这意味着20世纪30年代、40年代，现代设计各派的代表们对于年仅29岁的丹下都予以了认同。

大正十三年（1924）从雷蒙德邸开始的新流派，经过了二十年后于昭和十七年（1942），由于青年建筑师丹下健三的出现，走到了历史的尽头。

上文将这个新的流派称为柯布西耶派。在此想再次提醒读者，这个流派的发源并非指的是柯布西耶本人，而是走在柯布西耶之前力争开拓佩雷特的清水混凝土构法的雷蒙德。所以雷蒙德早于柯布西耶开创了日本的柯布西耶派。

三、战争与建筑

现代设计在第二次世界大战时的表现

组成初期现代主义的三大流派的后期表现派、包豪斯派、柯布西耶派正经历着先前任何一个流派所未经历过的时期。20世纪30年代和40年代也可以说是国粹主义、军国主义、战争的年代。

在这风雪交加的年代，日本的现代设计是如何生存下来的呢？

当天平渐渐倾向战争时，最先用自己的作品来进行表现的，竟然是后期表现派的村野藤吾。

在《反共产国际协定》签署后的昭和十二年（1937）完工的名作宇部市民会馆，除了后期表现派的设计风格，还有一个特征。虽然不是特别醒目，在正面入口处的灯上以及馆内天花板等重要地方都可以看到老鹰和×印的标志。在灯饰上的老鹰与×印组合而成的标志（图12-23）无疑是象征纳粹的符号。这只老鹰最先出现在村野的作品中是在昭和十年的德意志文化研究所。之后又陆续出现在宇部市民会馆（1937）、大庄村役场（1938）等作品中。不仅是老鹰的标志，连竖立在宇部市民会馆前面的六根立柱（图11-29）也出现了一些变化，混凝土裸露在外的纪念性手法是先前村野作品中所没有的，其相同的倾向也可以在第二次世界大战结束前最后一个作品石原海运产业本社（1941）的正面

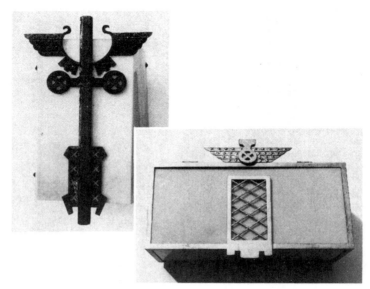

图 12-23 宇部市民会馆的灯具装饰（1937，村野藤吾）

立柱中看出。

　　立柱具有的力度感及无表情化的倾向，可以在安井武雄的"南满洲铁路东京支社"（1936）、渡边仁的第一生命相互馆（1938）、佐藤武夫的岩国征古馆（1945）中看出，其中第一生命相互馆（图11-30）是最突出的。

　　后期表现派在 20 世纪 30 年代和 40 年代出现的这些设计虽然源于德国的表现派，但更重要的是由于在当时的时代环境中，表现派的设计风格受到了纳粹第三帝国的影响，才会出现这种超凡性的无表情的倾向。

　　但是以村野自身所具备的柔和纤细的素质来看，为什么在 20 世纪 30 年代和 40 年代会采用老鹰及 × 印的标示呢？

　　一定是失算了。

村野出生于北九州制铁工业劳动者的家庭，从小在一个贫苦的环境中长大，也从事过浑身沾满油烟的体力劳动。有一天终于醒悟，进入早稻田建筑系，并将自己名字由藤吉改为藤吾。这些经历，使村野深深陷入了对社会矛盾的困惑之中。在个人信仰上认同基督教，在社会思想上又认同马克思主义。虽然村野既没有参加什么宗教活动也没有参加政治运动，但基督教与马克思主义仍是他一生的依归。从渡边节事务所独立出来后，立即经由苏联奔赴法国的原因，无非是想要用自己的双眼看一看极力宣言革命成果的苏联的构成主义作品。村野在苏联与构成主义倡导者塔特林进行了会晤，并将这时所获得的有塔特林签名的第三国际革命纪念碑图一直放在自己的制图台前，作为对自己的勉励。

所以村野一定是被纳粹所叫嚣的"彻底扫除资本主义中的社会矛盾"口号所迷惑。村野对正处于发展阶段的纳粹的评价是："与现在不同，全世界有良知的人绝对不会是少数，尤其是于昭和十二年（1937）缔结协定后的日本。"

村野年轻时就对德国的表现派充满了热情，对纳粹的"社会主义"也充满了期待，这两点正好在与推进日德文化连带关系的德意志文化研究所的设计中找到了表现的空间，于是村野将这只庄严的老鹰放入了自己的设计中，并且村野还使这只老鹰"飞"到了宇部及大庄。但这只老鹰并不是法西斯的象征，而是把放置于玄关的老鹰与 × 印制成的灯具，用来照亮一群扛着榔头并赤裸身子的劳动者，从而以一幅充满写实主义手法的浮雕来描绘人们对于纳粹今后的期待。

以村野为首的后期表现派纷纷被蒙蔽的这种时代悲剧，同样会出现在包豪斯派及柯布西耶派中吗？

图 12-24 盘古日本文化会馆设计竞赛丹下健三案（1943）

以白色与直角组合的包豪斯派也没有想过要跟随这样的时代吗？但到最后始终没有出现国粹主义或是法西斯式的设计。

问题是出在柯布西耶派。

雷蒙德脱离了与纳粹联盟的日本之后，也就是宇部市民会馆落成的昭和十二年，举行了一场竞标，对象是 1940 年的世界博览会（最后没有举办）的中心设施——建国纪念馆设计案。前川在此次竞标中提出了两个方案，两案与前川先前的风格截然不同，不是屋顶连着屋顶就是墙壁连着墙壁，而且在入口处还竖着几根立柱。村野原先在宇部市民会馆的设计安排是，在离开建筑的地方如同装饰性雕刻般地竖立着立柱，但这次立柱却在整栋建筑中占了支配性的地位，而且还搭配日本风格的屋顶；此案可说是之后以第一生命相互馆为首，强调柱型的超凡性设计的前奏。

太平洋战争开始后，在大东亚建设纪念营造计划的竞标中（1942），丹下健三以伊势神宫样式出了一记重拳，在这记重拳之下前川动摇了。第二年在盘谷日本文化会馆设计竞赛中提出寝殿造案，却被以同样提出寝殿造案，但更融合现代设计手法的丹下健三案（图 12-24）夺去了桂冠，只拿到第二名。

图 12-25a 东京帝室博物馆设计竞赛前川国男案（1931）

图 12-25b 建国纪念馆设计竞赛前川国男案（1937）

图 12-25c 盘古日本文化会馆设计竞赛前川国男案（1943）

昭和六年（1931）的东京帝室博物馆、昭和十二年的建国纪念馆以及昭和十八年的盘谷日本文化会馆，以六年为单位不断变化的前川竞标设计（图12-25），呈现出日本柯布西耶派在20世纪30年代、40年代所历经的灰暗轨迹。而光鲜亮丽的发展已在上文提及，就是在巴黎世界博览会的日本馆以及岸纪念体育会馆等作品。

与包豪斯派不同的是为什么柯布西耶派会出现向第三帝国以及传统样式靠近的现象呢？在欧洲也出现了类似的情况，包豪斯的成员中格里皮厄斯、密斯等人已经逃往美国，然而法国的柯布西耶并未收到邀请，就自己跑到纳粹傀儡的维希政权那里，去努力做他的都市计划。

柯布西耶也好，前川、坂仓、丹下也好，当然都不是什么国粹主义或是法西斯主义者，出现这种局面，很可能是因为柯布西耶派中存在问题。相对于包豪斯派的抽象表现，柯布西耶派更注重力度感以及具有粗糙手感的天然材料所带来的真实存在感。力度感往往会与超凡的纪念性相结合，而对由天然材料所带来的真实存在感的追求，往往会追寻地域性，唤醒这个地域的传统性。所以正是这种体质造成柯布西耶派的设计朝着超凡的外形、植轮、寝殿造靠近。

尽管柯布西耶派的设计中存在许多血气方刚的成分，可是为什么周遭的人们也会那么血气方刚呢？那是因为那个时代容易使人产生热血沸腾的感觉。在设计风格上受到柯布西耶的影响，另外在思想上坚持社会主义思想的西山夘三也在大东亚建设纪念营造的竞标中说道："不知不觉地就晕了头。"（西山谈）这其实是一个将大东亚圣地的祝祭都市的神社作为核心，旗彩飘扬的都市计划。丹下健三也说道："看到坂仓对国粹主义如此热血沸腾，使我的头脑不由得冷静下来。"

这些柯布西耶派的右倾主义作品并非受到日本军国主义，或是当时政治的要挟而做出来的。日本军国主义对于建筑方面的注重程度，与德国的纳粹或是意大利的法西斯有所不同。

纳粹认为现代主义的无国籍性具有犹太色彩，因而将相关人员流放国外，但另一方面又参照罗马的美学观念打造了第三帝国样式。将粗壮的立柱安置在面向广场或是大马路的一边，这种空旷的空间设计给人以整齐、超凡的感觉。但是这种空间一旦被行进的军队或是参加典礼的人群所填满时又会带来一种盲目的疯狂感。而意大利的法西斯对于古罗马的建筑设计予以赞同的同时，对现代主义有一定的认同。设计出了包含各种倾向的设计风格、以法西斯的超凡性为主要特征的新都市 EUR（Esposizione Universale di Roma，1942），但在建设中途夭折。纳粹也好，法西斯也好，都非常清楚建筑的大众效果。所以前者立竿见影，后者如同挤牙膏似的对现代主义进行了压制。

那日本的军国主义又是如何呢？

包豪斯被关闭时，山口文象随同沃尔特·格里皮厄斯夫妇逃到了伦敦，山胁岩在纳粹的铁蹄踏入包豪斯时制作了反纳粹的海报，归国之后夫妇二人对日本的军国主义完全不闻不问。山口归国后立即作为包豪斯的嫡传，首次亮相于日本国人眼前，并留下诸多力作（日本齿科医学专门学校附属医院，1934；日本电力黑部第二号发电所，1936）。山胁岩在杂志上刊登了自己编辑制作的海报，并在新建筑工艺学院从事他从包豪斯带回来的教育。昭和八年（1933），被纳粹流放的布鲁诺·陶特在日本的三年中没有受到任何的迫害。

在被盟国流放的包豪斯派没有被迫害的情况下，当然柯布西耶派也不会受到任何压迫。即便是在最艰难的时候日本军国主义也没有把现代主义认为是反对国体（国家体制）的思想倾向。

再看看同时期的样式主义，"满洲中央银行"总行（1938，西村好时）以及公众卫生院（1940，内田祥三）这种哥特式以及希腊复兴式之类的英国、美国的样式照样被堂堂正正地运用着。

建筑家即便随着时代的右倾而拼命地以帝冠式、第三帝国式或神社风格来表现，日本的军国主义连瞄都不会瞄他一眼；反倒是具有大众传播性的艺术如文学、绘画、电影、戏剧等被过分利用。

但对于建筑师来讲却并非没有出现过反抗军国主义的人士，所以不能认为在20世纪30年代、40年代的建筑界里没有发生过战争。

就是创宇社的成员。以山口文象为首的创宇社成员与分离派的帝国大学毕业的优秀人才不同的是，都是一些最基层的画图工而已，对于社会矛盾十分敏感，所以在昭和初期的经济恐慌以及其他社会矛盾不断深化中，迅速地朝着社会主义的方向发展。但是社会主义并不是既有的模板，所以只能参考包豪斯的样子朝着合理主义、功能主义的方向发展。这些员工白天在制图桌前忙碌着，到了晚上就秘密地参与非合法化的共产党的政治活动，然而他们并不是以建筑家的身份参加，都是单独地与这些地下组织保持联系。结果一些创宇社的成员，如今泉善一、梅田穰由于违反治安维持法而被拘捕。

今泉于昭和六年（1931）辞职后进入地下组织，负责组建在地下室的"赤旗"印刷所（现场负责人：图师嘉彦）以及秘密联络所等与建筑相关的工作，不久就成为中央委员会与外界的联络窗口，被戏称为"间谍M"。昭和七年为了筹集党的活动资金，引发了所谓"红色银行"事件，结果被当作主犯，判处十五年的徒刑。直至昭和十九年刑满之前，都被关在小菅监狱（图11-14）。其间从友人探监时获得的建筑杂志上看到有关大东亚建设纪念营造以及在盘谷日本文化会馆的竞标案后说道："如果有人来看我的话，一定要想点办法出来治一治那个什么大东亚共荣圈之类的东西，连丹下君和西山君都做出那样的方案来了，这下大家都完蛋了。"（今泉谈）

日本现代主义的巅峰

以上介绍了大正初期从表现派开始，直至20世纪30年代和40年代后期柯布西耶派的基本情况。这些都是正处于发展阶段的日本现代设计之发展沿革。

起先历史主义占有主导地位，现代主义是由一些以青年为主的运动发展起来的。在即将进入昭和时期开始，现代主义的力量突然壮大起来，对历史主义产生了深刻的影响。到了20世纪30年代和40年代则更是呈现出后期表现派、包豪斯派、柯布西耶派三派鼎立欣欣向荣的局面。如果将同时期的历史主义阵营的代表作品与现代主义的三派进行比较的话，就不难发现，无论是从数量上还是从质上看，后者占有绝对的优势。

以昭和十年（1935）为界，现代设计逐渐超越了历史主义。

在全世界范围内，从大正初期开始的，又经历了三十年的日本现代设计，丝毫不逊色于他人。

始终对欧美的先进理念保持着敏感的反应。虽然不能将新艺术运动作为日本现代主义的源头，但假设是的话，就会发现从新艺术运动开始发展出了表现派、赖特派，经过了风格派演变出包豪斯派直到柯布西耶派，任何一个现代设计的阶段都有着各自的发展空间。对于这个事实一定会感叹不已吧。假设英国新艺术运动停止发展的话，表现派、风格派、清水混凝土都不会出现。在法国就不会出现表现派。由于美国新艺术运动发展不成熟，所以未曾出现表现派以及风格派，甚至连包豪斯派及柯布西耶派都只为一部分人所接受。

现代设计的历史实际上是人们对自身内部的一个审鉴，人类从自身内部出发，建筑的表现手法经过最初的植物层次到矿物层次再到几何层次，是一个在不断朝深层次发展的过程。历经了其中的每一个层次的国家，除了德国只有日本。当然德国是靠其自己不断创新所得到的，而日本则是跟在德国的后面。相对于几乎已经达到了数学方程式那样层次的德国而言，不可否认的是日本只停留在包豪斯派的几何学层次上。但与其他国家相比，应该可以认为还是难能可贵的。

另外各个阶段所获得的作品成果，虽然比重很小却反映出了当时的经济实力。表现派有丰多摩监狱及东京中央电信局，阿姆斯特丹派有紫烟庄，风格派有吉川元光邸，包豪斯派的话是黑部第二号发电所及东京递信医院。如果是佩雷特风格的话有 RISING SUN 石油，柯布西耶派则有雷蒙德夏之家、巴黎世界博览会日本馆等这些可以从内部获得的优秀作品。

日本不仅长期保持着接受先进理念的能力，而且有时还可以领导世界朝一个新的方向发展。比如堀口舍己的紫烟庄，它融合了阿姆斯特丹派、风格派与茶室这三个美学概念，可以说是世界级的杰作。村野藤吾的宇部市民会馆告诉世人一个相对于现代主义的主流的不同视点。雷蒙德用壁面来表现清水混凝土的手法是一个巨大的发现，夏之家及岸纪念体育会馆等一系列木造现代主义是日本所独创的。另外"MAVO"与临时建筑装饰社的达达主义建筑的活动与今和次郎"美存在于世间百态的表面"的如此现代、新潮的思想，使人无法相信这些都是七十年前的人们所已经感受到的。

但是日本的现代设计也终于来到了灰暗的无声期。战争的白热化使得有形的建筑与无形的言论都消失殆尽，原先有形的建筑只剩下一望无际的焦土，原先发表无形言论的建筑家们在军工厂里默默无闻地工作。

村野藤吾每天躲在大阪郊外的家里，天晴时下田拔拔草，下雨时翻翻《资本论》做笔记。

堀口舍己寄宿在奈良慈光院，过着研究茶室和庭园的生活。

雷蒙德吸取了在日本的教训，参加了美军的日本都市空袭计划，在亚利桑那州沙漠中再现了日本的城镇，以检验烧夷弹的时效性。

日历终于被翻到了昭和二十年（1945）八月十五日。

今泉善一服完十五年的刑期，出狱后受前川国男的照顾，在他的事务所工作，负责登户地下军工厂的建筑工地。

用今泉的一番话来描绘当时的景象："十五日那天，虽说是早晨，可还是需要三班轮流进行挖掘作业。我还是与往常一样坐第一班的电车赶往现场。大概在八点半或九点的时候吧。神中组（负责施工的营造厂）的现场主任对我说：'今天是最后一天了，所以我更要使出全部力气拼命干了！'＇噢！很好，那样的话就不需要我喽！'我答道，于是我就回到了事务所和前川先生一起收听（有关战败的）新闻。前川先生说道：'我肩上的担子也可以卸下了，要不要喝杯茶。'因此前川先生帮我倒了杯茶。"（今泉述）

后记

儿童时代我就喜欢建筑或建造行为之类的游戏，现在还是喜欢，为了将来能成为有名的现场指挥而进入了东北大学的建筑学科。然而此志愿到了 20 岁前后化为虚无，而更想研究历史，幸好当时的建筑学科有建筑史这个领域，就往此方向前进，大学念到第六年的时候，撰写了小论文《山添喜三郎传》。山添喜三郎是在明治六年（1873）维也纳世界博览会的时候，最早由政府派遣到海外的大木匠师，回国以后成为宫城县技师。由文献记录，到墓地现场的调查，又由墓地找到遗族，去他出生的渔村访谈耆老，借由这样的作业而了解了历史有趣的地方。

拿着这本小论文，我拜访了东京大学生产技术研究所的村松贞次郎老师，进入研究所接受老师的教导，尔后二十几年间，由幕府末期、明治初期的西洋馆到昭和初期的现代主义，持续地调查研究日本近代建筑。这期间，因为对建筑侦探或路上观察很感兴趣而消耗了不少精力，乐趣与历史研究之间的对立并未带来苦楚，后来发现当初决定研究历史的晦暗气氛也不知不觉地蒸发了。

刚开始学习建筑史的时候，我阅读了这个领域的学生皆知的太田博太郎的著作《日本建筑史序说》，深受感动。然而这本书只谈到江户时代，并未提及明治以后之事。心中虽未想说"太好了"，但开始思考那么我来写"日本近代建筑史序说"好了，同时想脱离太田老师的历史叙述中那种像运动选手一般的明快主义，或是近代主义的客观性，而想撰写更主观且混入臆测乐趣的历史。

撰写通史必须知晓一贯的事实关系，我开始浏览与明治以后建筑相关的杂志与书籍，拜见有名建筑家的遗族，请他们让我翻阅其收藏的资料，走访现存的建筑，这样做一点休息一下的结果是，我已到了四十多岁的年纪了，情急之下在三年前的暑假开始撰写本书，好不容易才完成。既然是通史，参考了许多的论文与著作，在本文中无法一一陈明，在此列举这些研究成果的学者姓名，聊表感谢之意。

第二次世界大战前已着手此领域的是堀越三郎。第二次世界大战结束后刻画出可称为第一个近代建筑研究时代的有恩师村松贞次郎、稻垣荣三、坂田泉、远藤明久、坂本胜比古、山口广、近江荣、谷川正己、宍户实、小野木重胜、桐敷真次郎、草野和夫、山口光臣、林野全孝、川添登、菊地重郎、石田赖房、石田繁之介诸位老师。与我十分亲近如同兄长一样的研究者有伊藤三千雄、前野崃、佐佐木宏、越野武、长谷川尧、福田晴虔诸位老师。同时期的研究者，与我一起走过研究之路的有堀勇良、铃木博之、河东义之、清水庆一、竺觉晓、初田亨、角幸博、石田润一郎、山形政昭、藤冈洋保、木村寿夫、渡边俊一、御厨贵、土田充义、三枝进、畔柳武司、濑口哲夫、松叶一清、松波秀子、稻叶信子、大川三雄、藤谷阳悦、内田青藏、越泽明、柴田正己、植松光宏、高岛猛、吉田钢市、井上章一、扬村固、高桥喜重郎、堀内正昭、中川理、足立裕司、中森勉、泽田清、中川幸治、马克·布鲁提耶、狩野胜重、崔康勋，此外还有藤原惠洋、水野信太郎、西泽泰彦、泉田英雄、村松伸、青木信夫、井上直美、丸山雅子、时野谷茂、中川宇妻、西山宗雄诸位。其他仍有许多人的研究成果成为本书的血肉。同时近二十年来一起走访各地的摄影家增田彰久氏提供了多数的照片，使本书更容易阅读了解。

四年前岩波书店的川上隆志氏来访时所委托希望的是建筑或

都市的阅读品位方面的内容，但很爽快地就答应我改为通史这种较为坚硬的东西，使得本书得以面世。而对于阅读我一向潦草的文字、协助校正的各位相关者，我在此文末表达谢意。在完成本书之后，希望自幼比起写文章而言更喜欢实际做东西的我，能拓展更多那样的工作。

藤森照信

1993 年 9 月 29 日

名词对照

样式名称

阿姆斯特丹学派（Amsterdam School）

爱奥尼亚柱式（Ionic Order）

安妮女王式（Queen Anne Style）

半木构造（half timber）

包豪斯（Bauhaus）

步廊（arcade）

草原风格（Prairie Style）

纯粹主义（Purism）

德国表现主义（German Expressionism）

德国青年派（Jugendstil）

都铎式（Tudor Style）

多立克柱式（Doric Order）

风格派（De Stijl）

扶壁（buttress）

构成主义（Constructivism）

角隅石（coner stone）

科林斯柱式（Corinthian Order）

立体派（Cubism）

领主之馆（County House）

冒险技师（adventure engineer）

冒险商人（adventure merchant）

美国哥特式木构式（Stick Style）

木匠哥特式（Carpenter Gothic Style）

帕拉迪奥窗（Palladian Window）

帕拉迪奥主义（Palladianism）

气球构造（Balloon Frame）

前希腊文化（Pre-Hellenism）

乔治王式（Georgian Style）

烧陶（terra-cotta）

摄政式（Regency Style）

苏格兰哥特式（Scottish Gothic Style）

天井（patio）

托斯卡纳柱式（Tuscan Order）

维也纳分离派（Vienna Secession）

未来派（Futurist Group）

希腊复兴式（Greek Revival Style）

现代主义（Modernism）

小木屋（bungalow）

选择折中主义（Eclecticism）

雪铁龙（Citrohan）

阳台（veranda）

阳台殖民样式（Veranda Colonial Style）

要石（key stone）

伊斯特雷克风格（Eastlake Style）

早期美国式（Early American Style）

詹姆士一世式（Jacobean style）

装饰艺术风格（Art Déco）

地名

阿巴拉契亚山脉（Appalachian Mountains）

阿留申群岛（Aleutian Islands）

爱尔兰奥法利郡（Ireland County Offaly）

德国德绍（Dessau）

德国斯图加特（Stuttgart）

德国魏玛（Weimar）

法国昂斯（Le Raincy）

法国多佛尔海峡（Strait of Dover）

法国利雪（Lisieux）

法国瑟堡（Cherbourg）

法国沃克雷松（Vaucresson）

美国格拉斯哥（Glasgow）

美国康科德（Concord）

美国萨克拉门托（Sacramento）

孟加拉国（Bengaladesh）

斯堪的纳维亚半岛（Scandinavian Peninsula）

印度马哈拉扎（Maharaja）

英国巴斯（Bath）

英国班夫郡（Banffshire）

英国摄政街（Regent Street）

商号、机构及事务所

巴黎中央理工学院（L`Ecole Centrale des Arts et Manufactures）

巴塞罗那展览馆（The Barcelona Pavillion）

富勒公司（George A. Fuller Company of New Jersey）

麦金、米德与怀特事务所（McKim & Mead & White）

怡和洋行（Jardine Matheson）

人名及住宅名

A. 帕拉迪奥（A. Palladio）

E. A. 巴斯申（E. A. Bastien）

F. L. 弗尼（F. L. Verny）

J. J. P. 欧特（J. J. P. Out）

J. 迪亚克（J. Diack）

J. 莱斯卡斯（J. Lescasse）

J. 斯梅德利（J. Smedley）

L. T. 富雷特（L. T. Furet）

N. W. 霍尔特（N. W. Holt）

P. P. 萨尔达（P. P. Sarda）

W. 弗洛伦特（W. Frolent）

W. 钱伯斯（W. Chambers）

阿道夫·卢斯（Adolf Loos）

埃拉苏瑞兹邸（Maison Errazuriz）

艾伯特（Albert）

安东尼·高迪·科尔内特（Antoni Gaudí i Cornet）

安东尼奥·方塔内西（Antonio Fontanesi）

安东宁·雷蒙德（Antonin Raymond）

奥格斯特·佩雷特（Auguste Perret）

奥瑞图邸（Oruto House）

奥托·瓦格纳（Otto Wagner）

保罗·伯纳茨（Paul Bonatz）

保罗·克利（Paul Klee）

贝多伊奇·福伊尔史坦因（Bedřich Feuerstein）

玻璃之家（Glass Pavilion）

布拉尔颂（Branchot）

布里坚斯（Bridgens）

布里卡德（Bricard）

布鲁诺·陶特（Bruno Taut）

查尔斯·J. 贝特曼（Charles J. Betheman）

查尔斯·艾尔弗雷德·查斯托·德·博因维尔（Charles Alfred Chastle de Boinville）

查尔斯·福林·麦金（Charles Follen McKim）

查尔斯·伦尼·麦金托什（Charles Rennie MacKintosh）

丹尼尔·伯纳姆（Daniel Burnham）

丹尼尔·克罗斯比·格林（Daniel Crosby Greene）

芬诺洛萨（Fenollosa）

弗拉基米尔·塔特林（Vladimir Tatlin）

弗兰克·劳埃德·赖特（Frank Lloyd Wright）

弗朗兹·巴尔扎（Franz Baltzer）

弗里德里希·霍格（Fritzrich Höger）

哥拉巴邸（Gurabar House）

哈萨姆邸（Hassam House）

海伦·西德隆（Halen Siedlung）

海因里希·施里曼（Heinrich Schliemann）

汉塞尔邸（Hansell House）

汉斯·波尔兹（Hans Poelzig）

赫尔曼·恩德（Hermann Ende）

赫尔曼·慕特修斯（Hermann Muthesius）

赫格里特·托马斯·里特费尔德（Gerrit Thomas Rietveld）

亨德里克·哈德斯（Hendrick Hardes）

亨德里克·西奥多勒斯·维德维尔德（Hendrik Theodorus Wijdeveld）

亨利·贝耶尔特（Henry Beyaert）

亨利·拉品（Henry Rapin）

亨利·莫尔·兰迪斯（Henry Mohr Landis）

亨利·佩莱格里（Henri Pelegrin）

霍勒斯·凯普伦（Horace Capron）

简·莱茨尔（Jan Letzel）

杰伊·希尔·摩根（Jay Hill Morgan）

金兹伯格（Ginzburg）

卡洛斯·齐泽（Carlos Ziese）

坎贝尔·道格拉斯（Campbell Douglass）

拉尔夫·亚当斯·克拉姆（Ralph Adams Cram）

拉格那·奥斯特伯格（Ragnar Östberg）

拉古札（Laguza）

拉兹洛·莫霍里-纳基（Laszlo Moholy-Nagy）

朗·诺士（Lon Roches）

勒·柯布西耶（Le Corbusier）

雷蒙德邸（Raymond House）

雷内·拉利克（Rene Lalique）

雷诺（Renault）

里特费尔德·施罗德邸（Rietveld Schröder House）

理查德·亨利·布伦顿（Richard Henry Brunton）

理查德·诺曼·肖（Richard Norman Shaw）

理查德·西尔（Richard Seel）

理查森（Richardson）

菱格氏邸（Ringer House）

路易斯·费利克斯·弗洛伦特（Louis Felix Florent）

罗杰·史密斯（Roger Smith）

马修·卡尔布雷恩·佩里（Matthew Calbraith Perry）

密斯·凡·德·罗（Mies van der Rohe）

派克斯（Parkes）

皮特·科内利斯·蒙德里安（Pieter Cornelis Mondorian）

乔赛亚·康德（Josiah Conder）

乔瓦尼·文森佐·卡佩莱蒂（Giovanni Vincenzo Cappellettie）

乔治·德·拉朗德（George de Lalande）

乔治·吉尔伯特·斯科特（George Gilbert Scott）

斯坦福·怀特（Stanford White）

托马斯·W. 金德（Thomas W. Kinder）

托马斯·哥拉巴（Thomas Gurabar）

托马斯·詹姆斯·沃特斯（Thomas James Waters）

瓦西里·康定斯基（Wassily Kandinsky）

威廉·H. 怀特（William H. White）

威廉·伯吉斯（William Burges）

威廉·伯克曼（Wilhelm Böckmann）

威廉·恩德森（William Anderson）

威廉·戈德温（William Godwin）

威廉·惠勒（William Wheeler）

威廉·拉瑟福德·米德（William Rutherford Mead）

威廉·梅里尔·沃里斯（William Merrell Vories）

威廉·史密斯·克拉克（William Smith Clark）

沃尔什·霍尔（Walsh Hall）

沃尔特·格里皮厄斯（Walter Gropius）

沃尔特·隆斯达尔（Walter Lonsdale）

亚历山大·N. 汉塞尔（Alexander N. Hansell）

约翰·斯塔林·查普尔（John Starling Chapple）

约翰·索恩（John Soane）

约翰·威廉·哈特（John William Hart）

约翰·伊顿（Johannes Itten）

约翰尼斯·德·莱克（Johannis de Rijke）

约瑟夫（Joseph）

约瑟夫·玛利亚·欧尔布里希（Joseph Maria Olbrich）

詹姆士邸（James House）

詹姆斯·霍布雷希特（James Hobrecht）

詹姆斯·麦克唐纳·加德纳（James McDonald Gardiner）

詹姆斯·瑟拉斯（James Sellers）

雅众 · 建筑艺术

《日本近代建筑》 ［日］藤森照信
《制造东京》 ［日］藤森照信

策划机构　雅众文化
策 划 人　方雨辰
特约编辑　马济园　刘苏瑶
项目统筹　王艺超　李　盈
责任编辑　李　盈
营销编辑　常同同　高　寒
装帧设计　typo_d